Wissenschaftstheorie
Wissenschaft und Philosophie

Gegründet von
Prof. Dr. Simon Moser, Karlsruhe

Herausgegeben von
Prof. Dr. Siegfried J. Schmidt, Bielefeld

1 H. Reichenbach, Der Aufstieg der wissenschaftlichen Philosophie (vergriffen)

2 R. Wohlgenannt, Was ist Wissenschaft? (vergriffen)

3 S. J. Schmidt, Bedeutung und Begriff (vergriffen)

4 A.-J. Greimas, Strukturale Semantik (vergriffen)

5 B. G. Kuznecov, Von Galilei bis Einstein

6 B. d'Espagnat, Grundprobleme der gegenwärtigen Physik (vergriffen)

7 H. J. Hummell / K.-D. Opp, Die Reduzierbarkeit von Soziologie auf Psychologie

8 H. Lenk, Hrsg., Neue Aspekte der Wissenschaftstheorie

9 I. Lakatos / A. Musgrave, Hrsg., Kritik und Erkenntnisfortschritt

10 R. Haller / J. Götschl, Hrsg., Philosophie und Physik

11 A. Schreiber, Theorie und Rechtfertigung

12 H. F. Spinner, Begründung, Kritik und Rationalität, Band 1

13 P. K. Feyerabend, Der wissenschaftstheoretische Realismus und die Autorität der Wissenschaften

14 I. Lakatos, Beweise und Widerlegungen

Imre Lakatos

Beweise und Widerlegungen

Die Logik mathematischer Entdeckungen

Herausgegeben von John Worrall und Elie Zahar

Friedr. Vieweg & Sohn Braunschweig/Wiesbaden

Dieses Buch ist die deutsche Übersetzung von
Imre Lakatos
Proofs and Refutations – The Logic of Mathematical Discovery

Übersetzt von Detlef D. Spalt, Darmstadt

CIP-Kurztitelaufnahme der Deutschen Bibliothek

Lakatos, Imre:
Beweise und Widerlegungen: d. Logik math.
Entdeckungen / Imre Lakatos. Hrsg. von John Worrall
u. Elie Zahar. [Übers. von Detlef D. Spalt]. –
Braunschweig, Wiesbaden: Vieweg, 1979.
Einheitssacht.: Proofs and refutations ⟨dt.⟩
ISBN 978-3-663-00047-1 ISBN 978-3-663-00196-6 (eBook)
DOI 10.1007/978-3-663-00196-6

1979

Satz: Friedr. Vieweg & Sohn, Braunschweig

Buchbinder: W. Langelüddecke, Braunschweig

ISBN 978-3-663-00047-1

Inhaltsverzeichnis

Kapitel 2

Anhang 1

Anhang 2

Vorwort der Herausgeber

Am 2. Februar 1974 starb unerwartet unser guter Freund und Lehrer Imre Lakatos. Zu dieser Zeit arbeitete er (wie gewöhnlich) an zahlreichen wissenschaftlichen Vorhaben. Eines der wichtigsten darunter war die Veröffentlichung einer abgeänderten und erweiterten Fassung seines glänzenden Essays *'Proofs and Refutations'*, die in vier Teilen in *The British Journal for the Philosophy of Science,* 14, 1963–4 erschien. Lakatos hatte seit langem einen Vertrag für dieses Buch, doch hielt er die Veröffentlichung in der Hoffnung zurück, den Essay erweitern und weiter verbessern und ihm weitere wesentliche Bestandteile hinzufügen zu können. Diese Arbeit wurde durch die Verbreiterung seiner Interessen auf die Philosophie der physikalischen Wissenschaften beträchtlich aufgeschoben, aber im Sommer 1973 endlich beschloß er, die Veröffentlichung voranzutreiben. Während des Sommers erörterten wir beide mit ihm verschiedene Pläne für das Buch, und wir haben uns nun bemüht, ein Buch vorzulegen, das unter den so traurig veränderten Umständen so weit wie irgend möglich dem von Lakatos geplanten gleicht.

Deswegen haben wir drei neue Beiträge zusätzlich zu dem ursprünglichen Essay ‚Beweise und Widerlegungen' (der hier das Kapitel 1 bildet) aufgenommen. Zunächst haben wir einen zweiten Teil zu dem Haupttext hinzugefügt. Er befaßt sich mit Poincarés Beweis der Descartes-Euler-Vermutung mit Hilfe der Linearen Algebra und beruht auf Kapitel 2 von Lakatos' Doktorarbeit aus dem Jahr 1961 in Cambridge. (Der ursprüngliche Essay *'Proofs and Refutations'* war eine sehr erweiterte und verbesserte Fassung von Kapitel 1 seiner Doktorarbeit.) Ein Teil von Kapitel 3 dieser Doktorarbeit wurde hier zum Anhang 1, der eine weitere Fallstudie nach der Methode „Beweise und Widerlegungen" enthält. Er befaßt sich mit Cauchys Beweis des Satzes, daß der Grenzwert jeder konvergenten Reihe stetiger Funktionen selbst stetig ist. Kapitel 2 des Haupttextes und Anhang 1 sollten die Zweifel zerstreuen, die oft jene Mathematiker äußerten, die *'Proofs and Refutations'* gelesen hatten, nämlich daß die von Lakatos beschriebene Methode der Beweisanalyse zwar beim Studium der Polyeder anwendbar sein mag – ein Thema, das ‚fast empirisch' ist und bei dem die Gegenbeispiele leicht anschaulich zu machen sind –, jedoch auf die ‚wirkliche' Mathematik nicht anwendbar ist. Der dritte zusätzliche Beitrag (Anhang 2) beruht ebenfalls auf einem Teil von Kapitel 3 von Lakatos' Doktorarbeit. Er handelt von den Folgerungen, die sich aus seinem Standpunkt für die Entwicklung, die Darstellung und den Unterricht von Mathematik ergeben.

Einer der Gründe, aus denen Lakatos die Veröffentlichung zurückhielt, war seine Einsicht, daß einige seiner weiteren Ergänzungen zwar viele neue Erkenntnisse und Weiterentwicklungen seines Standpunktes enthielten, aber auch weiterer Überlegung und weiterer geschichtlicher Forschung bedürften. Dies gilt insbesondere für den Stoff zu Cauchy und Fourier (in Anhang 1). Auch wir wissen um gewisse Schwierigkeiten und Zweideutigkeiten in diesem Stoff und von gewissen Auslassungen. Wir glaubten jedoch, daß wir den Gehalt von Lakatos' Text nicht verändern sollten. Denn keiner von uns war in der Lage, die erforderliche langwierige und eingehende geschichtliche Forschung zu betreiben, die für eine Ausarbeitung und Ergänzung des Stoffes nötig ist. Vor die Alternative gestellt, entweder gar nichts oder nur Unfertiges zu veröffentlichen, entschieden wir uns für letzteres. Wir glauben, daß der Text vieles Interessante enthält und daß er andere Forscher dazu anregt, ihn zu erweitern und falls erforderlich zu berichtigen.

Im allgemeinen hielten wir es nicht für richtig, den Gehalt von Lakatos' Text abzuändern, auch nicht in jenen Teilen, bei denen wir überzeugt waren, daß Lakatos seinen Standpunkt geändert hat. Wir haben uns deswegen darauf beschränkt, (in mit einem Stern gekennzeichneten Fußnoten) einige jener Dinge herauszustellen, bei denen wir versucht hätten, Lakatos zu einer Änderung zu bewegen und (was meist auf das gleiche hinausläuft) einige jener Punkte, bei denen wir glauben, daß Lakatos sie bei einer Veröffentlichung zum jetzigen Zeitpunkt geändert hätte. (Sein intellektueller Standpunkt hatte sich natürlich während der dreizehn Jahre zwischen der Beendigung seiner Doktorarbeit und seinem Tod beträchtlich gewandelt. Die bedeutenden Wandlungen in seiner allgemeinen Philosophie sind in seinem [1970/1974] erläutert. Wir sollten noch erwähnen, daß Lakatos glaubte, seine Methodenlehre der wissenschaftlichen Forschungsprogramme habe entscheidende Auswirkungen auf seine Philosophie der Mathematik.)

Bei der Darstellungsweise entschieden wir uns dafür, den Stoff, den Lakatos selbst veröffentlicht hatte (d.h. Kapitel 1 des Haupttextes), fast vollständig unverändert zu lassen (die einzigen Ausnahmen sind wenige Druckfehler und unzweifelhafte kleine Versehen). Den bislang unveröffentlichten Stoff haben wir jedoch ziemlich wesentlich abgewandelt – allerdings, um es zu wiederholen, nur in der Form und nicht im Gehalt. Da dies als eine ziemlich unübliche Vorgehensweise erscheinen könnte, sind vielleicht noch ein paar Worte zu unserer Rechtfertigung am Platz.

Lakatos verwendete stets außerordentliche Sorgfalt auf die Darstellung seines zu veröffentlichenden Stoffes, und vor der Veröffentlichung ließ er diesen Stoff ausgiebig unter Kollegen und Freunden zirkulieren, um Kritik und Verbesserungsvorschläge zu erhalten. Wir sind sicher, daß der hier erstmalig veröffentlichte Stoff derselben Behandlung unterworfen worden wäre und daß die Veränderungen drastischer ausgefallen wären als bei uns. Unsere (durch persönliche Erfahrung gewonnene Kenntnis) von der Mühe, die sich Lakatos damit gab, seinen Standpunkt so klar wie möglich darzustellen, verpflichtete uns zu dem Versuch, die Darstellung dieses Stoffes so weit zu verbessern, wie wir nur konnten. Gewiß sind diese neuen Beiträge nicht so wohlformuliert, wie sie es gewesen wären, wenn Lakatos selbst den Stoff, auf dem sie beruhen, überarbeitet hätte, aber wir glauben, daß wir Lakatos nahe genug standen und an einigen seiner früheren Veröffentlichungen genügend mitbeteiligt waren, um einen vernünftigen Versuch wagen zu können, den Stoff in eine Form zu bringen, die in etwa seinen eigenen strengen Maßstäben genügt.

Wir sind sehr erfreut, daß wir die Gelegenheit hatten, diese Ausgabe mit einem Teil von Lakatos' wichtigem Werk in der Philosophie der Mathematik herauszubringen, weil wir so in der Lage sind, ihm gegenüber einen Teil der intellektuellen und persönlichen Schuld abzutragen.

John Worrall
Elie Zahar

Dank

Der Stoff, auf dem dieses Buch beruht, hat eine lange und abwechslungsreiche Geschichte hinter sich, wie wir bereits in unserem Vorwort angedeutet haben. Nach dem Dank, den Lakatos seinem ursprünglichen Essay von 1963–4 (hier als Kapitel 1 wiederabgedruckt) beifügte, begann er diese Arbeit in den Jahren 1958–9 am King's College in Cambridge und trug sie erstmals im März 1959 in Karl Poppers Seminar an der London School of Economics vor. Eine andere Fassung schloß er in seine Doktorarbeit in Cambridge im Jahre 1961 ein, auf der auch der übrige Teil dieses Buches beruht. Die Doktorarbeit wurde von Professor R. B. Braithwaite betreut. In diesem Zusammenhang bedankte sich Lakatos für finanzielle Unterstützung der Rockefeller Stiftung und dafür, daß er ‚vielfältige Hilfe, Ermutigung und wertvolle Kritik von Dr. T. J. Smiley erhielt'. Der Schluß von Lakatos' Dankesworten lautet:

> „Bei der Vorbereitung dieser letzten Fassung an der London School of Economics versuchte der Verfasser, besonders der Kritik und den Vorschlägen von Dr. J. Agassi, Dr. I. Hacking, der Professoren W. C. Kneale und R. Montague, A. Musgrave, Professor M. Polanyi und J. W. N. Watkins Rechnung zu tragen. Die Behandlung der Methode der Ausnahmensperre wurde durch die Anregungen und die kritischen Bemerkungen der Professoren G. Pólya und B. L. van der Waerden verbessert. Die Unterscheidung zwischen den Methoden Monstersperre und Monsteranpassung wurde von B. MacLennan vorgeschlagen.
>
> Diese Arbeit sollte vor dem Hintergrund von Pólyas Neubelebung der mathematischen Heuristik und Poppers kritischer Philosophie gesehen werden."

Bei der Vorbereitung dieses Buches wurden die Herausgeber unterstützt von John Bell, Mike Hallett, Moshé Machover und Jerry Ravetz, die allesamt freundlicherweise Entwürfe von Kapitel 2 und den Anhängen lasen und hilfreiche Kritik beisteuerten.

Wir möchten uns auch noch bei Sandra D. Mitchell und besonders bei Gregory Currie bedanken, die unsere Überarbeitung von Lakatos' Stoff sorgfältig kritisierten.

J.W.
E.Z.

Einleitung des Verfassers

In der Geistesgeschichte geschieht es häufig, daß beim Erscheinen einer neuen mächtigen Methode das Studium jener Probleme rasch voranschreitet und in den Brennpunkt des Interesses rückt, die mit der neuen Methode behandelt werden können, während der Rest Gefahr läuft, nicht beachtet oder sogar vergessen zu werden, und sein Studium der Verachtung anheimfällt.

In diese Lage scheint die Philosophie der Mathematik in unserem Jahrhundert als Ergebnis der dynamischen Entwicklung der Metamathematik geraten zu sein.

Der Hauptgegenstand der Metamathematik ist eine Abstraktion von Mathematik, in der mathematische Theorien durch formale Systeme ersetzt werden, Beweise als gewisse korrekt gebildete Zeichenreihen verstanden werden und Definitionen als ‚Kürzel', die ‚theoretisch entbehrlich', jedoch ‚typographisch üblich'[1] sind. Diese Abstraktion war von Hilbert ersonnen worden und sollte eine machtvolle Technik für die Behandlung einiger Probleme aus der Methodologie der Mathematik liefern. Gleichzeitig gibt es Probleme, die aus dem Bereich der metamathematischen Probleme herausfallen. Dazu gehören sämtliche Probleme, die sich auf die inhaltliche Mathematik und ihren Fortschritt beziehen, und sämtliche Probleme, die sich auf die Situationslogik des mathematischen Problemlösens beziehen.

Ich werde jene Schule der mathematischen Philosophie, welche dazu neigt, die Mathematik mit ihrer metamathematischen Abstraktion zu identifizieren (und die Philosophie der Mathematik mit Metamathematik), die Schule der ‚Formalisten' nennen. Eine der klarsten Darstellungen der formalistischen Position kann man bei Carnap [1937][2] finden. Carnap verlangt (a) ‚Philosophie wird durch Wissenschaftslogik ... ersetzt', (b) Wissenschaftslogik ist nichts anderes als logische Syntax der Wissenschaftssprache', (c) ‚die Metamathematik ist ... die Syntax der mathematischen Sprache' (S. iii–iv und 9). Oder: Die Philosophie der Mathematik muß durch die Metamathematik ersetzt werden.

Der Formalismus trennt die Geschichte der Mathematik von der Philosophie der Mathematik, denn nach der formalistischen Vorstellung von der Mathematik hat die Mathematik keine eigene Geschichte. Jeder Formalist würde grundsätzlich jener zwar ‚romantisch' formulierten aber ernst gemeinten Bemerkung Russells zustimmen, nach der Booles *Laws of Thought* (1854) ‚das erste Buch war, das jemals über die Mathematik

1 Church [1956] I, S. 76–77. Vgl. auch Peano [1894], S. 49 und Whitehead-Russell [1910–13], S. 12. Dies ist ein wesentlicher Bestandteil des Euklidischen Programms, wie es von Pascal [1657–58] formuliert wurde: vgl. Lakatos [1962], S. 158.

2 Für nähere Einzelheiten und ähnliche Verweise beachte das am Ende dieses Artikels aufgeführte Literaturverzeichnis.

geschrieben wurde'[3]. Der Formalismus spricht dem größten Teil dessen, was gewöhnlich unter Mathematik verstanden wurde, den Rang der Mathematik ab, und er kann nichts über den Fortschritt der Mathematik aussagen. Keine einzige der ‚schöpferischen' Perioden und kaum eine der ‚kritischen' Perioden der mathematischen Theorien würden Aufnahme in den formalistischen Himmel finden, wo die mathematischen Theorien wie die Seraphim wohnen, geläutert von allen Unreinheiten irdischer Unzulänglichkeit. Dennoch halten die Formalisten gewöhnlich ein enges Hintertürchen für gefallene Engel offen: wenn es sich herausstellt, daß wir in der Lage sind, für ‚ein Gemisch aus Mathematik und irgendetwas anderem' formale Systeme zu finden, ‚die es in einem gewissen Sinn enthalten', dann können sie ebenfalls zugelassen werden (Curry [1951], S. 56–57). Auf solche Begriffe mußte Newton vier Jahrhunderte warten, bis ihm schließlich Peano, Russell und Quine in den Himmel halfen, indem sie die Analysis formalisierten. Dirac hatte mehr Glück: Schwartz rettete seine Seele noch zu seinen Lebzeiten. Vielleicht sollten wir hier die paradoxe Lage des Metamathematikers erwähnen: nach formalistischen oder gar deduktivistischen Normen ist er kein ehrlicher Mathematiker. Dieudonné spricht von ‚der absoluten Notwendigkeit, der jeder Mathematiker unterworfen ist, *der sich um intellektuelle Redlichkeit sorgt*' [Hervorhebung von Lakatos], seine Überlegungen in axiomatischer Form darzustellen ([1939], S. 225).

Bei der gegenwärtigen Vorherrschaft des Formalismus ist man versucht, Kant abzuwandeln: die Geschichte der Mathematik, die der Führung durch die Philosophie mangelt, ist *blind* geworden, während die Philosophie der Mathematik, die den fesselndsten Erscheinungen in der Geschichte der Mathematik den Rücken zuwendet, *leer* geworden ist.

‚Formalismus' ist ein Bollwerk der Philosophie des logischen Positivismus. Nach Ansicht des logischen Positivismus ist eine Darstellung nur dann sinnvoll, wenn sie ‚tautologisch' oder empirisch ist. Da aber inhaltliche Mathematik weder ‚tautologisch' noch empirisch ist, muß sie sinnlos sein, blanker Unsinn.[4] Die Dogmen des logischen Positivismus sind schädlich für die *Geschichte und die Philosophie der Mathematik* gewesen.

Die Absicht dieser Essays ist es, einigen Problemen der *Methodologie der Mathematik* näherzukommen. Ich gebrauche das Wort ‚Methodologie' in einem Sinn, der mit

3 B. Russel [1901]. Der Essay wurde wiederabgedruckt als Kapitel V von Russells [1918] unter dem Titel ‚Mathematics and the Metaphysicians'. In der Ausgabe Penguin Edition 1953 findet man das Zitat auf S. 74. Im Vorwort von [1918] sagt Russell über den Essay: ‚Sein Stil wird teilweise durch die Tatsache erklärt, daß der Herausgeber mich bat, den Artikel „so romantisch wie möglich" zu machen.'

4 Nach Turquette sind Gödelsche Sätze sinnlos ([1950], S. 129). Turquette greift Copi an, welcher behauptet, daß sie, da sie *apriorische Wahrheiten* seien und keine analytischen, die analytische Theorie des *Apriori* widerlegen ([1949] und [1950]). Keiner von beiden bemerkt jedoch, daß die besondere Bedeutung der Gödelschen Sätze unter diesem Gesichtpunkt darin besteht, daß diese Sätze Sätze der inhaltlichen Mathematik sind und daß sie eigentlich die Bedeutung der inhaltlichen Mathematik in einem besonderen Fall untersuchen. Desgleichen übersehen beide, daß die Sätze der inhaltlichen Mathematik sicherlich Vermutungen sind, die man kaum nach dogmatischer Art als ‚*a priori*'- und ‚*a posteriori*'- Vermutungen einordnen kann.

Pólyas und Bernays ‚Heuristik'[5] und Poppers ‚Logik der Forschung' oder ‚Situationslogik'[6] verwandt ist. Die derzeitige Entleerung des Ausdrucks ‚Methodologie der Mathematik' hat unzweifelhaft einen formalistischen Anstrich. Sie zeigt an, daß es in der formalistischen Philosophie der Mathematik keinen geeigneten Platz für eine Methodologie als Logik der Entdeckung gibt.[7] Nach Ansicht der Formalisten ist die Mathematik identisch mit der formalisierten Mathematik. Was aber können wir in einer formalisierten Theorie entdecken? Zwei Dinge. *Erstens* kann man solche Lösungen von Problemen ent-

5 Pólya [1945/1949], besonders S. 118; ebenso [1954/1969], [1962*a*]; Bernays [1947], besonders S. 187.

6 Popper [1934/1971], dann [1945/1970], Bd. II, S. 123; sowie [1957/1965], S. 117. **A. d. Ü.*: Neuerdings auch in [1972/1973], S. 199.

7 Man kann dies beispielsweise durch Tarski [1930*a*] und Tarski [1930*b*] erläutern. In der ersten Arbeit gebraucht Tarski den Ausdruck ‚deduktive Wissenschaften' *ausdrücklich* als Kürzel für ‚formalisierte deduktive Wissenschaften'. Er sagt: ‚Formalisierte deduktive Fächer bilden das Forschungsgebiet der Metamathematik in ungefähr derselben Weise, in der räumliche Entitäten das Forschungsgebiet der Geometrie bilden.' Diese feinfühlige Formulierung erfährt in der zweiten Arbeit eine bemerkenswerte imperialistische Wendung: ‚Die deduktiven Fächer bilden den Hauptgegenstand der Methodologie der deduktiven Wissenschaften in wesentlich demselben Sinn, in dem räumliche Entitäten den Hauptgegenstand der Geometrie und Tiere den der Zoologie bilden. Selbstverständlich werden nicht alle dekuktiven Fächer in einer Form dargeboten, in der sie sich als Gegenstand wissenschaftlicher Untersuchungen eignen. So sind beispielsweise jene ungeeignet, die nicht auf einer wohlbestimmten logischen Grundlage beruhen, die keine wohlformulierten Schließungsregeln besitzen sowie diejenigen, deren Sätze in den gewöhnlich mehrdeutigen und ungenauen Ausdrücken der Umgangssprache abgefaßt sind – mit einem Wort diejenigen, die nicht formalisiert sind. Metamathematische Untersuchungen sind folglich auf die Erörterung der formalisierten deduktiven Fächer beschränkt.' Die Neuerung besteht in folgendem: während die erste Formulierung behauptet, der Hauptgegenstand der Metamathematik seien die formalisierten deduktiven Fächer, behauptet die zweite Formulierung, der Hauptgegenstand der Metamathematik sei nur deswegen auf die formalisierten deduktiven Fächer beschränkt, weil nichtformaliserte deduktive Wissenschaften kein geeigneter Gegenstand wissenschaftlicher Untersuchungen überhaupt seien. Daraus folgt, daß die Vorgeschichte eines formalisierten Faches kein Hauptgegenstand einer wissenschaftlichen Untersuchung sein kann – anders als die Vorgeschichte der zoologischen Arten, die der Hauptgegenstand einer überaus wissenschaftlichen Theorie der Evolution sein kann. Niemand wird bezweifeln, daß einige Probleme in bezug auf eine mathematische Theorie erst dann angegangen werden können, wenn sie formalisiert worden ist, gerade so wie einige Probleme in bezug auf Menschen (sagen wir, was seine Anatomie betriff) erst dann angegangen werden können, wenn er tot ist. Aber nur sehr wenige werden daraus ableiten, daß Menschen erst dann ‚für eine wissenschaftliche Untersuchung geeignet' sind, wenn sie ‚in „toter" Form dargeboten' werden und daß biologische Untersuchungen demzufolge auf die Erörterungen toter Menschen beschränkt seien – wenngleich ich nicht überrascht wäre, wenn einige begeisterte Schüler des Vesalius in jenen glorreichen Tagen der frühen Anatomie, in denen die machtvolle neue Methode der Sektion aufkam, die Biologie mit der Analyse toter Körper gleichgesetzt hätten.

Im Vorwort seines [1941] verbreitet sich Tarski über seine ablehnende Haltung zu der Möglichkeit irgend einer anderen Art der Methodolgie als formale Systeme: ‚Ein Lehrgang in der Methodologie der empirischen Wissenschaften ... muß sich in weiten Bereichen auf die Auswertung und Kritik der tastenden Anordnungsversuche und erfolgloser Anstrengungen beschränken.' Der Grund liegt darin, daß empirische Wissenschaften unwissenschaftlich sind: denn Tarski definiert eine wissenschaftliche Theorie ‚als ein System geltender Aussagen, die nach bestimmten Regeln gebildet sind' (*Ibid.*).

decken, die eine geeignet programmierte Turingmaschine in einer endlichen Zeit lösen kann (wie etwa: Ist ein gewisser vorgeblicher Beweis tatsächlich ein Beweis?). Kein Mathematiker ist an dem Nachvollzug solch öder mechanischer ,Methoden' interessiert, wie sie durch solche Entscheidungsverfahren vorgezeichnet sind. *Zweitens* kann man die Lösungen zu solchen Problemen entdecken (wie etwa: Ist eine bestimmte Formel in einer unentscheidbaren Theorie ein Satz oder nicht?), bei denen man sich nur von der ,Methode' der ,unorganisierten Einsicht und des glücklichen Zufalls' leiten lassen kann.

Nun ist diese verhängnisvolle Alternative zwischen dem Rationalismus einer Maschine und dem Irrationalismus des blinden Mutmaßens in der wirklichen Mathematik aber gar nicht zu finden[8]: eine Untersuchung der *inhaltlichen* Mathematik wird eine reichhaltige Situationslogik der arbeitenden Mathematiker zutage fördern, eine Situationslogik, die weder mechanisch noch irrational ist, die jedoch von der formalistischen Philosophie weder erkannt noch gar angeregt werden kann.

Die Geschichte der Mathematik und die Logik der mathematischen Entdeckungen, d.h. die Phylogenie und die Ontogenie der mathematischen Ideen[9] können ohne die Kritik und schließlich die Zurückweisung des Formalismus nicht entwickelt werden.

Doch die formalistische Philosophie der Mathematik ist tief verwurzelt. Sie ist das letzte Glied in der langen Kette der *dogmatischen* Philosophien der Mathematik. Seit mehr als zweitausend Jahren gibt es einen Streit zwischen *Dogmatikern* und *Skeptikern*. Die Dogmatiker behaupten, daß wir – durch die Fähigkeit unseres menschlichen Geistes und/oder unserer Sinne – zur Wahrheit gelangen können und wissen können, daß wir sie erreicht haben. Die Skeptiker auf der anderen Seite behaupten entweder, daß wir niemals zur Wahrheit gelangen können (es sei denn mit Hilfe mystischer Erfahrung), oder daß wir nicht wissen können, ob wir sie erreichen können oder daß wir sie erreicht haben. In diesem großen Streit, in dem die Beweisführungen immer wieder modernisiert wurden, war die Mathematik die stolze Festung des Dogmatismus. Wannimmer der mathematische Dogmatismus des Tages in eine ,Krise' geriet, jedesmal sorgte

8 Eine der gefährlichsten Launen der formalisierten Philosophie ist die Gewohnheit, (1) irgendetwas – korrekt – über formale System darzulegen; (2) dann zu behaupten, dies sei auf ,die Mathematik' gerichtet – was wiederum richtig ist, wenn wir der Gleichsetzung von Mathematik und formalen Systemen zustimmen; (3) und abschließend in einer verstohlenen Bedeutungsverschiebung den Ausdruck ,Mathematik' im gewöhnlichen Sinn zu gebrauchen. So behauptet Quine [1951], S. 87), ,dies spiegelt die charakteristische mathematische Lage wider: Der Mathematiker stößt zufällig durch unorganisierte Einsicht und glücklichen Zufall auf seinen Beweis, doch können hinterher andere Mathematiker seinen Beweis überprüfen'. Aber oftmals ist die Überprüfung eines *herkömmlichen* Beweises ein sehr heikles Unterfangen, und das Auffinden eines ,Fehlers' erfordert ebensoviel Einsicht und Glück wie das Auffinden eines Beweises: Die Entdeckung von ,Fehlern' in inhaltlichen Beweisen kann manchmal Jahrzehnte dauern – wenn nicht Jahrhunderte.

9 Sowohl H. Poincaré als auch G. Pólya schlagen vor, E. Häckels ,biogenetisches Grundgesetz' über die Ontogenie als kurze Wiederholung der Phylogenie auf die geistige Entwicklung und besonders auf die mathematische geistige Entwicklung anzuwenden. (Poincaré [1908/1973], S. 113f und Pólya [1962*b*]) Um Poincaré zu zitieren: ,Die Zoologen behaupten, daß die embryonale Entwicklung eines Tieres in sehr kurzer Zeit die ganze Geschichte seiner Vorfahren in den geologischen Epochen durchmacht. Ebenso scheint es mit der Entwicklung des menschlichen Geistes zu sein. ... In diesem Sinne muß die Geschichte der Wissenschaft unser vornehmster Führer sein.'

eine Neufassung für echte Strenge und letzte Begründung und erneuerte dadurch die Vorstellung von der gebieterischen, unfehlbaren, unwiderlegbaren Mathematik, ‚die einzige Wissenschaft, von der es Gott bisher gefiel, sie der Menschheit zu schenken' (Hobbes [1651], S. 15). Die meisten Skeptiker resignierten vor der Unüberwindlichkeit dieser Festung der dogmatischen Erkenntnistheorie.[10] Eine Herausforderung ist nun überfällig.

Der Kern dieser Fallstudie wird den mathematischen Formalismus herausfordern, aber er wird nicht unmittelbar die letzten Positionen des mathematischen Dogmatismus angreifen. Ihr bescheidenes Ziel ist es herauszuarbeiten, daß inhaltliche, quasi-empirische Mathematik nicht durch die andauernde Vermehrung der Zahl unbezweifelbar begründeter Sätze wächst, sondern durch die unaufhörliche Verbesserung von Vermutungen durch Spekulation und Kritik, durch die Logik der Beweise und Widerlegungen. Da jedoch die Metamathematik ein Paradebeispiel für inhaltliche, quasi-empirische Mathematik ist, wie sie sich gerade jetzt in raschem Aufschwung befindet, wird dieser Essay mittelbar auch den modernen mathematischen Dogmatismus herausfordern. Wer heute an der Front der Metamathematik forscht, wird die hier beschriebenen Muster auf seinem eigenen Gebiet wiedererkennen.

Die Dialogform soll die Dialektik der Ereignisse widerspiegeln; sie will eine Art von *rational rekonstruierter oder ‚destillierter' Geschichte* sein. *Die wirkliche Geschichte wird in den Fußnoten aufscheinen, deren Großteil deswegen als wesentlicher Bestandteil des Essays anzusehen ist.*

10 Für eine Erörterung der Rolle der Mathematik in der dogmatisch-skeptischen Streitfrage vgl. Lakatos [1962].

Kapitel 1

1 Ein Problem und eine Vermutung

Der Dialog findet in einem imaginären Klassenzimmer statt. Die Klasse interessiert sich für ein *PROBLEM*: Gibt es eine Beziehung zwischen der Zahl der Ecken E, der Zahl der Kanten K und der Zahl der Flächen F der Polyeder – insbesondere der *regulären Polyeder* – analog zu der trivialen Beziehung zwischen der Zahl der Ecken und Kanten der *Polygone*, nämlich daß diese ebenso viele Kanten wie Ecken haben: $E = K$? Diese letzte Beziehung ermöglicht es uns, die *Polygone* nach der Zahl ihrer Ecken (oder Kanten) zu klassifizieren: Dreiecke, Vierecke, Fünfecke usw. Eine analoge Beziehung würde uns helfen, die *Polyeder* zu klassifizieren.

Nach zahlreichen Versuchen und Irrtümern bemerken Schüler und Lehrer, daß für alle regulären Polyeder gilt $E - K + F = 2$.[11] Jemand *mutmaßt*, daß dies für alle Polyeder überhaupt gilt. Andere versuchen, diese *Vermutung* als falsch nachzuweisen, versuchen sie

11 Zuerst bemerkt von Euler [1758*a*]. Sein ursprüngliches Problem war die Einteilung der Polyeder, dessen Schwierigkeit in der redaktionellen Inhaltsangabe herausgestellt wurde: ‚Während in der ebenen Geometrie die Polygone *(figurae rectiliniae)* sehr leicht nach der Zahl ihrer Seiten klassifiziert werden können, die natürlich immer ebensogroß wie die Zahl ihrer Winkel ist, stellt in der Stereometrie die Klassifizierung der Polyeder *(corpora hedris planis inclusa)* ein sehr viel schwierigeres Problem dar, da die Zahl der Flächen allein für diesen Zweck unzureichend ist.' Der Schlüssel zu Eulers Ergebnis war gerade die Entdeckung der Begriffe *Ecke* und *Kante*: er war es, der als erster herausstellte, daß außer der Zahl der Flächen auch die Zahl der *Punkte* und *Geraden* auf der Oberfläche des Polyeders dessen (topologischen) Typ bestimmt. Es ist interessant, daß er auf der einen Seite großen Wert darauf legte, die Neuartigkeit seines begrifflichen Systems herauszustellen, und daß er den Ausdruck ‚*acies*' (Kante) statt dem alten ‚*latus*' (Seite) erfinden mußte, da *latus* ein polygonaler Begriff war, während er einen polyedrischen wollte, und daß er auf der anderen Seite den Ausdruck ‚*angulus solidus*' (Raumwinkel) für seine punktgleichen Ecken beibehielt. Bis vor kurzem war es allgemein anerkannt, daß die Ehre der Erstentdeckung Descartes gebührt. Der Grund für diese Behauptung ist ein Manuskript von Descartes [*ca.* 1639], das 1675–6 in Paris von Leibniz vom Original abgeschrieben und 1860 von Foucher de Careil wiederentdeckt und veröffentlicht wurde. Die Priorität sollte Descartes jedoch nicht ohne eine gewisse Einschränkung zuerkannt werden. Es stimmt, daß Descartes die Zahl der ebenen Winkel als $2\varphi + 2\alpha - 4$ angibt, wobei er mit φ die Zahl der Flächen und mit α die Zahl der Raumwinkel meint. Es stimmt ebenso, daß er angibt, daß es doppelt soviele ebene Winkel wie Kanten *(latera)* gibt. Die triviale Konjunktion dieser beiden Angaben liefert natürlich Eulers Formel. Aber Descartes erkannte nicht die Bedeutung dieses Schrittes, da er immer noch in den Ausdrücken von Winkeln (ebene und räumliche) und Flächen dachte und nicht den bewußten revolutionären Wechsel zu den Begriffen der 0-dimensionalen Ecken, 1-dimensionalen Kanten und 2-dimensionalen Flächen als eine notwendige und hinreichende Grundlage für eine vollkommene topologische Kennzeichnung der Polyeder vollzog.

auf ganz unterschiedliche Arten zu überprüfen – sie hält stand. Die Ergebnisse *erhärten* die Vermutung und deuten an, daß sie *bewiesen* werden könnte. An diesem Punkt – nach den Stufen *Problem* und *Vermutung* – betreten wir das Klassenzimmer.[12] Der Lehrer legt gerade einen *Beweis* vor.

2 Ein Beweis

LEHRER: In unserer letzten Stunde gelangten wir zu einer Vermutung über Polyeder, nämlich daß für alle Polyeder $E - K + F = 2$ gilt, wobei E die Zahl der Ecken, K die Zahl der Kanten und F die Zahl der Flächen ist. Wir überprüften die Vermutung mit verschiedenen Methoden. Aber wir haben sie noch nicht bewiesen. Hat irgendjemand einen Beweis gefunden?

SCHÜLER SIGMA: ‚Ich für meinen Teil muß zugeben, daß ich nicht in der Lage war, mir einen strengen Beweis für diesen Satz auszudenken ... Da jedoch seine Wahrheit in so vielen Fällen nachgewiesen werden konnte, kann es keinen Zweifel daran geben, daß er für jeden Körper gilt. Also scheint die Aussage in befriedigender Weise gezeigt zu sein.‘[13] Aber wenn Du einen Beweis hast, dann stelle ihn doch bitte vor.

LEHRER: In der Tat habe ich einen. Er besteht aus dem folgenden Gedankenexperiment. *1. Schritt:* Stellen wir uns das Polyeder hohl und mit einer Oberfläche aus dünnem Gummi vor. Wenn wir eine der Flächen aufschneiden, können wir die restliche Oberfläche flach auf der Tafel ausbreiten, ohne sie zu zerreißen. Die Flächen und Kanten werden zwar verformt, die Kanten können gebogen werden, aber E, K und F werden sich nicht ändern, so daß $E - K + F = 2$ für das ursprüngliche Polyeder genau dann gilt, wenn $E - K + F = 1$ für das ebene Netzwerk gilt. Beachtet dabei, daß wir eine Fläche entfernt haben. (Abb. 1 zeigt das ebene Netzwerk im Falle eines Würfels.) *2. Schritt:* Jetzt zerlegen wir unsere Karte – tatsächlich sieht das Gebilde wie eine geografische Karte aus – in Dreiecke. Wir zeichnen (möglicherweise krummlinige) Diagonalen in jene (möglicherweise krummlinigen) Polygone, die noch keine (möglicherweise krummlinigen) Dreiecke sind. Beim Zeichnen jeder Diagonale vergrößern wir sowohl K als F um eins, so daß die Summe $E - K + F$ nicht geändert wird (Abb. 2). *3. Schritt:* Aus dem dreieckigen Netzwerk entfernen wir jetzt die Dreiecke eines nach dem anderen.

12 Euler untersuchte die Vermutung sehr sorgfältig auf ihre Folgerungen. Er überprüfte sie für Prismen, Pyramiden und so weiter. Er hätte hinzufügen können, auch die Aussage, daß es nur fünf reguläre Körper gibt, ist eine Folgerung aus der Vermutung. Eine weitere vermutete Folgerung ist die bislang bestätigte Aussage, daß vier Farben genügen, eine Landkarte zu färben.*1

Die Phase des *Vermutens* und *Überprüfens* im Fall von $E - K + F = 2$ wird bei Pólya dargestellt ([1954/1969], Bd. I die ersten sieben Abschnitte des dritten Kapitels, S. 66–77). Pólya hörte hier auf und behandelt nicht die Phase des *Beweisens* – wenngleich er natürlch das Bedürfnis nach einer Heuristik des ‚Lösens von Aufgaben‘ ([1945/1949] S. 155) herausstellt. Unsere Erörterung beginnt dort, wo Pólya aufhört.

*1 *A. d. Ü.*: Für die Vierfarben-Vermutung haben neuerdings Appel, Haken und Koch einen computergestützten Beweis vorgestellt (*Every planar map is four-colorable*, Illinois J. Math. 21 (1977), p. 429–567), dessen Bedeutung und Auswirkungen heute noch nicht voll übersehen werden.

13 Euler ([1758*a*], S. 119 und S. 124). Später [1758*b*] jedoch schlug er einen Beweis vor.

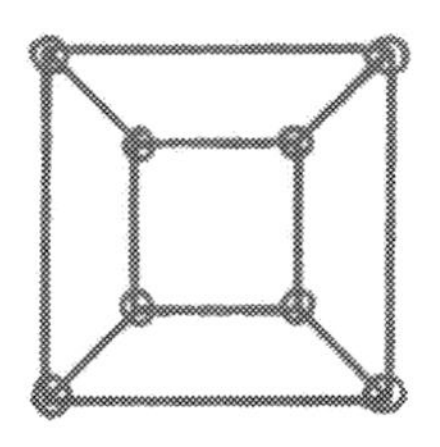

Abb. 1

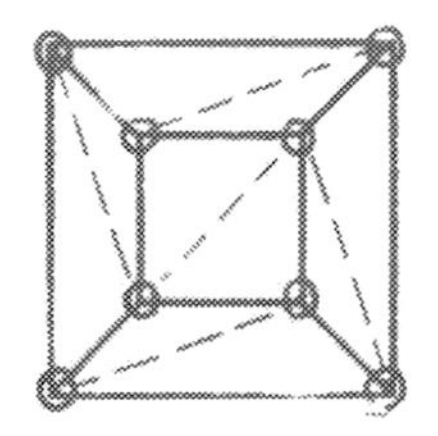

Abb. 2

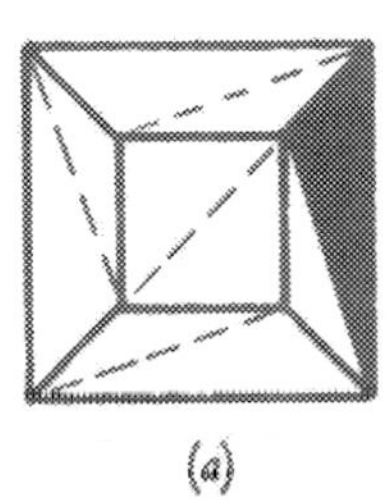

(a)

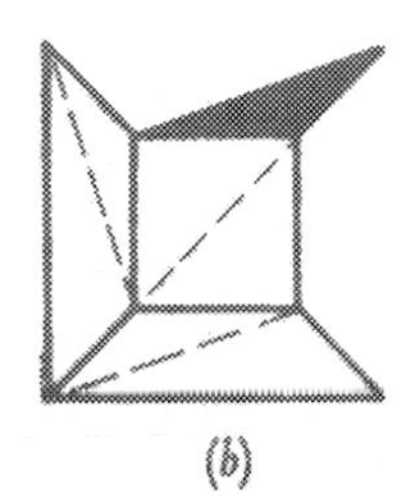

(b)

Abb. 3

Zur Entfernung eines Dreiecks entfernen wir entweder eine Kante – dann verschwinden eine Fläche und eine Kante (Abb. 3a), oder wir entfernen zwei Kanten und eine Ecke – dann verschwinden eine Fläche, zwei Kanten und eine Ecke (Abb. 3b). Wenn also $E - K + F = 1$ gilt, bevor das Dreieck entfernt wird, dann bleibt dies auch so, nachdem das Dreieck entfernt worden ist. Am Ende dieses Verfahrens erhalten wir ein einziges Dreieck. Für dieses ist $E - K + F = 1$ richtig. Also haben wir unsere Vermutung bewiesen.[14]

SCHÜLER DELTA: Du solltest sie jetzt einen *Satz* nennen. Es ist ja nichts nur Vermutetes mehr daran.[15]

SCHÜLER ALPHA: Das frage ich mich! Ich sehe, daß man dieses Experiment mit einem Würfel ausführen kann oder mit einem Tetraeder, aber woher weiß ich, daß es mit *jedem* Polyeder ausgeführt werden kann? (An den Lehrer gewandt:) Bist Du beispielsweise sicher, *ob jedes Polyeder nach der Entfernung einer Fläche flach auf der Tafel ausgebreitet werden kann?* Ich bezweifle Deinen ersten Schritt.

SCHÜLER BETA: Bist Du sicher, *ob man bei der Zerlegung der Karte in Dreiecke für jede Kante stets eine neue Fläche erhält?* Ich bezweifle Deinen zweiten Schritt.

SCHÜLER GAMMA: Bist Du sicher, *ob es nur zwei Alternativen gibt – das Verschwinden von einer Kante oder aber von zwei Kanten und einer Ecke –, wenn man die*

14 Diese Beweisidee stammt von Cauchy [1813*a*].

15 Deltas Ansicht, dieser Beweis habe den ‚Satz' unbezweifelbar begründet, wurde von vielen Mathematikern des neunzehnten Jahrhunderts geteilt, z.B. Crelle [1826–27], II, S. 668–671, Matthiessen [1863], S. 499, Jonquières [1890*a*]. Um eine kennzeichnende Stelle zu zitieren: ‚Durch Cauchys Beweis wurde es völlig unbezweifelbar, daß die elegante Beziehung $E + F = K + 2$ für sämtliche Arten von Polyedern gilt, gerade so, wie es Euler 1752 angegeben hat. 1811 sollten alle Unklarheiten beseitigt sein.' Jonquières [1890*a*], S. 111–112.

Dreiecke eines nach dem anderen fortnimmt? Bist Du gar sicher, *ob am Ende dieses Prozesses ein einziges Dreieck übrig bleibt?* Ich bezweifle Deinen dritten Schritt.[16]

LEHRER: Selbstverständlich bin ich nicht sicher.

ALPHA: Aber dann sind wir jetzt schlimmer dran als vorher! Statt einer einzigen Vermutung haben wir jetzt mindestens drei! Und dies nennst Du einen ‚Beweis'!

LEHRER: Ich gebe zu, daß der herkömmliche Name ‚Beweis' für dieses Gedankenexperiment mit Recht als ein wenig irreführend angesehen werden kann. Ich bin nicht der Meinung, daß er die Wahrheit einer Vermutung begründet.

DELTA: Was tut er dann? Was, denkst Du, beweist ein mathematischer Beweis?

LEHRER: Dies ist eine sehr schwierige Frage, die wir später zu beantworten versuchen werden. Bis dahin schlage ich vor, den altehrwürdigen technischen Ausdruck ‚Beweis' beizubehalten für ein *Gedankenexperiment — oder ‚Quasi-Experiment' —, das eine Zerlegung der ursprünglichen Vermutung in Teilvermutungen oder Hilfssätze anregt* und es dadurch in einen möglicherweise ganz entfernten Wissensbereich *einbettet.* So hat unser ‚Beweis' beispielsweise die ursprüngliche Vermutung — über Kristalle oder, sagen wir, feste Körper — in die Theorie der Gummihäute eingebettet. Descartes oder Euler, die Väter der ursprünglichen Vermutung, dachten sicherlich nicht einmal im Traum an so etwas.[17]

16 Die Klasse ist schon ziemlich fortgeschritten. Auf diese Frage kamen weder Cauchy, noch Poinsot, noch zahlreiche andere ausgezeichnete Mathematiker des neunzehnten Jahrhunderts.

17 Das Gedankenexperiment (*deiknymi*) ist das älteste Beispiel eines mathematischen Beweises. Es war in der voreuklidischen griechischen Mathematik vorherrschend (vgl. Á. Szabó [1958]).*2

Daß Vermutungen (oder Sätze) den Beweisen in der heuristischen Ordnung vorangehen, war für die Mathematiker der Antike ein Gemeinplatz. Dies folgt aus dem heuristischen Vorrang der ‚*analysis*' vor der ‚*synthesis*'. (Eine ausgezeichnete Erörterung findet sich bei Robinson [1936].) Nach Proklos ‚... ist es ... notwendig, im Voraus zu wissen, wonach man sucht'. (Heath [1925], I, S. 129). ‚Nach ihrer Ansicht war ein Satz etwas, das man mit dem Blick auf die Demonstration des eigentlich gemeinten Wesens vorschlägt', sagt Pappus (*ibid.* I, S. 10). Die Griechen machten sich keine besonderen Gedanken über solche Aussagen, auf die sie bei der deduktiven Ableitung zufällig stießen und die sie nicht im vorhinein erraten hatten. Sie nannten sie *porismen*, Folgesätze, aus dem Beweis eines Satzes oder der Lösung eines Problems entstandene Nebenergebnisse, nicht unmittelbar gesuchte, sondern zufällig, ohne zusätzliche Bemühungen entstandene Ergebnisse, die nach Proklos eine Art Fallobst (*ermaion*) oder Zusatzgewinn (*kerdos*) bilden (*ibid.* I, S. 278). In der redaktionellen Zusammenfassung von Euler [1756—7] lesen wir, daß die arithmetischen Sätze ‚schon viel früher entdeckt wurden, ehe ihre Wahrheit durch strenge Demonstrationen bekräftigt worden ist'. Sowohl der Herausgeber als auch Euler gebrauchen für diesen Entdeckungsvorgang den modernen Ausdruck ‚*Induktion*' statt des antiken ‚*analysis*' (*ibid.*). Der heuristische Vorrang des Ergebnisses vor den Beweisgründen, des Satzes vor dem Beweis ist tiefer in den mathematischen Volksüberlieferungen verwurzelt. Zitieren wir einige Variationen über ein vertrautes Thema: Chrysippus soll Cleanthes geschrieben haben: ‚Schicke mir nur die Sätze, die Beweise werde ich dann schon finden' (vgl. Diogenes Laertius [*ca.* 200], VII, 179). Gauß soll sich beklagt haben: ‚Ich habe meine Ergebnisse schon seit langer Zeit gehabt; aber ich weiß immer noch nicht, wie ich sie erreichen soll' (vg. Arber [1954], S. 47), sowie Riemann: ‚Wenn ich nur erst die Sätze habe! Die Beweise werde ich schon finden.' (Vgl. Hölder [1924], S. 487) Pólya betont: ‚Man muß einen mathematischen Satz erraten, bevor man ihn beweist' ([1954/1969], Bd. I, S. 10).

Der Ausdruck ‚*Quasi-Experiment*' stammt von der oben erwähnten redaktionellen Zusammenfassung zu Euler [1756—7]. Wie der Herausgeber schreibt: ‚Da wir die Zahlen auf den reinen

3 Kritik des Beweises durch lokale aber nicht globale Gegenbeispiele

LEHRER: Diese durch den Beweis angeregte Zerlegung der Vermutung eröffnet eine neue Reihe von Überprüfungsmöglichkeiten. Die Zerlegung entfaltet die Vermutung auf einer breiteren Front, so daß unsere Kritik bessere Ziele hat. Wir haben jetzt mindestens drei Angriffspunkte für Gegenbeispiele anstatt einem einzigen!

GAMMA: Ich habe bereits meine Abneigung gegen Deinen dritten Hilfssatz erklärt (nämlich daß wir bei der Entfernung der Dreiecke aus dem Netzwerk, das sich durch das Flach-Ausbreiten und die anschließende Zerlegung in Dreiecke ergibt, nur zwei Möglichkeiten haben: entweder entfernen wir eine Kante, oder wir entfernen zwei Kanten und eine Ecke). Ich habe den Verdacht, daß bei der Entfernung eines Dreiecks auch noch andere Muster als diese betrachteten auftauchen können.

LEHRER: Verdacht ist keine Kritik.

GAMMA: Aber ein *Gegenbeispiel* ist eine Kritik?

LEHRER: Gewiß. Vermutungen bleiben von Abneigung und Argwohn unbeeindruckt, nicht aber von Gegenbeispielen.

THETA [*beiseite*]: Vermutungen unterscheiden sich offenbar sehr stark von den Personen, die sie vertreten.

GAMMA: Ich schlage ein triviales Gegenbeispiel vor. Nehmen wir das in Dreiecke zerlegte Netzwerk, das sich durch die ersten beiden Schritte für einen Würfel ergibt (Abb. 2). Wenn ich jetzt ein Dreieck aus dem *Inneren* dieses Netzwerkes entferne, so wie man ein Teil aus einem Mosaikspiel herausnehmen kann, dann entferne ich ein Dreieck, ohne eine einzige Kante oder Ecke zu entfernen. Also ist der dritte Hilfssatz falsch – und zwar nicht nur im Falle des Würfels, sondern für *sämtliche* Polyeder mit Ausnahme des Tetraeders, bei dem alle Dreiecke des ebenen Netzwerkes Randdreiecke sind. Dein Beweis beweist also den Eulerschen Satz für das Tetraeder. Doch wir *wußten* bereits, daß für das Tetraeder $E - K + F = 2$ ist, warum es also noch beweisen?

LEHRER: Du hast recht. Aber beachte, daß der Würfel zwar ein Gegenbeispiel für den dritten Hilfssatz ist, jedoch kein Gegenbeispiel für die Hauptvermutung, denn für den Würfel gilt ja $E - K + F = 2$. Du hast die Lückenhaftigkeit der Beweisführung, des Beweises gezeigt, aber nicht, daß unsere Vermutung falsch ist.

ALPHA: Wirst Du also Deinen Beweis über Bord werfen?

LEHRER: Nein. Kritik ist nicht unbedingt Zerstörung. Ich werde meinen Beweis verbessern, so daß er der Kritik standhalten wird.

GAMMA: Wie?

LEHRER: Bevor ich zeige wie, möchte ich die folgende Redeweise einführen. Ich werde *‚lokales Gegenbeispiel'* ein Beispiel nennen, das einen Hilfssatz widerlegt

Intellekt beziehen müssen, können wir kaum verstehen, wie Beobachtungen und Quasi-Experimente bei einer Untersuchung der Natur der Zahlen von Nutzen sein können. Doch sind tatsächlich, wie ich durch sehr gute Argumente dartun werde, die heute bekannten Eigenschaften der Zahlen größtenteils durch Beobachtungen entdeckt worden ...' (Bechtolsheims deutsche Übersetzung des von Pólya ins Englische übertragenen Textes; Pólya [1954/1969], I, S. 21 schreibt dieses Zitat irrtümlich Euler zu).

*2 *A. d. Ü.*: Siehe auch Szabó [1969], Teil III, Abschnitt 1.

(ohne unbedingt auch die Hauptvermutung zu widerlegen), und ich werde ein ‚*globales Gegenbeispiel*' ein Beispiel nennen, das die Hauptvermutung selbst widerlegt. Dein Gegenbeispiel ist also lokal, aber nicht global. Ein lokales aber nicht globales Gegenbeispiel ist eine Kritik des Beweises, aber nicht der Vermutung.

GAMMA: Die Vermutung kann also wahr sein, aber Dein Beweis beweist sie nicht.

LEHRER: Aber ich kann meinen Beweis sehr einfach ausarbeiten, meinen *Beweis verbessern**3, indem ich den falschen Hilfssatz durch einen leicht abgeänderten ersetze, den Dein Gegenbeispiel nicht widerlegt. Ich behaupte nicht mehr, *daß die Entfernung eines beliebigen Dreiecks stets auf eine der beiden erwähnten Arten geschieht,* sondern nur noch, *daß auf jeder Stufe des Entfernungsvorganges die Entfernung eines beliebigen Randdreieckes stets auf eine dieser beiden Arten geschieht.* Um auf mein Gedankenexperiment zurückzukommen: Ich brauche lediglich ein einziges Wort in meinen dritten Schritt einzufügen, nämlich ‚aus dem dreieckigen Netzwerk entfernen wir jetzt die Randdreiecke eines nach dem anderen'. Du wirst zugeben, daß nur eine unbedeutende Beobachtung nötig war, um den Beweis richtig zu stellen.[18]

GAMMA: Ich denke nicht, daß Deine Beobachtung so unbedeutend war; in der Tat ist sie wirklich genial. Um dies klar zu machen, werde ich zeigen, daß sie falsch ist*4. Nimm wieder das ebene Netzwerk des Würfels und entferne acht der zehn Dreiecke in der in Abb. 4 gegebenen Reihenfolge. Bei der Entfernung des achten Dreiecks, das dann gewiß ein Randdreieck ist, entfernten wir zwei Kanten und keine Ecke – dies ändert $E - K + F$ um 1. Und es bleiben die zwei unzusammenhängenden Dreiecke Nr. 9 und Nr. 10 übrig.

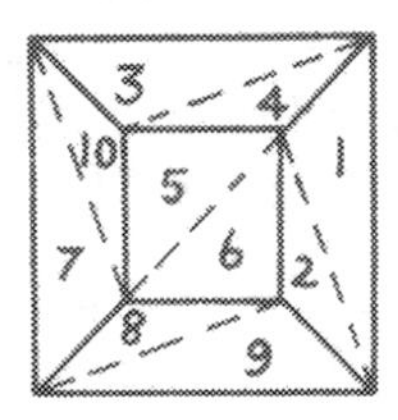

Abb. 4

LEHRER: Nun, ich könnte mein Gesicht wahren, indem ich sage, daß ich mit Randdreieck ein Dreieck gemeint habe, dessen Entfernung das Netzwerk nicht unzusammenhängend macht. Aber intellektuelle Ehrlichkeit hindert mich daran, verstohlene Veränderungen meines Standpunktes durch solche Sätze vorzunehmen, die mit ‚Ich habe gemeint ...' beginnen, und so gebe ich zu, daß ich jetzt die zweite Fassung des Dreiecks-Entfernungsvorganges durch eine dritte Fassung *ersetzen* muß: daß wir die Dreiecke nacheinander in einer solchen Weise entfernen, daß sich $E - K + F$ nicht ändert.

*3 *A. d. Ü.*: Das englische Wortspiel läßt sich im Deutschen leider nicht wiedergeben: ‚den Beweis verbessern' steht hier für ‚*to improve the proof*'.

18 Lhuilier sagte bei einer ähnlichen Korrektur eines Eulerschen Beweises, er habe nur eine ‚unbedeutende Beobachtung' gemacht ([1812–13*a*], S. 179). Euler selbst jedoch verzichtete auf einen Beweis, weil er zwar die Schwierigkeit erkannte, aber diese ‚unbedeutende Beobachtung' nicht anstellen konnte.

*4 *A. d. Ü.*: vgl. Fußnote 54!

KAPPA: Ich gestehe großmütig zu, daß der diesem Vorgang entsprechende Hilfssatz wahr ist: nämlich daß dann, wenn wir die Dreiecke nacheinander in einer solchen Weise entfernen, daß sich $E - K + F$ nicht ändert, sich $E - K + F$ nicht ändert.

LEHRER: Nein. Der Hilfssatz ist: *Die Dreiecke in unserem Netzwerk können so numeriert werden, daß sich bei der Entfernung in dieser Reihenfolge $E - K + F$ nicht ändert, bis wir das letzte Dreieck erreichen.*

KAPPA: Aber wie sollen wir diese Reihenfolge bilden — falls es überhaupt eine solche gibt?[19] Dein ursprüngliches Gedankenexperiment gab die Anweisung: Entferne die Dreiecke in irgendeiner Reihenfolge. Dein abgewandeltes Gedankenexperiment gab die Anweisung: Entferne die Randdreiecke in irgendeiner Reihenfolge. Jetzt sagst Du, wir sollten in einer bestimmten Reihenfolge vorgehen, aber Du sagst nicht in welcher und ob diese Reihenfolge überhaupt existiert. Dein Gedankenexperiment bricht also zusammen. Du hast zwar die Beweisanalyse verbessert, d.h. die Liste der Hilfssätze, aber das Gedankenexperiment, das Du ‚den Beweis' genannt hast, ist verschwunden.

RHO: Nur der dritte Schritt ist verschwunden.

KAPPA: Mehr noch: Hast du den Hilfssatz *verbessert?* Deine beiden ersten einfachen Fassungen sahen wenigstens trivial wahr aus, bevor sie widerlegt worden waren; Deine lange, zusammengeflickte Fassung aber sieht nicht einmal einleuchtend aus. Kannst Du wirklich glauben, daß sie der Widerlegung entgehen wird?

LEHRER: ‚Einleuchtende' oder gar ‚trivial wahre' Aussagen werden gewöhnlich sehr bald widerlegt: verfeinerte, nicht einleuchtende Vermutungen, die an Kritik gereift sind, können die Wahrheit treffen.

OMEGA: Und was geschieht, wenn sogar Deine ‚verfeinerten Vermutungen' als falsch erwiesen worden sind, ohne daß Du sie diesmal durch bessere ersetzen kannst? Oder wenn es Dir *nicht* glückt, die Beweisführung durch lokales Zusammenflicken weiter zu verbessern? Es ist Dir gelungen, ein lokales aber nicht globales Gegenbeispiel durch Ersetzen des widerlegten Hilfssatzes zu überwinden. Was aber, wenn Du das nächste Mal kein Glück hast?

LEHRER: Eine gute Frage — wir setzen sie auf die morgige Tagesordnung.

4 Kritik der Vermutung durch globale Gegenbeispiele

ALPHA: Ich habe ein Gegenbeispiel, das Deinen ersten Hilfssatz als falsch erweist — aber das wird auch ein Gegenbeispiel gegen die Hauptvermutung sein, d.h. es wird auch ein globales Gegenbeispiel sein.

LEHRER: Ach wirklich? Interessant. Laß uns hören.

ALPHA: Stellen wir uns einen festen Körper vor, der durch zwei ineinandergesetzte Würfel begrenzt ist — zwei Würfel, von denen sich einer im anderen befindet, ohne ihn zu

19 Cauchy dachte, daß die Vorschrift, auf jeder Stufe ein Dreieck zu finden, das entweder durch die Entfernung zweier Kanten und einer Ecke oder einer Kante allein entfernt werden kann, bei jedem Polyeder trivial befolgt werden kann ([1813*a*] S. 79). Dies hängt natürlich mit seinem Unvermögen zusammen, sich ein Polyeder vorzustellen, das nicht zu der Kugel homöomorph ist.

berühren (Abb. 5). Dieser Hohlwürfel erweist Deinen ersten Hilfssatz als falsch, denn auch nach der Entfernung einer Fläche von dem inneren Würfel wird sich das Polyeder nicht in einer Ebene ausbreiten lassen. Das ändert sich auch nicht, wenn wir stattdessen eine Fläche des äußeren Würfels entfernen. Überdies ist für jeden Würfel $E - K + F = 2$, für den Hohlwürfel also $E - K + F = 4$.

LEHRER: Sehr schön! Nennen wir dies das *1. Gegenbeispiel.*[20] Und nun?

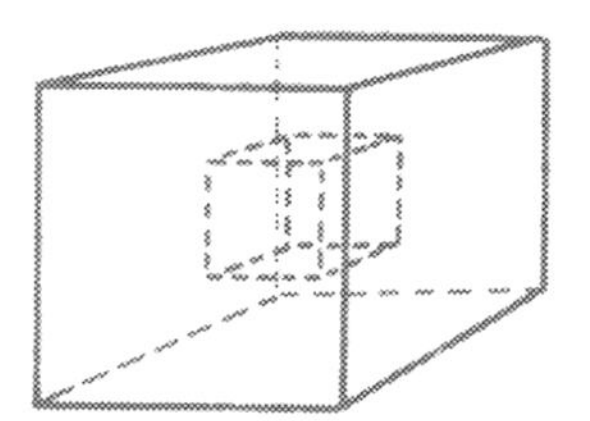

Abb. 5

4.1 Die Vermutung wird verworfen. Die Methode der Kapitulation

GAMMA: Deine Gemütsruhe verblüfft mich. Ein einziges Gegenbeispiel widerlegt eine Vermutung ebenso wirksam wie zehn. Die Vermutung und ihr Beweis haben vollständig versagt. Hände hoch! Du mußt kapitulieren. Wirf die falsche Vermutung über Bord, vergiß sie und suche einen grundlegend neuen Zugang.

LEHRER: Ich gebe Dir zu, daß die *Vermutung* durch Alphas Gegenbeispiel eine strenge Kritik erfahren hat. Aber es ist unwahr, daß der *Beweis* ‚vollständig versagt' hat. Wenn Du für den Augenblick meinem früheren Vorschlag zustimmst und das Wort ‚Beweis' für ein ‚Gedankenexperiment, das zur Zerlegung der ursprünglichen Vermutung in Teilvermutungen führt' gebrauchst anstatt im Sinn von ‚Garantie für sichere Wahrheit', dann brauchst Du diesen Schluß nicht zu ziehen. Mein Beweis bewies Eulers Vermutung sicherlich im ersten Sinn, aber nicht unbedingt im zweiten. Du interessierst Dich nur für solche Beweise, die das ‚beweisen', was ursprünglich zu beweisen geplant war. Ich bin auch dann an Beweisen interessiert, wenn sie ihre beabsichtigten Aufgaben nicht vollenden. Kolumbus erreichte zwar nicht Indien, aber er entdeckte etwas durchaus Interessantes.

ALPHA: Nach Deiner Philosophie – nach der ein lokales Gegenbeispiel (wenn es nicht gleichzeitig global ist) eine Kritik des Beweises, aber nicht der Vermutung ist –

20 Dieses *1. Gegenbeispiel* wurde erstmals von Lhuilier ([1812–13*a*], S. 194) bemerkt. Aber Gergonne, der Herausgeber, fügte hinzu (S. 186), er selbst habe dies lange vor Lhuiliers Arbeit bemerkt. Nicht so Cauchy, der seinen Beweis gerade ein Jahr zuvor veröffentlichte. Und dieses Gegenbeispiel wurde zwanzig Jahre später von Hessel ([1832], S. 16) wiederentdeckt. Sowohl Lhuilier als auch Hessel wurden durch mineralogische Sammlungen zu ihrer Entdeckung geführt, in denen sie einige Doppelkristalle bemerkten, bei denen zwar der äußere, nicht jedoch der innere Kristall durchsichtig waren. Lhuilier bestätigt die Anregung durch die Kristallsammlung seines Freundes Professor Pictet ([1812–13*a*] S. 188). Hessel bezieht sich auf Bleiglanzwürfel, die in durchsichtigen Flußspatwürfeln eingeschlossen sind ([1832], S. 16).

ist also ein globales Gegenbeispiel eine Kritik der Vermutung, aber nicht unbedingt auch des Beweises. Du kapitulierst, was die Vermutung anbetrifft, aber Du verteidigst den Beweis. Aber wenn doch die Vermutung falsch ist, was in aller Welt beweist dann der Beweis?

GAMMA: Deine Analogie mit Kolumbus bricht zusammen. Die Annahme eines globalen Gegenbeispiels muß die völlige Kapitulation bedeuten.

4.2 Das Gegenbeispiel wird verworfen. Die Methode der Monstersperre

DELTA: Aber warum das Gegenbeispiel anerkennen? Wir haben unsere Vermutung bewiesen – jetzt ist sie ein Satz. Ich gebe zu, daß sie mit diesem sogenannten ‚Gegenbeispiel' unvereinbar ist. Eines von beiden muß nachgeben. Aber warum soll der Satz nachgeben, da er doch bewiesen worden ist? Die Kritik sollte den Rückzug antreten. Es ist erschwindelte Kritik. Diese zwei ineinandergesetzten Würfel sind überhaupt kein Polyeder. Das ist ein *Monster*, ein krankhafter Fall, aber kein Gegenbeispiel.

GAMMA: Warum nicht? *Ein Polyeder ist ein fester Körper, dessen Oberfläche aus polygonalen Flächen besteht.* Und mein Gegenbeispiel ist ein fester Körper, der durch polygonale Flächen begrenzt ist.

LEHRER: Nennen wir diese Definition die *Def. 1.*[21]

DELTA: Deine Definition ist unzutreffend. Ein Polyeder muß eine *Oberfläche* sein: es hat Flächen, Kanten, Ecken, es kann verformt werden, auf der Tafel ausgebreitet werden und hat nichts mit dem Begriff des ‚festen Körpers' gemein. *Ein Polyeder ist eine Oberfläche, die aus einem System von Polygonen besteht.*

LEHRER: Das nennen wir die *Def. 2.*[22]

DELTA: Du hast uns also in Wirklichkeit *zwei* Polyeder gezeigt – *zwei* Oberflächen, die eine vollständig im Innern der anderen. Eine Frau mit einem Kind in ihrem Schoß ist kein Gegenbeispiel gegen den Lehrsatz, daß die Menschen nur einen Kopf haben.

21 Die *Definition 1* erscheint zum erstenmal im achtzehnten Jahrhundert; z. B.: ‚Man gibt jedem festen Körper, der durch Ebenen oder ebene Flächen begrenzt ist, den Namen *polyedrischer fester Körper* oder einfach *Polyeder* (Legendre [1809] S. 160). Eine ähnliche Definition gab Euler ([1758*a*]). Euklid definiert zwar Würfel, Oktaeder, Pyramide, Prisma, nicht jedoch den allgemeinen Ausdruck Polyeder, wenngleich er ihn gelegentlich gebraucht (z. B. Buch XII, Zweite Aufgabe, Prop. 17).

22 Wir finden die *Definition 2* implizit in einer von Jonquières Arbeiten, die er in der Französischen Akademie gegen diejenigen vortrug, die den Eulerschen Satz zu widerlegen glaubten. Diese Arbeiten sind eine Fundgrube für Techniken der Monstersperre. Er wettert gegen Lhuiliers ungeheuerliches Paar ineinandergesetzter Würfel: ‚Solch ein System ist gar kein echtes Polyeder, sondern ein Paar aus verschiedenen Polyedern, das eine unabhängig vom anderen. ... Ein Polyeder verdient seinen Namen nur dann – wenigstens vom klassischen Gesichtspunkt aus –, wenn sich ein Punkt stetig über seine gesamte Oberfläche bewegen kann – das ist das Mindeste! Dies ist hier nicht der Fall ... Diese erste Ausnahme von Lhuilier kann also beiseite gelegt werden' ([1890*b*], S. 170). Diese Definition wird – im Gegensatz zur Definition 1 – von den analytischen Topologen sehr zustimmend aufgenommen, die ja an der Theorie der Polyeder gar nicht als solcher interessiert sind, sondern nur als Magd für die Theorie der Oberflächen.

ALPHA: So! Mein Gegenbeispiel hat also einen neuen Begriff des Polyeders erzeugt. Oder würdest Du es wagen zu behaupten, daß Du mit Polyeder *schon immer* eine Oberfläche gemeint hast?

LEHRER: Laßt uns für einen Moment Deltas *Def. 2* anerkennen. Kannst Du dann unsere Vermutung widerlegen, wenn wir mit Polyeder eine Oberfläche meinen?

ALPHA: Gewiß. Nimm zwei Tetraeder, die eine Kante gemeinsam haben (Abb. 6a). Oder nimm zwei Tetraeder, die eine Ecke gemeinsam haben (Abb. 6b). Diese Zwillinge sind alle beide zusammenhängend, bilden beide je eine einzige Oberfläche. Und Du kannst für beide $E - K + F = 3$ nachprüfen.

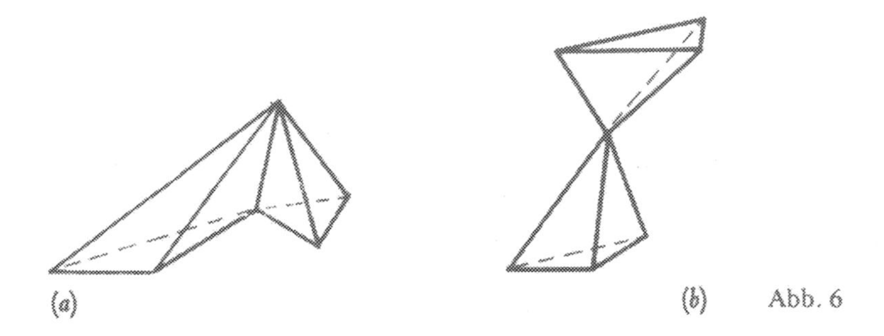

(a) (b) Abb. 6

LEHRER: *Gegenbeispiele 2a und 2b.*[23]

DELTA: Ich bewundere Deine verworrene Vorstellungskraft, aber natürlich habe ich mit Polyeder nicht *jedes* System von Polygonen gemeint. Mit Polyeder meinte ich *ein System von Polygonen, die in einer Weise angeordnet sind, daß (1) sich an jeder Kante genau zwei Polygone treffen und (2) es möglich ist, vom Innern eines jeden Polygons über einen Weg ins Innere eines jeden anderen Polygons zu gelangen, der nirgends eine Kante in einer Ecke berührt.* Deine ersten Zwillinge werden durch das erste Kriterium meiner Definition ausgeschlossen, Deine zweiten Zwillinge durch das zweite Kriterium.

LEHRER: Die *Def. 3!*[24]

ALPHA: Ich bewundere den verdrehten Scharfsinn, mit dem Du eine Definition nach der anderen als Barrikaden gegen die Widerlegung Deiner Lieblingsideen ersinnst. Warum definierst Du nicht einfach ein Polyeder als ein System von Polygonen, für das die Gleichung $E - K + F = 2$ gilt, und diese Vollendete Definition ...

23 Die *Gegenbeispiele 2a* und *2b* wurden von Lhuilier übersehen und erstmals von Hessel entdeckt ([1832], S. 13).

24 Die *Definition 3* taucht erstmals bei Möbius ([1865], S. 32) auf, um die Zwillingstetraeder auszuschalten. Wir finden diese schwerfällige Definition in einigen modernen Lehrbüchern wieder abgedruckt, und zwar in dem üblichen autoritären ‚Friß-Vogel-oder-stirb'-Stil; die Geschichte ihrer monstersperrenden Vergangenheit – die sie wenigstens erklären würde – wird verschwiegen (z.B. Hilbert-Cohn Vossen [1932], S. 254).

KAPPA: *Def. V.*[25]

ALPHA: ... würde den Streit endgültig beenden? Dann würde keinerlei Bedürfnis bestehen, das Thema noch weiter zu erforschen.

DELTA: Aber es gibt keinen einzigen Satz auf der Welt, der nicht mit der Hilfe eines Monsters als falsch erwiesen werden kann.

LEHRER: Ich muß Euch leider unterbrechen. Wie wir gesehen haben, hängt die Widerlegung durch Gegenbeispiele von der Bedeutung der infrage stehenden Ausdrücke ab. Wenn ein Gegenbeispiel eine objektive Kritik sein soll, dann müssen wir uns über die Bedeutung unserer Begriffe einigen. Wir *können* zu einer solchen Einigung kommen, indem wir den Ausdruck definieren, an dem die Verständigung zusammenbrach. Ich beispielsweise haben den Begriff ‚Polyeder' nicht definiert. Ich habe *Vertrautheit* mit diesem Begriff angenommen, d.h. die Fähigkeit, ein Ding, das ein Polyeder ist, von einem Ding, das kein Polyeder ist, zu unterscheiden – was einige Logiker die Kenntnis der Extension des Begriffes Polyeder nennen. Es stellte sich jedoch heraus, daß die Extension des Begriffes durchaus nicht klar ist: *Definitionen werden häufig dann vorgeschlagen und bestritten, wenn Gegenbeispiele auftauchen.* Ich schlage vor, daß wir jetzt die miteinander wetteifernden Definitionen gemeinsam betrachten und die Erörterung der Unterschiede in den Ergebnissen, die sich aus der Wahl unterschiedlicher Definitionen ergeben werden, für später aufheben. Kann irgendjemand etwas anbieten, das selbst die allerengste Definition als echtes Gegenbeispiel anerkennen würde?

KAPPA: *Def. V* eingeschlossen?

LEHRER: *Def. V* ausgeschlossen.

GAMMA: Kann ich. Betrachtet das folgende *3. Gegenbeispiel:* ein Sternpolyeder – ich nenne es *Igel* (Abb. 7). Es besteht aus zwölf Sternfünfecken (Abb. 8). Es hat 12

Abb. 7 Keplers Sternpolyeder; jede Seite ist in einer anderen Weise schattiert, um zu zeigen, welche Dreiecke zur selben fünfeckigen Seite gehören.

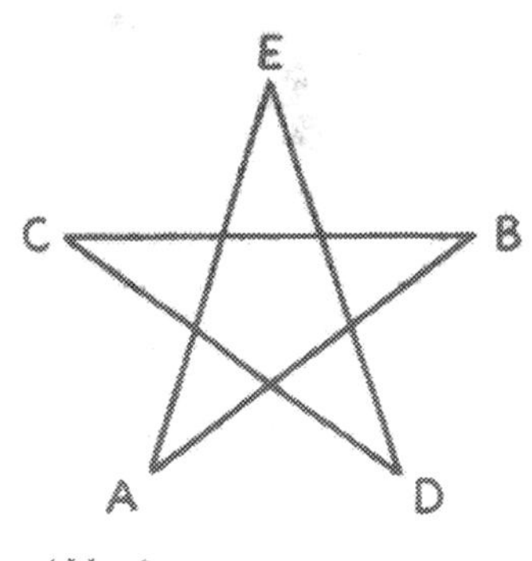

Abb. 8

25 Diese *Definition V*, nach der ‚Eulersch' ein definitorisches Kennzeichen der Polyeder wäre, wurde tatsächlich von R. Baltzer vorgeschlagen: ‚Ein gemeines Polyeder wird bisweilen (nach Hessel) ein Eulersches Polyeder genannt. Angemessener wäre es, ein uneigentliches Polyeder mit einem besonderen Namen zu versehen' ([1862], Bd. II, 207). Der Verweis auf Hessel ist unzulässig: Hessel gebrauchte den Ausdruck ‚Eulersch' einfach als eine Abkürzung für die Polyeder, für die Eulers Formel gilt, zur Unterscheidung von den nicht-Eulerschen ([1832], S. 19). Zur *Def. V* siehe auch das Schläfi-Zitat in der folgenden Fußnote.

Ecken, 30 Kanten und 12 fünfeckige Flächen – wenn Ihr wollt, könnt Ihr nachzählen. Der Descartes-Euler-Lehrsatz ist also durchaus nicht wahr, da für dieses Polyeder $E - K + F = -6$ gilt.[26]

DELTA: Warum denkst Du, Dein ‚Igel' sei ein Polyeder?

GAMMA: Siehst Du es denn nicht? Dies ist ein Polyeder, dessen Flächen die zwölf Sternfünfecke sind. Es genügt Deiner letzten Definition: es ist ‚ein System von Polygonen, die in einer Weise angeordnet sind, daß (1) sich an jeder Kante genau zwei Polygone treffen und (2) es möglich ist, von jedem Polygon über einen Weg in jedes andere Polygon zu gelangen, ohne jemals eine Ecke des Polyeders zu berühren'.

DELTA: Aber dann weißt Du nicht einmal, was ein Polygon ist. Ein Sternfünfeck ist sicherlich kein Polygon! *Ein Polygon ist ein System von Kanten, die in einer Weise angeordnet sind, daß (1) sich an jeder Ecke genau zwei Kanten treffen und (2) die Kanten keine Punkte außer den Ecken gemeinsam haben.*

LEHRER: Nennen wir dies die *Def. 4*.

GAMMA: Ich verstehe nicht, warum Du die zweite Einschränkung triffst. Die richtige Definition des Polygons sollte nur die erste Einschränkung enthalten.

LEHRER: *Def. 4'*.

GAMMA: Die zweite Einschränkung hat nichts mit dem Wesen eines Polygons zu tun. Schau mal: Wenn ich eine Kante ein wenig anhebe, dann ist das Sternfünfeck schon ein Polygon, sogar in Deinem Sinn. Du denkst Dir ein Polygon mit Kreide an eine Tafel gemalt, aber Du solltest es Dir als hölzernes Gebilde denken: dann ist es offensichtlich, daß das, was Du gewöhnlich für einen Punkt hältst, in Wirklichkeit nicht ein Punkt ist, sondern zwei verschiedene Punkte sind, die übereinander liegen. Du bist dadurch irregeleitet, daß Du das Polygon in eine Ebene einbettest – Du solltest seine Glieder in den Raum hinausstrecken![27]

26 Der ‚Igel' wurde zuerst von Kepler in seiner kosmologischen Theorie erörtert ([1619], *Lib.* II, XIX und XXVI auf S. 72 und S. 82f und *Lib.* V, *Cap.* I, S. 293, *Cap.* III, S. 299 und *Cap.* IX, XLVII). Der Name ‚Igel' stammt von Kepler (‚*cui nomen Echino feci*'). Abb. 7 ist aus seinem Buch (S. 79) entnommen, das auch ein weiteres Bild auf S. 293 enthält. Unabhängig davon wurde es von Poinsot wiederentdeckt, und er war es auch, der herausstellte, daß Eulers Formel hier nicht gilt ([1810], S. 48). Der heute geläufige Ausdruck ‚Kleines Sterndodekaeder' stammt von Cayley ([1859], S. 125). Schäfli ließ Sternpolyeder im allgemeinen zu, wies aber dennoch unser ‚Kleines Sterndodekaeder' als Monster zurück: Es handele sich um ein Gebilde, das ‚aber kein echtes Polyeder darstellt. Dasselbe genügt nämlich der Bedingung $E - K + F = 2$ nicht.' ([1852], § 134)

27 Der Streit, ob Polygon so definiert werden soll, daß auch Sternpolygone eingeschlossen sind, oder nicht (*Def. 4* oder *Def. 4'*) ist sehr alt. Das in unserem Dialog vorgetragene Argument – daß Sternpolygone als gewöhnliche Polygone in einen höherdimensionalen Raum eingebettet werden können – ist ein modernes topologisches Argument, aber man kann viele andere vortragen. So brachte Poinsot bei der Verteidigung seiner Sternpolygone für die Zulassung der Sternpolygone Argumente aus der analytischen Geometrie vor: ‚... alle diese Unterschiede sind mehr scheinbare, als wirkliche und verschwinden vollständig bei der algebraischen Berechnung der Polygone, bei der die verschiedenen Arten von Polygonen derselben Ordnung sich untrennbar erweisen. In der Tat, will man die Seite eines regelmäßigen Polygons berechnen, so erhält man eine Gleichung von höherem Grade, deren sämtliche Wurzeln reell sind und gleichzeitig die Seiten aller regelmäßigen Polygone der gleichen Ordnung liefern. So ist es z.B. unmöglich, die Seite eines einem Kreise eingeschriebenen regelmäßigen Siebenecks zu berechnen, ohne gleichzeitig die Seiten der regelmäßigen Sieben-

DELTA: Wärst Du so nett und würdest mir verraten, welches die *Fläche* eines Sternfünfeckes ist? Oder meinst Du, daß einige Polygone keine Flächen haben?

GAMMA: Warst es nicht Du selbst, der sagte, ein Polyeder habe nichts mit der Idee der Körperhaftigkeit zu tun? Warum soll jetzt auf einmal die Idee des Polygons mit der Idee der Fläche verknüpft werden? Wir haben uns darauf geeinigt, daß ein Polyeder eine geschlossene Oberfläche mit Kanten und Ecken ist – warum einigen wir uns dann nicht darauf, daß ein Polygon einfach eine geschlossene Kurve mit Ecken ist? Aber wenn Du an Deiner Idee festhältst, dann werde ich darangehen, die Fläche eines Sternpolygons zu definieren.[28]

LEHRER: Unterbrechen wir diesen Streit für einen Augenblick und verfahren wie vorhin. Halten wir die beiden letzten Definitionen nebeneinander – die *Def. 4* und die *Def. 4'*. Hat irgendjemand ein Gegenbeispiel gegen unsere Vermutung, das *beiden* Definitionen eines Polygons genügt?

ALPHA: Hier ist eins. Betrachtet einen *Bilderrahmen* wie diesen hier (Abb. 9). Dies ist ein Polyeder im Sinne aller bisher vorgeschlagenen Definitionen. Trotzdem ergibt die Zählung der Ecken, Kanten und Flächen, daß $E - K + F = 0$ gilt.

LEHRER: Das *4. Gegenbeispiel.*[29]

ecke zweiter und dritter Art mit zu erhalten. Ist umgekehrt die Seite eines regelmäßigen Siebenecks gegeben, und man soll den Radius des Kreises berechnen, in den das Siebeneck eingeschrieben werden kann, so erhält man drei verschiedene Kreise, die den drei Arten von Siebenecken, die man über derselben Seite konstruieren kann, entsprechen. Dies rechtfertigt es wohl, daß wir auch die neuen Sternfiguren als „Polygone" bezeichnen.' ([1810], S. 26, deutsch zit. nach Haußner [1906], S. 17f). Schröder übernahm Hankels Argument: ‚Wenn nun in der Algebra die Erweiterung des Begriffs ganzzahliger Gebilde auf gebrochenzahlig zusammengesetzte von so großem Nutzen ist, so liegt der Gedanke nahe, dies auch in der Geometrie bei Gelegenheit zu versuchen ...' ([1862], S. 56). Dann zeigt er, daß wir in den Sternpolygonen eine geometrische Interpretation für den Begriff des p/q-seitigen Polygons finden können.

28 Gammas Behauptung, er könne die Fläche eines Sternpolygons definieren, ist keine Täuschung. Einige von denen, die den weiteren Begriff des Polygons verteidigten, lösten das Problem, indem sie den Begriff der Fläche eines Polygons weiterführten. Im Falle der regulären Sternpolygone gibt es da einen ganz offensichtlichen Weg. Wir können als Fläche eines Polygons die Summe der Flächen derjenigen gleichschenkligen Dreiecke wählen, die durch Verbinden des Mittelpunktes des ein- oder des umbeschriebenen Kreises mit den Ecken des Polygons entstehen. Dabei werden natürlich einige ‚Teile' des Sternpolygons öfter gezählt. Bei irregulären Polygonen, bei denen es keinen ausgezeichneten Punkt gibt, können wir einen beliebigen Punkt als Ursprung wählen und die Flächen negativ orientierter Dreiecke negativ zählen (Meister [1771], S. 179). Es zeigt sich – und dies muß gewiß von einer ‚Fläche' erwartet werden –, daß die so definierte Fläche nicht von der Wahl des Ursprunges abhängt (Möbius [1827], S. 218). Natürlich ist da noch eine Auseinandersetzung mit jenen fällig, die der Ansicht sind, es sei nicht gerechtfertigt, die durch diese Berechnung ermittelte Zahl eine ‚Fläche' zu nennen – wenngleich die Verteidiger der Meister-Möbius-Definition sie ‚*die* richtige Definition' nennen, die ‚wissenschaftlich allein berechtigt' sei (R. Haußners Bemerkungen [1906], S. 114–115). Essentialismus ist ein beständiges charakteristisches Merkmal von Definitionsstreitigkeiten gewesen.

29 Auch das *4. Gegenbeispiel* finden wir in Lhuiliers klassischem [1812–13*a*], auf S. 185 – wiederum fügte Gergonne hinzu, daß er es bereits kannte. Doch Grunert wußte noch vierzehn Jahre später nichts davon ([1827]) und Poinsot fünfundvierzig Jahre später ([1858], S. 67).

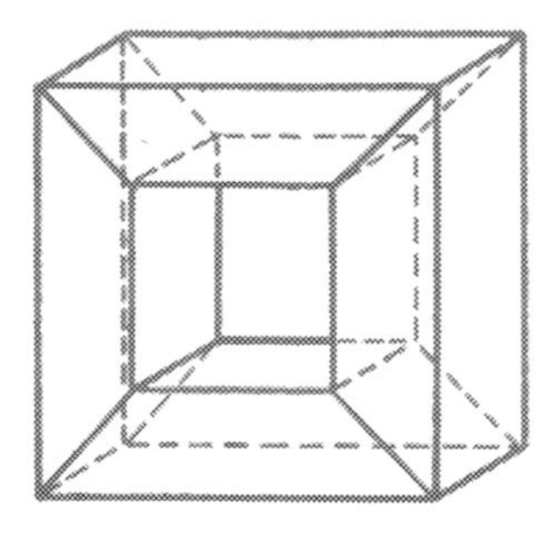

Abb. 9

BETA: Und dies ist das Ende für Deine Vermutung. Das ist wirklich schade, weil sie doch in so vielen Fällen zutraf. Aber es sieht so aus, als ob wir lediglich unsere Zeit vergeudet hätten.

ALPHA: Delta, ich bin sprachlos. Du sagst gar nichts? Kannst Du denn dieses neue Gegenbeispiel nicht wegdefinieren? Ich dachte, es gibt keine Hypothese auf der Welt, die Du nicht mit Hilfe eines linguistischen Kunstgriffs vor der Widerlegung retten kannst. Gibst Du jetzt auf? Gibst Du jetzt zu, daß es nicht-Eulersche Polyeder gibt? Unglaublich!

DELTA: Ihr solltet wirklich einen passenderen Namen für Eure nicht-Eulerschen Plagegeister finden, anstatt uns durch den Namen ‚Polyeder' irrezuführen. Aber ich verliere allmählich das Interesse an Euren Monstern. Ich wende mich mit Ekel von Euren jämmerlichen ‚Polyedern' ab, für die Eulers wundervoller Satz nicht gilt.[30] Ich suche nach Ordnung und Harmonie in der Mathematik, während Ihr nur Anarchie und Chaos verbreitet.[31] Unsere Einstellungen sind miteinander unvereinbar.

ALPHA: Du bist wirklich ein Konservativer vom alten Schlag! Du tadelst die Boshaftigkeit der Anarchisten, die Dir Deine ‚Ordnung' und ‚Harmonie' verdirbt, während Du die Schwierigkeiten durch sprachliche Empfehlungen ‚löst'.

LEHRER: Laßt uns die neueste rettende Definition hören.

ALPHA: Du meinst den neuesten linguistischen Kunstgriff, die neueste Verkürzung des Begriffs ‚Polyeder'! Delta löst die wirklichen Probleme auf, anstatt sie zu lösen.

30 Dies ist abgewandelt aus einem Brief von Hermite an Stieltjes: ‚Mit einem Schauder des Entsetzens wende ich mich von dieser erbärmlichen Geißel der Funktion ab, die keine Ableitungen besitzen' ([1893]).

31 ‚Forschungen, die sich mit ... Funktionen beschäftigen, welche Gesetze verletzen, die man als allgemeingültig angesehen hatte, wurden meistens als Verbreitung von Anarchie und Chaos angesehen, wo die früheren Generationen nach Ordnung und Harmonie gesucht hatten' (Saks [1933], Vorwort). Saks bezieht sich hier auf die hitzigen Gefechte der Monstersperrer (wie Hermite!) und Widerlegungsfanatiker, welche die Entwicklung der modernen Funktionstheorie – ‚der Zweig der Mathematik, der von Gegenbeispielen handelt' (Munroe [1953], Vorwort) – der letzten Jahrzehnte des neunzehnten Jahrhunderts (und sogar noch im beginnenden zwangzigsten Jahrhundert) bestimmte. Das ähnlich hitzige Gefecht, das später zwischen den Gegnern und Befürwortern der modernen mathematischen Logik und Mengenlehre wütete, war eine direkte Fortsetzung davon. Siehe auch Fußnoten 34 und 35.

DELTA: Ich *verkürze* keine Begriffe. Du bist es, der sie *dehnt*. So ist beispielsweise dieser Bilderrahmen überhaupt kein echtes Polyeder.

ALPHA: Warum?

DELTA: Nimm einen beliebigen Punkt in dem ,Tunnel' – also dem Raum, der durch den Rahmen begrenzt wird. Lege eine Ebene durch diesen Punkt. Du wirst sehen, daß jede solche Ebene stets *zwei* verschiedene Schnittflächen mit dem Bilderrahmen hat und zwei verschiedene, völlig getrennte Polygone liefert! (Abb. 10)

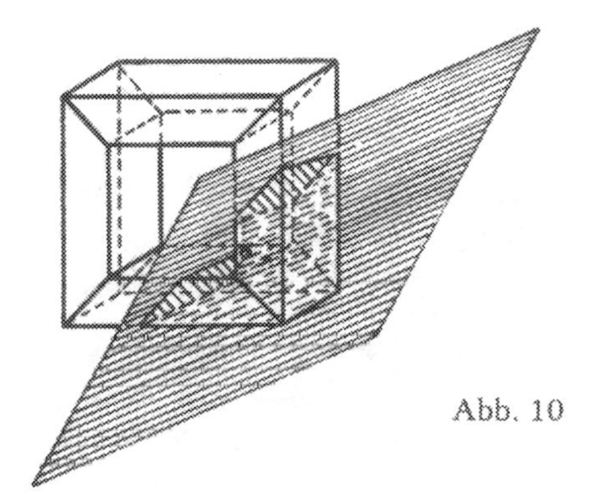

Abb. 10

ALPHA: Na und?

DELTA: *Im Fall eines echten Polyeders gibt es durch jeden beliebigen Punkt des Raumes mindestens eine Ebene, deren Durchschnitt mit dem Polyeder aus einem einzigen Polygon besteht.* Im Falle der konvexen Polyeder erfüllen *sämtliche* Ebenen diese Forderung, wo auch immer wir den Punkt wählen. Im Falle der *gewöhnlichen* konkaven Polyeder werden einige Ebenen mehrere Durchschnitte haben, aber es wird immer ein paar geben, die nur einen einzigen Durchschnitt aufweisen. (Abb. 11a und 11b) Im Falle des Bilderrahmens jedoch werden sämtliche Ebenen zwei Schnittflächen haben, wenn wir den Punkt im Tunnel wählen. Wie kannst Du dies ein Polyeder nennen?

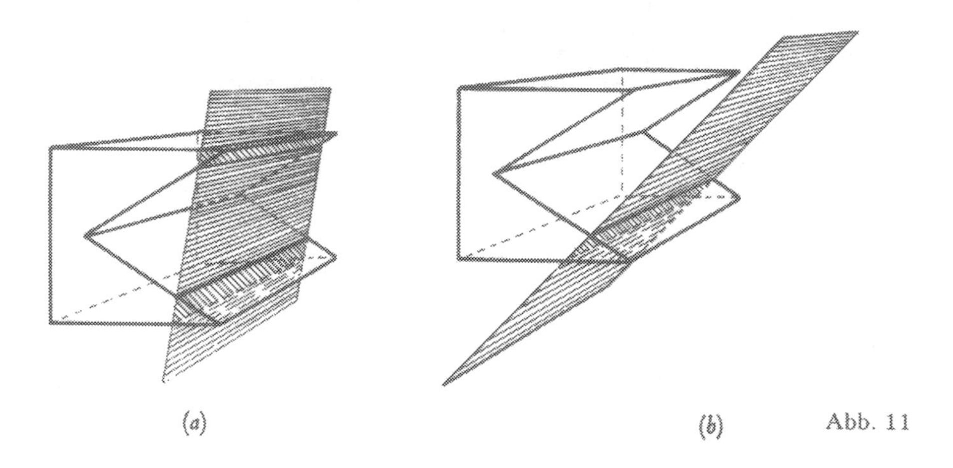

(a) (b) Abb. 11

LEHRER: Dies sieht nach einer weiteren Definition aus, diesmal nach einer *impliziten*. Nennen wir sie die *5. Def.*[32]

ALPHA: Eine Reihe von Gegenbeispielen, eine dazu passende Reihe von Definitionen, Definitionen, die angeblich nichts Neues enthalten, sondern lediglich neue Offenbarungen aus der Reichhaltigkeit des einen alten Begriffes sein sollen, der ebenso viele ‚versteckte' Einschränkungen zu enthalten scheint, wie es Gegenbeispiele gibt. *Für alle Polyeder gilt* $E - K + F = 2$ scheint unerschütterlich zu sein, eine alte und ‚ewige' Wahrheit. Es mutet seltsam an, daß es ehemals eine wundervolle Mutmaßung war, die voller Anregungen und Herausforderungen steckte. Jetzt, nach Deinen merkwürdigen Bedeutungsverschiebungen, hat sie sich als bloße Konvention entpupt, ein jämmerlicher Teil eines Dogmas. [*Er verläßt das Klassenzimmer.*]

DELTA: Mir ist unverständlich, wie ein fähiger Mann wie Alpha sein Talent damit vergeuden kann, daß er uns ständig auf die Nerven geht. Er scheint durch das Beibringen von Ungeheuerlichkeiten völlig in Anspruch genommen zu sein. Aber Ungeheuerlichkeiten dienen niemals dem Fortschritt, weder in der natürlichen Welt, noch in der Welt des Geistes. Die Evolution verläuft stets harmonisch und geregelt.

GAMMA: Die Genetiker können dies leicht widerlegen. Hast Du noch nicht gehört, daß jene Mutationen, die Mißbildungen hervorrufen, eine beträchtliche Rolle in der Makroevolution spielen? Sie nennen solche mißgebildeten Mutanten ‚vielversprechende Monster'. Mir scheinen Alphas Gegenbeispiele zwar Monster zu sein, aber eben ‚vielversprechende Monster'.[33]

DELTA: Wie dem auch sei, Alpha hat den Kampf jedenfalls aufgegeben. Es wird also keine neuen Monster geben.

GAMMA: Ich habe ein neues. Es genügt allen Einschränkungen der Defn 1, 2, 3, 4 und 5, aber es gilt $E - K + F = 1$. Dieses *5. Gegenbeispiel* ist ein einfacher Zylinder. Er hat 3 Flächen (je eine Grundfläche oben und unten und den Mantel), 2 Kanten (zwei Kreise) und keine Ecke. Nach Deiner Definition ist es ein Polyeder: (1) treffen sich genau zwei Polygone an jeder Kante, und (2) ist es möglich, vom Innern eines jeden Polygons über einen Weg ins Innere eines jeden anderen Polygons zu gelangen, der nirgends

32 Die *Definition 5* wurde von dem unermüdlichen Monstersperrer E. de Jonquières vorgebracht, um Lhuiliers Polyeder mit einem Tunnel (den Bilderrahmen) aus dem Weg zu schaffen: ‚Dieser Polyederkomplex ist auch kein wahres Polyeder im gewöhnlichen Sinn des Wortes, denn wenn man eine beliebige Ebene durch irgendeinen Punkt im Innern eines der Tunnel legt, die durch den Körper führen, dann wird die entstehende Schnittfläche aus zwei verschiedenen Polygonen zusammengesetzt sein, die voneinander völlig getrennt sind; dies kann bei einem gewöhnlichen Polyeder bei *gewissen* Lagen der Schnittebene auftreten, aber nicht bei allen' ([1890*b*], S. 170–171). Man fragt sich, ob de Jonquières nicht bemerkt hat, daß seine *Def. 5* auch einige konkave Polyeder ausschließt.

33 ‚Wir dürfen nicht vergessen, daß das, was heute als ein Monster erscheint, morgen der Ursprung einer neuen Linie besonderer Adaptionen sein wird. ... Weiterhin habe ich nachdrücklich die Bedeutung der seltenen, aber außerordentlich folgenreichen Mutationen betont, die den Ablauf entscheidender embryonaler Prozesse beeinflussen und das erzeugen, was man vielversprechende Monster nennen könnte, Monster, die eine neue evolutionäre Linie begründen können, wenn sie eine neue ökologische Nische besetzen können' (Goldschmidt [1933], S. 544 und 547). Karl Popper lenkte meine Aufmerksamkeit auf diese Arbeit.

eine Kante an einer Ecke berührt. Und die Flächen mußt Du als echte Polygone anerkennen, da sie Deine Forderungen erfüllen: (1) an jeder Ecke treffen sich genau zwei Kanten und (2) die Kanten haben außer den Ecken keine gemeinsamen Punkte.

DELTA: Alpha dehnte die Begriffe, aber Du zerreißt sie! Deine ‚Kanten' sind keine Kanten! *Eine Kante hat zwei Ecken!*

LEHRER: Die *6. Def.?*

GAMMA: Aber warum soll der Titel ‚Kante' jenen Kanten abgesprochen werden, die eine oder möglicherweise null Ecken haben? Bisher hast Du die Begriffe verkürzt, aber jetzt verstümmelst Du sie so arg, daß kaum noch etwas übrig bleibt!

DELTA: Aber siehst Du denn nicht die Unzulänglichkeit dieser sogenannten Widerlegungen? ‚Bisher wurde ein neues Polyeder stets für einen praktischen Zweck erfunden; heutzutage werden sie eigens dazu erfunden, die Fehler in den Schlußweisen unserer Vorfahren aufzudecken, und zu irgend etwas anderem wird man sie niemals benutzen können. Unser Untersuchungsgegenstand hat sich in ein Heer von Mißgeburten verwandelt, in dem sich die anständigen, gewöhnlichen Polyeder glücklich schätzen, wenn man ihnen wenigstens noch einen geringen Platz einräumt.'[34]

GAMMA: Ich finde, um etwas wirklich gründlich kennenzulernen, darf man es nicht in seinem ‚normalen', vorschriftsmäßigen, gewöhnlichen Zustand untersuchen, sondern in seinen kritischen Zuständen, leidend, vom Fieber geschüttelt. Wenn Du den normalen, gesunden Körper kennenlernen willst, dann untersuche ihn, wenn er anormal ist, wenn er krank ist. Wenn Du die gewöhnlichen Polyeder kennenlernen willst, dann untersuche die hunderfünfzigprozentigen. Auf diese Weise kann man die mathematische Analyse bis zum tiefsten Kern des Untersuchungsgegenstandes vorantreiben.[35] Aber selbst wenn Du grundsätzlich im Recht wärst – erkennst Du denn nicht die Unzulänglichkeit Deiner *Ad-hoc*-Methode? Wenn Du die Grenzlinie zwischen Gegenbeispielen und Monstern ziehen willst, dann kannst Du das nicht dann und wann machen, wie es Dir beliebt.

LEHRER: Ich denke, wir sollten uns weigern, Deltas Strategie für die Behandlung globaler Gegenbeispiele zu übernehmen, wenngleich wir ihm zu ihrer gewandten Ausfüh-

34 Abgewandelt von Poincaré ([1908/1973], S. 111f). Der vollständige Text lautet: ‚Die Logik erzeugt mitunter monströse Gebilde. Seit einem halben Jahrhundert sehen wir eine Menge von bizarren Funktionen auftauchen, die sich förmlich anzustrengen scheinen, den ehrbaren Funktionen möglichts wenig zu gleichen, welche zu irgend etwas gebraucht werden könnten. Sie haben keine Stetigkeit, oder sie sind zwar stetig, haben aber keine Derivierte usw. Vom logischen Gesichtspunkte aus müssen diese fremdartigen Funktionen, denen man in den Anwendungen zufällig begegnet, nur noch als spezielle Fälle erscheinen. Den letzteren räumt man nur noch einen geringen Platz ein.

Wenn man früher eine neue Funktion erdachte, so geschah dies zu irgendeinem praktischen Zecke; heute erdenkt man neue Funktionen ausschließlich zu dem Zwecke, die Fehler in den Schlußweisen unserer Vorfahren aufzudecken, und zu irgend etwas anderem wird man diese Funktionen niemals benutzen können.

Wenn sich der Pädagoge von der Logik allein leiten ließe, so müßte er mit den allgemeinsten, d.h. mit der bizarrsten Funktionen beginnen. Demzufolge müßte er schon den Anfängen lehren, sich mit diesem Heere von Mißgeburten herumzuschlagen ...' Poincaré erörtert das Problem in bezug auf die Lage in der reellen Funktionentheorie – aber das macht keinen Unterschied.

35 abgewandelt von Denjoy ([1919], S. 21)

rung gratulieren sollten. Wir können seine Methode zutreffend als *Methode der Monstersperre* bezeichnen. Mit dieser Methode kann man jedes Gegenbeispiel gegen die ursprüngliche Vermutung durch eine manchmal geschickte, aber jedenfalls *Ad-hoc*-Neudefinition des Polyeders, seiner definierenden Ausdrücke oder der definierenden Ausdrücke seiner definierenden Ausdrücke beseitigen. Wir sollten die Gegenbeispiele irgendwie mit größerer Achtung behandeln und sie nicht unerbittlich verbannen, indem wir ihnen den Titel ‚Monster' verleihen. Deltas Hauptfehler ist vielleicht sein dogmatisches Vorurteil bei der Deutung der mathematischen Beweise: er denkt, daß ein Beweis unvermeidlicherweise das beweist, was ursprünglich zu beweisen geplant war. Meine Deutung des Beweises ermöglicht es auch einer *falschen* Vermutung, ‚bewiesen' zu werden, d.h. in Teilvermutungen zerlegt zu werden. Wenn die Vermutung falsch ist, dann kann ich gewiß erwarten, daß auch mindestens eine der Teilvermutungen falsch ist. Aber die Zerlegung kann dennoch interessant sein! Mich beunruhigt ein Gegenbeispiel zu einer ‚bewiesenen' Vermutung nicht; ja ich beabsichtige sogar, auch eine falsche Vermutung zu ‚beweisen'!

THETA: Ich kann Dir nicht folgen.

KAPPA: Er hält sich nur an das Neue Testament: ‚Prüfet alles – das Gute behaltet!' (1 Thessalonicher 5, 21).

4.3 Die Vermutung wird nach der Methode der Ausnahmensperre verbessert. Schrittweises Ausschließen. Strategischer Rückzug oder Spiel auf Sicherheit

BETA: Ich nehme an, lieber Lehrer, Du wirst uns Deine verwirrenden Bemerkungen erläutern. Entschuldige also bitte meine Ungeduld, aber ich muß mir zuvor noch etwas von der Seele schaffen.

LEHRER: Schieß los.

[ALPHA *kehrt zurück.*]

BETA: Ich halte einige Gesichtspunkte von Deltas Argumentation für töricht, aber ich bin zu der Überzeugung gelangt, daß sie einen vernünftigen Kern enthält. Mir kommt es so vor, als ob keine Vermutung allgemein gültig sei, sondern nur gültig in einem bestimmten beschränkten Definitionsbereich, der sämtliche *Ausnahmen* ausschließt. Ich bin dagegen, diese Ausnahmen zu ‚Monstern' oder zu ‚krankhaften Fällen' zu stempeln. Dies käme ja der methodologischen Entscheidung gleich, sie nicht als interessante *Beispiele* mit eigener Berechtigung zu betrachten, die einer getrennten Untersuchung wert sind. Aber ich bin auch gegen den Ausdruck ‚*Gegenbeispiel*'; er stellt sie zwar zu Recht als Beispiele auf gleiche Stufe mit den unterstützenden Beispielen, aber irgendwie bemalt er sie mit Kriegsfarben, so daß man – wie Gamma – bei ihrem Anblick in Panik gerät und versucht ist, wundervolle und geistreiche Beweise gänzlich preiszugeben. Nein: sie sind lediglich *Ausnahmen*.

SIGMA: Ich könnte es nicht besser sagen. Der Ausdruck ‚Gegenbeispiel' hat einen aggressiven Anstrich und beleidigt diejenigen, die die Beweise erfunden haben. ‚Ausnahmen' ist der richtige Ausdruck. ‚Es gibt drei Arten mathematischer Aussagen:

1. Jene, die immer wahr sind, und bei denen es weder Einschränkungen noch Ausnahmen gibt, z.B. daß die Winkelsumme in einem ebenen Dreieck stets zwei rechte beträgt.

2. Jene, die auf einem falschen Grundsatz beruhen und deswegen niemals zugelassen werden können.

3. Jene, die zwar auf wahren Grundsätzen beruhen, die aber dennoch Einschränkungen oder Ausnahmen in gewissen Fällen zulassen. ...'

EPSILON: Wie bitte?

SIGMA: , ... Man sollte nicht falsche Sätze mit Sätzen verwechseln, die gewissen Einschränkungen unterliegen.'[36] Wie das Sprichwort sagt: *Die Ausnahme bestätigt die Regel.*

EPSILON [*zu* KAPPA]: Wer ist dieser Wirrkopf? Er sollte etwas über Logik lernen.

KAPPA [*zu* EPSILON]: Und über nicht-euklidische Dreiecke.

DELTA: Es ist zwar unangenehm, aber ich sehe voraus, daß ich in diesem Streit auf Alphas Seite stehe. Wir gingen beide von der Voraussetzung aus, daß eine Aussage wahr oder falsch ist, und wir waren nur verschiedener Ansicht darüber, ob der Eulersche Satz wahr sei oder falsch. Aber Sigma will eine dritte Kategorie von Aussagen zulassen, jene, die zwar ‚grundsätzlich' wahr sind, aber ‚in gewissen Fällen Ausnahmen zulassen'. Die Zustimmung zu einer friedlichen Koexistenz von Sätzen und Ausnahmen ist aber gleichbedeutend mit der Öffnung der Mathematik für Verwirrung und Chaos.

ALPHA: *D'accord.*

ETA: Ich möchte mich nicht in die glänzende Argumentation von Delta einmischen, aber ich halte es für vorteilhaft, wenn ich kurz die Geschichte *meiner* intellektuellen Entwicklung erläutere. In meiner Schulzeit wurde ich – wie Ihr es formulieren würdet – ein Monstersperrer, aber nicht in der Abwehr von Alpha-Typen, sondern in der Abwehr von Sigma-Typen. Ich erinnere mich, in einer Zeitschrift über den Eulerschen Satz gelesen zu haben: ‚Ausgezeichnete Mathematiker haben Beweise für die allgemeine Gültigkeit des Satzes geliefert. Indessen leidet derselbe Ausnahmen ... es ist nötig, daß auf jene Ausnahmen aufmerksam gemacht wird, da selbst neuere Schriftsteller sie nicht immer ausdrücklich berücksichtigen.'[37] Und diese Arbeit war keine vereinzelte Übung in Diplomatie: ‚In den Lehrbüchern und Vorlesungen der Geometrie wird zwar überall angegeben, daß der schöne Eulersche Satz $E + F = K + 2$ in einzelnen Fällen eine „Einschränkung" erleide, oder „nicht zu gelten scheine"; den eigentlichen Grund dieser Ausnahmen aber erfährt man nicht.'[38] Da betrachtete ich die ‚Einschränkungen' sehr sorgfältig und kam zu

36 Bérard [1818–19], S. 347 und S. 349

37 Hessel [1832], S. 13. Hessel entdeckte Lhuiliers ‚Ausnahmen' im Jahre 1832 wieder. Direkt nach der Vorlage seines Manuskriptes stieß er auf Lhuiliers [1812–13*a*]. Trotzdem entschied er nicht, seine Arbeit zurückzuziehen, deren Ergebnisse zum Großteil also schon veröffentlicht waren, denn er hielt es für notwendig, den ‚neueren Schriftstellern' diesen Punkt auseinanderzusetzen, da sie diese Ausnahmen mißachteten. Es traf sich übrigens, daß einer dieser Schriftsteller der Herausgeber jenes Journals war, dem Hessel seine Arbeit vorgelegt hatte: A. L. Crelle. In seinem Lehrbuch [1826–27] ‚bewies' er, daß Eulers Satz für *sämtliche* Polyeder wahr ist (Vol. II, S. 668–671).

38 Matthiessen ([1863], S. 449). Matthiessen bezieht sich hier auf das *Lehrbuch der Geometrie* von Heis und Eschweiler und auf Grunerts *Lehrbuch der Stereometrie*. Aber Matthiessen löste das Problem nicht – wie Eta – durch Monstersperre, sondern – wie Rho – durch Monsteranpassung (vgl. Fußnote 59).

dem Schluß, daß sie nicht mit der wahren Definition der in Frage stehenden Entitäten übereinstimmen. Deswegen können der Beweis und der Satz wiedereingesetzt werden, und die chaotische Koexistenz von Sätzen und Ausnahmen verschwindet.

ALPHA: Sigmas chaotischer Standpunkt mag als Erklärung für Dein Monstersperren dienen, nicht aber als Entschuldigung, geschweige denn als Rechtfertigung. Warum beseitigt Ihr denn das Chaos nicht, indem Ihr das Beglaubigungsschreiben des Gegenbeispiels annehmt und den ‚Satz' und den ‚Beweis' zurückweist?

ETA: Warum sollte ich den Beweis zurückweisen? Ich kann nichts Falsches an ihm entdecken. Du etwa? Mein Monstersperren scheint mir vernünftiger zu sein, als Dein Beweis-Sperren.

LEHRER: Diese Debatte zeigt, daß die Monstersperre ein freundlicheres Gehör findet, wenn sie aus Etas Verlegenheit erwächst. Aber kommen wir auf Beta und Sigma zurück. Es war Beta, der die Gegenbeispiele in Ausnahmen umtaufte. Sigma stimmte Beta zu. ...

BETA: Ich freue mich, daß Sigma mir zustimmt, aber leider kann ich ihm nicht zustimmen. Gewiß gibt es drei Typen von Aussagen: wahre, hoffnungslos falsche und vielversprechende falsche. Dieser letzte Typ kann zu wahren Aussagen verbessert werden, indem man eine einschränkende Klausel hinzufügt, welche die Ausnahmen nennt. Niemals lasse ich ‚den Gültigkeitsbereich einer Formel unbestimmt. In Wirklichkeit sind die meisten Formeln nur dann wahr, wenn gewisse Bedingungen erfüllt werden. Durch die Bestimmung dieser Bedingungen und natürlich durch die genaue Fassung der Bedeutung der von mir benutzten Ausdrücke bringe ich alle Ungewißheit zum Verschwinden.'[39] Wie Ihr seht, verteidige ich also nicht eine Art friedlicher Koexistenz zwischen nicht verbesserten Formeln und Ausnahmen. Ich verbessere meine Formeln und verwandele sie in *vollkommene* wie in Sigmas erster Kategorie. Dies bedeutet, daß ich die Methode der Monstersperre in soweit *anerkenne*, als sie zum *Auffinden des Gültigkeitsbereiches der ursprünglichen Vermutung* dient; ich weise sie jedoch *zurück*, soweit sie nur als linguistischer Kunstgriff zur Rettung ‚schöner' Sätze durch einschränkende Begriffe dient. Diese beiden Funktionen von Deltas Methode sollten auseinandergehalten werden. Ich werde *meine* Methode, die allein durch die erste dieser Funktionen gekennzeichnet ist, *‚die Methode der Ausnahmensperre'* taufen. Ich benutze sie, um genau den Bereich zu bestimmen, in dem Eulers Vermutung gilt.

LEHRER: Welches ist nun der von Dir verhießene ‚genau bestimmte Bereich' der Eulerschen Polyeder? Welches ist Deine ‚vollkommene Formel'?

BETA: *Für alle Polyeder, die weder Höhlen (wie jenes Paar ineinandergesetzter Würfel) noch Tunnel haben (wie der Bilderrahmen), gilt* $E - K + F = 2$.

LEHRER: Bist Du sicher?

BETA: Ja, ich bin sicher.

LEHRER: Und was ist mit den Zwillingstetraedern?

39 Das ist aus der Einleitung von Cauchys gefeiertem [1821], S. iij.

BETA: Oh, Verzeihung. *Für alle Polyeder, die weder Höhlen, noch Tunnel, noch eine ‚Mehrfachstruktur' haben, gilt E – K + F = 2.*[40]

LEHRER: Ich verstehe. Ich erkenne Deine Klugheit an, die Vermutung zu verbessern, anstatt sie einfach anzunehmen oder abzulehnen. Ich ziehe sie sowohl der Methode der Monstersperre als auch der der Kapitulation vor. Ich habe jedoch zwei Einwände. *Erstens* behaupte ich, daß Deine Annahme, Deine Methode verbessere die Vermutung nicht nur, sondern ‚vervollkommne' sie, ‚mache sie vollkommen richtig', ‚lasse sämtliche Ungewißheiten verschwinden', unhaltbar ist. Der *Adhoc*-Charakter Deiner Methode macht es ihr unmöglich, zur Gewißheit vorzustoßen.

BETA: Wirklich?

LEHRER: Du mußt zugeben, daß jede neue Fassung Deiner Vermutung nur eine *Adhoc*-Beseitigung eines gerade aufgetauchten Gegenbeispiels ist. Wenn Du über die ineinandergesetzten Würfel stolperst, schließt Du Polyeder mit *Höhlen* aus. Wenn Du zufällig den Bilderrahmen entdeckst, schließt Du Polyeder mit *Tunneln* aus. Ich schätze Deinen offenen und aufmerksamen Geist; das Berücksichtigen dieser Ausnahmen ist sehr gut, aber ich halte es für wertvoller, Deinem blinden Tasten nach ‚Ausnahmen' eine Methode beizugeben. ‚Alle Polyeder sind Eulersch' als bloße Vermutung zuzulassen, ist in Ordnung. Aber warum soll dann ‚Alle Polyeder ohne Höhlen, Tunnel und was-weiß-ich-nicht-alles sind Eulersch' auf einmal ein Satz sein und keine Vermutung mehr? Wieso bist Du sicher, daß Du *sämtliche* Ausnahmen aufgezählt hast?

BETA: Kennst Du eine, die ich nicht berücksichtigt habe?

ALPHA: Was ist mit meinem Igel?

GAMMA: Und mit meinem Zylinder?

LEHRER: Ich benötige keine einzige neue ‚Ausnahme' für meine Argumentation. Meine Argumentation zielte auf die *Möglichkeit* von weiteren Ausnahmen.

BETA: Du könntest recht haben. Man sollte seinen Standpunkt nicht beim Auftauchen eines beliebigen neuen Gegenbeispiels ändern. Man sollte nicht sagen: ‚Wenn keine Ausnahme von der Erscheinung auftaucht, dann kann die Schlußfolgerung als allgemeingültig verkündet werden. Wenn aber irgendwann später irgendeine Ausnahme auftauchen sollte, dann müssen wir die Schlußfolgerung gemeinsam mit diesen aufgetauchten Ausnahmen verkünden.'[41] Laß mich nachdenken. Zunächst vermuteten wir

40 Lhuilier und Gergonne scheinen sicher gewesen zu sein, daß Lhuiliers Liste alle Ausnahmen aufzählt. In der Einleitung zu diesem Teil der Arbeit lesen wir: ‚Man überzeugt sich leicht davon, daß Eulers Satz im allgemeinen wahr ist, für alle Polyeder, seinen sie nun konvex oder nicht, ausgenommen lediglich jene Sonderfälle, die noch näher beschrieben werden ...' (Lhuilier [1812–13*a*], S. 177). Und in Gergonnes Kommentar lesen wir: ‚... die beschriebenen Sonderfälle, welche die einzige vorkommenden zu sein scheinen, ...' (*ibid.* S. 188). *Tatsächlich jedoch übersah Lhuilier die Zwillingstetraeder, die erst zwanzig Jahre später von Hessel* ([1832]) *bemerkt wurden.* Es ist bemerkenswert, daß einige führende Mathematiker, sogar Mathematiker mit einem lebhaften Interesse an Methodologie wie Gergonne, an die Vertrauenswürdigkeit der Methode der Monstersperre zu glauben vermochten. Dieser Glaube ist analog zu der ‚Methode der Unterteilung' in der induktiven Logik, nach der es eine vollständige Aufzählung aller möglichen Erklärungen für eine Erscheinung gibt, und nach der demanch die Methode des *entscheidenden Experimentes*, nachdem sie alle bis auf eine verwirft, diese letzte somit beweist.

41 I. Newton [1717], S. 380

für *alle* Polyeder $E - K + F = 2$, weil wir dies bei Würfeln, Oktaedern, Pyramiden und Prismen bestätigt fanden. Gewiß können wir ‚diese unmögliche Art, vom Besonderen auf das Allgemeine zu schließen'[42] nicht anerkennen. Selbstverständlich tauchten Ausnahmen auf; es ist ziemlich erstaunlich, daß nicht viel früher noch viel mehr gefunden wurden. Nach meiner Ansicht liegt das daran, daß wir meistens mit *konvexen* Polyedern beschäftigt sind. Sobald andere Polyeder auf der Bildfläche erschienen, versagten unsere Verallgemeinerungen.[43] Anstatt also Ausnahmen schrittweise auszusperren, werde ich bescheiden, aber im Bewußtsein der Sicherheit die Grenzlinie ziehen: *Alle konvexen Polyeder sind Eulersch.*[44] Und ich hoffe, Du wirst jetzt zugeben, daß dies keine Vermutung mehr ist, sondern daß dies ein Satz ist.

GAMMA: Und was ist mit meinem Zylinder? Der ist konvex!

BETA: Der ist ein Witz!

LEHRER: Sehen wir für den Augenblick vom Zylinder ab. Wir können sogar ohne den Zylinder eine gewisse Kritik anmelden. In dieser neuen, abgeänderten Fassung der Methode der Ausnahmensperre ist der schrittweise Rückzug ersetzt worden durch einen strategischen Rückzug auf einen Bereich, in dem man die Vermutung für gültig hält. Du spielst auf Sicherheit. Aber bist Du wirklich so sicher, wie Du vorgibst? Du hast immernoch keine Garantie, daß es keinerlei Ausnahmen in Deinem Rückzugsbereich gibt. Außerdem gibt es auch die entgegengesetzte Gefahr. Könntest Du Dich nicht zu weit zurückgezogen und zahlreiche Eulersche Polyeder aufgegeben haben? Deine ursprüngliche Ver-

42 Abel [1826*a*]. Seine Kritik scheint sich gegen den Eulerschen Induktivismus zu wenden.

43 Dies ist ebenfalls aus dem zitierten Brief abgewandelt, in dem sich Abel mit dem Ausschalten von Ausnahmen zu allgemeinen ‚Sätzen' über Funktionen beschäftigt und dabei vollkommene Strenge einführt. Der vollständige Text (der das vorhergehende Zitat einschließt) lautet: ‚In der höheren Analysis werden nur sehr wenig Aussagen mit endgültiger Strenge bewiesen. *Überall findet man diese unmögliche Art, vom Besondern auf das Allgemeine zu schließen*, und es ist ein Wunder, daß dieses Verfahren nur selten zu sogenannten Paradoxa führt. Es ist wirklich sehr interessant, nach dem Grund dafür zu suchen. Nach meiner Auffassung liegt der Grund in der Tatsache, daß sich die Analytiker meistens mit solchen Funktionen beschäftigt haben, die sich als Potenzreihen darstellen lassen. Sobald andere Funktionen auf der Bildfläche erscheinen – und das kommt gewiß selten vor –, kommt man nicht mehr weiter, und sobald man beginnt, falsche Schlüsse zu ziehen, wird eine unendliche Menge von Fehlern die Folge sein, von denen einer den anderen unterstützt ...' (meine Hervorhebung) Poinsot entdeckte, daß induktive Verallgemeinerungen ‚oft' zusammenbrechen, in der Theorie der Polyeder ebenso wie in der Zahlentheorie: ‚Die meisten Eigenschaften sind besondere und genügen keinen allgemeinen Gesetzen' ([1810], § 45). Das bedeutsame Kennzeichen dieser Warnung vor der Induktion besteht darin, daß sie ihre gelegentlichen Irrtümer der Tatsache zuschreibt, daß die Welt (der Sachverhalte, Zahlen, Polyeder) natürlich wunderbare Ausnahmen enthält.

44 Auch dies liegt sehr deutlich auf der Linie von Abels Methode. Abel beschränkte in derselben Weise den Geltungsbereich zweifelhafter Sätze über Funktionen auf Potenzreihen. In der Geschichte der Euler-Vermutung war diese Einschränkung auf konvexe Polyeder weit verbreitet. So liefert beispielsweise Legendre, nach seiner ziemlich allgemeinen Definition des Polyeders (vgl. Fußnote 21), einen Beweis, der einerseits nicht seine sämtlichen allgemeinen Polyeder erfaßt, andererseits jedoch mehr als nur die konvexen. Trotzdem zieht er sich in einer zusätzlichen Bemerkung in Kleindruck (ein nachträglicher Einfall, nachdem er über nie genannte Ausnahmen gestolpert ist?) bescheiden, aber im Bewußtsein der Sicherheit auf konvexe Polyeder zurück ([1809], S. 161, 164, 228).

mutung könnte eine Übertreibung gewesen sein, aber Deine ‚vervollkommnete' Vermutung sieht sehr stark nach einer Untertreibung aus; dennoch kannst Du keineswegs sicher sein, daß es sich nicht trotzdem um eine Übertreibung handelt.

Aber ich möchte noch meinen *zweiten* Einwand vorbringen: Dein Argument vergißt den Beweis; bei der Mutmaßung über den Gültigkeitsbereich der Vermutung scheinst Du den Beweis überhaupt nicht zu benötigen. Du bist doch sicher nicht der Ansicht, daß Beweise überflüssig sind?

BETA: Das habe ich niemals gesagt.

LEHRER: Nein, hast Du nicht. Aber Du entdecktest, daß unser Beweis unsere ursprüngliche Vermutung nicht beweist. Beweist er Deine verbesserte Vermutung? Sag' es mir.

BETA: Nun ...[45]

ETA: Das ist ein hervorragendes Argument. Betas Verwirrung offenbart ganz deutlich die Überlegenheit der in Verruf gebrachten Methode der Monstersperre. Denn wir sagen, der Beweis beweist das, was ursprünglich zu beweisen geplant war, und unsere Antwort ist unzweideutig. Wir lassen unsere ansehnlichen Beweise nicht nach Belieben von eigenwilligen Gegenbeispielen zerstören, auch wenn sie in den Büßermantel der ‚Ausnahmen' gehüllt sind.

BETA: Ich finde es gar nicht unangenehm, daß ich meine Methodologie auf Grund der Kritik ausarbeiten, verbessern und – [*an den Lehrer gewandt:*] entschuldige bitte – *vervollkommnen* muß. Ich habe folgende Antwort. Ich weise die ursprüngliche Vermutung als falsch zurück, weil es Ausnahmen für sie gibt. Ebenso weise ich den Beweis zurück, weil dieselben Ausnahmen auch Ausnahmen für mindestens einen der Hilfssätze sind. (Oder in Eurer Terminologie: Ein globales Gegenbeispiel ist notwendig auch ein lokales Gegenbeispiel.) Alpha würde an diesem Punkt aufhören, da Widerlegungen seinen intellektuellen Bedürfnissen vollkommen zu genügen scheinen. Ich aber gehe weiter. Indem ich *sowohl* die Vermutung *als auch* den Beweis auf den ihnen eigenen Bereich

45 Viele schöpferischen Mathematiker zerbrechen sich den Kopf darüber, was denn Beweise sind, wenn sie schon nicht beweisen. Einerseits wissen sie aus Erfahrung, daß Beweise fehlbar sind, aber andrerseits wissen sie aus ihrer dogmatischen Unterweisung, daß *eigentliche* Beweise unfehlbar sein müssen. *Anwendungsorientierte Mathematiker* pflegen sich dadurch aus dieser Klemme zu retten, daß sie verschämt aber standhaft glauben, die Beweise der *reinen Mathematiker* seien ‚vollständig' und würden also *tatsächlich* beweisen. Die reinen Mathematiker wissen das jedoch besser – sie haben diese Achtung nur vor den ‚vollständigen Beweisen' der *Logiker*. Die Frage, was denn der Nutzen, die Funktion ihrer ‚unvollständigen Beweise' seien, setzt die meisten in Verlegenheit. So hatte beispielsweise G. H. Hardy große Achtung vor dem Verlangen des Logikers nach formalen Beweisen, aber als er versuchte, den mathematischen Beweis zu kennzeichnen, ‚wie er dem schöpferischen Mathematiker vertraut ist', schrieb er folgendes: ‚Streng genommen gibt es so etwas wie einen mathematischen Beweis gar nicht; genau betrachtet können wir letztlich nichts anderes als *zeigen*; ... Beweise sind das, was Littlewood und ich *Trugbild* [engl.: *gas*] nennen, rhetorische Floskeln, die dazu bestimmt sind, das Gemüt zu ergreifen, Tafelbilder in der Vorlesung, Erfindungen, um die Einbildungskraft der Schüler anzureizen' ([1928], S. 18). R. L. Wilder meint, ein Beweis sei ‚nur ein Überprüfungsvorgang, den wir auf Anregungen unserer Intuition anwenden' ([1944], S. 318). G. Pólya stellt heraus, daß Beweise, auch wenn sie unvollständig sind, Verknüpfungen zwischen mathematischen Tatsachen herstellen und daß dies uns hilft, sie im Gedächtnis zu behalten: Beweise bilden ein System der Gedächtniskunst ([1945/1949], S. 288f).

passend einschränke, vervollkommne ich die *Vermutung*, die jetzt *wahr* sein wird, und vervollkommne den grundsätzlich zuverlässigen *Beweis*, der jetzt *streng* sein und offensichtlich keine falschen Hilfssätze mehr enthalten wird. So haben wir beispielsweise gesehen, daß nicht sämtliche Polyeder nach Entfernung einer Fläche flach in einer Ebene ausgebreitet werden können. Dies ist jedoch mit allen *konvexen* Polyedern möglich. Zu recht nenne ich also meine vervollkommnete und streng bewiesene Vermutung einen *Satz*. Um ihn zu wiederholen: *,Alle konvexen Polyeder sind Eulersch.'* Für konvexe Polyeder sind sämtliche Hilfssätze offensichtlich wahr, und der Beweis, der in seiner falschen Allgemeinheit nicht streng war, wird in dem eingeschränkten Bereich der konvexen Polyeder streng sein. Damit ist Deine Frage beantwortet.

LEHRER: Die Hilfssätze, die so offensichtlich wahr zu sein schienen, bis die Ausnahme entdeckt wurde, werden also wieder offensichtlich wahr erscheinen ... bis die nächste Ausnahme entdeckt wird. Du gestehst zu, daß ,Alle Polyeder sind Eulersch' das Ergebnis von Mutmaßungen war; Du hast gerade eben zugestanden, daß ,Alle Polyeder ohne Höhlen und Tunnel sind Eulersch' ebenso das Ergebnis von Mutmaßungen war; warum gestehen wir nicht zu, daß ,Alle konvexen Polyeder sind Eulersch' wiederum das Ergebnis von Mutmaßungen ist!

BETA: Diesmal doch nicht *,das Ergebnis von Mutmaßungen'*, sondern *Einsicht!*

LEHRER: Ich verabscheue Deine anmaßende ,Einsicht'. Ich schätze bewußtes *Mutmaßen*, weil es von den hervorragendsten menschlichen Eigenschaften abstammt: von Mut und Mäßigung.

BETA: Ich habe einen Satz vorgeschlagen: ,Alle konvexen Polyeder sind Eulersch.' Du bietest nur ein Geschwätz dagegen. Kannst Du ein Gegenbeispiel anbieten?

LEHRER: Du kannst nicht wissen, ob ich dazu in der Lage bin. Du hast die ursprüngliche Vermutung *verbessert*, aber Du kannst nicht behaupten, sie *vervollkommnet* zu haben, in Deinem Beweis vollkommene Strenge erreicht zu haben.

BETA: Kannst *Du* das?

LEHRER: Ich kann es ebensowenig. Aber ich denke, meine Methode der Verbesserung von Vermutungen wird eine Verbesserung der Deinigen sein, denn ich werde eine Einheit, eine wirkliche Wechselwirkung zwischen Beweisen und Gegenbeispielen herstellen.

BETA: Ich bin bereit, es zu lernen.

4.4 Die Methode der Monsteranpassung

RHO: Lehrer, darf ich eine Randbemerkung machen?

LEHRER: Gewiß doch.

RHO: Ich bin ebenfalls der Ansicht, daß wir Deltas Monstersperre als eine allgemeine methodologische Einstellung zurückweisen sollten, denn sie nimmt die ,Monster' nicht wirklich ernst. Auch Beta nimmt seine ,Ausnahmen' nicht ernst, denn er zählt sie lediglich auf und zieht sich dann in einen sicheren Bereich zurück. Folglich sind diese Methoden beide nur an einem begrenzten, mit Sonderrechten ausgestatteten Bereich interessiert. *Meine* Methode ist demgegenüber mit keinen Herabwürdigungen verbunden.

Ich kann nämlich zeigen: ,Die angeführten Ausnahmen finden bei näherer Betrachtung nur scheinbar statt und der Eulersche Satz behält auch in jenen Fällen noch seine Gültigkeit'[46].

LEHRER: Tatsächlich?

ALPHA: Wie kann mein 3. Gegenbeispiel, der ,Igel' (Abb. 5), ein gewöhnliches Eulersches Polyeder sein? Es hat 12 Sternfünfecke als Flächen ...

RHO: Ich sehe überhaupt keine ,Sternfünfecke'. Siehst Du denn nicht, daß in Wahrheit dieses Polyeder ganz gewöhnliche *dreieckige* Flächen hat? Und zwar 60 an der Zahl. Außerdem hat es 90 Kanten und 32 Ecken. Seine ,Euler-Charakteristik' ist demnach 2.[47] Die 12 ,Sternfünfecke', 30 ,Kanten' und 12 ,Ecken', welche die ,Charakteristik' −6 ergeben, bestehen nur in Deiner Einbildungskraft. Es gibt keine Monster, sondern nur monströse, also ungeheuerliche Auslegungen. Man muß seinen Geist von solchen trügerischen Einbildungen läutern, man muß lernen, wie man sieht und wie man richtig definiert, was man sieht. Meine Methode heilt: Wo Du – fälschlicherweise – ein Gegenbeispiel ,siehst', dort lehre ich Dich, – richtigerweise – ein Beispiel zu erkennen. Ich rücke Deine unnatürliche Sichtweise zurecht. ...[48]

ALPHA: Lehrer, bitte erkläre uns *Deine* Methode, ehe uns Rho das Gehirn wäscht.[49]

46 L. Matthiessen [1863], S. 449.

47 Das Argument, der ,Igel' sei ,tatsächlich' ein ganz gewöhnliches, alltägliches Eulersches Polyeder mit 60 Dreiecksflächen, 90 Kanten und 32 Ecken – *,un hexacontaèdre sans épithète'* – wurde von dem treuen Verteidiger der Unfehlbarkeit des Eulerschen Satzes, E. de Jonquières, vorgebracht ([1890*a*], S. 115). Die Idee, nicht-Eulersche Sternpolyeder als dreiecksflächige Eulersche Polyeder aufzufassen, stammt jedoch nicht von Jonquières, sondern hat eine sehr spannende Geschichte (vgl. Fußnote 49).

48 Nichts ist für die dogmatische Erkenntnistheorie kennzeichnender als diese Theorie des Irrtums. Wenn nämlich gewisse Wahrheiten offenkundig sind, dann muß man erklären, warum sich jemand in ihnen irren kann – mit anderen Worten, warum die Wahrheit nicht für jeden offenkundig ist. Je nach ihrer besonderen Theorie des Irrtums bietet jede dogmatische Erkenntnistheorie ihre besondere Heilbehandlung an, um den Geist von seinem Irrtum zu läutern. Vgl. Popper [1963*a*]. Einleitung.

49 Poinsot unterlag sicherlich irgendwann zwischen 1809 und 1858 einer Gehirnschwäche. Es war Poinsot, der die Sternpolyeder wiederentdeckte, sie als erster unter dem Gesichtspunkt der Euler-Vermutung betrachtete und feststellte, daß einige von ihnen, wie unser Kleines Sterndodekaeder Eulers Formel nicht genügen ([1810]). Aber derselbe Poinsot behauptet steif und fest in seinem [1858], daß Eulers Formel ,nicht nur für konvexe Polyeder wahr ist, sondern für die Polyeder allesamt, Sternpolyeder eingeschlossen' (S. 67 – Poinsot benutzt den Ausdruck *polyédres d' espéce supérieure* für Sternpolyeder). Der Widerspruch ist offenbar. Was ist die Erklärung dafür? Was passierte mit den Sternpolyedern als *Gegenbeispiele*? Der Schlüssel liegt in dem ersten beiläufig erscheinenden Satz der Arbeit: ,Die gesamte Theorie der Polyeder läßt sich zurückführen auf die Theorie der Polyeder mit *Dreiecks*flächen'. Alpha-Poinsot wurde also einer Gehirnwäsche unterzogen und verwandelte sich in Rho-Poinsot: jetzt sieht er nur noch Dreiecke, wo er früher Sternpolyeder sah; jetzt sieht er nur noch Beispiele, wo er früher Gegenbeispiele sah. Die Selbstkritik mußte verstohlen und versteckt bleiben, da es in der wissenschaftlichen Überlieferung kein Beispiel für ein offenes Bekenntnis zu solchen Gesinnungswechseln gibt. Man fragt sich auch, ob er jemals auf ringförmige Flächen stieß, und wenn ja, ob er auch diese mit seinem dreieckigen Sehvermögen neu erfassen konnte?

Der Wechsel in der Betrachtungsweise muß sich nicht immer in derselben Richtung vollziehen. So ließ beispielsweise J.C. Becker in seinem [1869*a*] – ganz im Bann des neuen Begriffsapparates

LEHRER: Lassen wir ihn doch gewähren.

RHO: Ich bin schon fertig.

GAMMA: Kannst Du Deine Kritik auf Deltas Methode ausdehnen? Ihr habt alle beide ‚Monster' gebannt ...

RHO: Delta war in Euren Sinnestäuschungen gefangen. Er stimmte zu, daß Euer ‚Igel' 12 Flächen, 30 Kanten und 12 Ecken habe und nicht Eulersch sei. Seine Behauptung war stattdessen, dies sei kein Polyeder. Doch er irrte sich in beiden Punkten. Euer ‚Igel' *ist* ein Polyeder und *ist* Eulersch. Aber seine Deutung als Sternpolyeder ist eine *Fehl*deutung. Wenn Ihr ehrlich seid, müßt Ihr zugeben, daß dies nicht das Abbild des Igels in einem gesunden, unberührten Verstand ist, sondern sein Zerrbild in einem kranken, schmerzgepeinigten Verstand.[50]

KAPPA: Aber wie unterscheidest Du den gesunden Verstand vom kranken, vernünftige von ungeheuerlichen Deutungen?[51]

RHO: Was *mir* Kopfzerbrechen bereitet, ist, wie Ihr sie durcheinander bringen könnt!

SIGMA: Glaubst Du wirklich nicht, Rho, Alpha habe niemals bemerkt, daß sein ‚Igel' auch als dreieckiges Polyeder angesehen werden kann? Bestimmt hat er das. Aber näheres Zusehen offenbart, daß ‚diese Dreiecke stets zu fünfen in einer Ebene liegen und ein reguläres Fünfeck umgeben, als versteckten sie ihr Herz hinter einer festen Ecke. Diese fünf regulären Dreiecke bilden nun gemeinsam mit dem Herzen – dem regulären Fünfeck – das sogenannte „Pentagramm", das nach Theophrastus Paracelsus das Zeichen für Gesundheit war. ...'[52]

RHO: Aberglaube!

der einfach und mehrfach zusammenhängenden Flächen (Riemann [1851]) – zwar ringförmige Polygone zu, blieb den Sternpolygonen gegenüber jedoch blind (S. 66). Fünf Jahre nach dieser Arbeit – in der er behauptete, das Problem ‚endgültig' gelöst zu haben – erweiterte er seinen Horizont und erkannte Sternpolygone und Sternpolyeder, wo er vorher nur Dreiecke und dreieckige Polyeder gesehen hatte ([1874]).

50 Dies ist Teil der Theorie des Irrtums, die bei den Stoikern verbreitet war und Chrysippos zugeschrieben wird (vgl. Aetius [*ca.* 150], IV.12.4; ebenso Sextus Empiricus [*ca.* 190], I.249).

Nach der Lehre der Stoiker wäre der ‚Igel' Teil der äußeren Wirklichkeit, die ein Abbild in der Seele hinterläßt: die *phantasia* oder *visum*. Ein weiser Mann wird einer *phantasia* keine unkritische Zustimmung (*synkatathesis* oder *adsensus*) erteilen, ehe sie nicht zu einer klaren und wohlbestimmten Idee (*phantasia katalēptikē* oder *comprehensio*) herangereift ist, was unmöglich ist, wenn sie falsch ist. Das System der klaren und wohlbestimmten Ideen bildet die Wissenschaft (*epistēmē*). In unserem Fall wäre das Abbild des ‚Igels' in Alphas Seele das Kleine Sterndodekaeder, in Rhos Seele das dreieckige Hexakontaeder. Rho würde behaupten, Alphas sternpolyedrische Sichtweise könne unmöglich zu einer klaren und wohlbestimmten Idee heranreifen, das sie die ‚bewiesene' Eulersche Formel umstürze. Folglich wäre die Darstellung als Sternpolyeder mangelhaft, und die ‚einzige' Alternative dazu, eben die Dreiecksdarstellung, trete klar und wohlbestimmt hervor.

51 Dies ist die übliche Kritik der Skeptiker an der Behauptung der Stoiker, sie könnten die *phantasia* von der *phantasia katalēptikē* unterscheiden (z. B. Sextus Empiricus [*ca.* 190], I.405).

52 Kepler [1619], Lib. II. Propositio XXVI.

SIGMA: Und somit wird für den *gesunden* Verstand das Geheimnis des Igels offenbar: daß es ein neuer, bisher völlig unbekannter regulärer Körper ist mit regulären Flächen und gleichen Raumwinkeln, dessen wunderbare Symmetrie uns die Geheimnisse der Weltharmonie offenbaren kann. ...[53]

ALPHA: Vielen Dank für Deine Verteidigung, Sigma, die mich erneut davon überzeugt, daß Gegner weniger unangenehm sind als Verbündete. Selbstverständlich kann man meinen Polyeder sowohl als dreieckiges Polyeder als auch als Sternpolyeder ansehen. Ich bin bereit, beide Deutungen gleichberechtigt zuzulassen. ...

KAPPA: Dazu bist Du bereit?

DELTA: Aber sicherlich ist eine davon die *wahre* Deutung!

ALPHA: Ich bin bereit, beide Deutungen gleichberechtigt zuzulassen, aber nur die eine ist ein globales Gegenbeispiel zu Eulers Vermutung. Warum nur die Deutung zulassen, die an Rhos vorgefaßte Meinung ‚wohlangepaßt' ist? Wie dem auch sei – willst Du, lieber Lehrer, uns jetzt *Deine* Methode erklären?

4.5 Die Vermutung wird nach der Methode der Hilfssatz-Einverleibung verbessert. Beweiserzeugter Satz gegen naive Vermutung

LEHRER: Kehren wir zu dem Bilderrahmen zurück. Ich für meinen Teil erkenne ihn als echtes globales Gegenbeispiel gegen die Euler-Vermutung an und ebenso als echtes lokales Gegenbeispiel gegen den ersten Hilfssatz meines Beweises.

GAMMA: Entschuldige mich – aber wie widerlegt der Bilderrahmen den ersten Hilfssatz?

LEHRER: Entferne eine Fläche und versuche dann, ihn flach auf der Tafel auszubreiten. Es wird Dir *nicht* gelingen.

ALPHA: Um Deiner Vorstellungskraft zu Hilfe zu kommen: Die und nur die Polyeder, die man zu einer Kugel aufblasen kann, haben die Eigenschaft, daß man nach Entfernung einer Fläche den Rest in einer Ebene ausbreiten kann.

Es ist offenkundig, daß man ein solches ‚kugelförmiges' Polyeder in einer Ebene ausbreiten kann, nachdem man eine Fläche herausgeschnitten hat. Und umgekehrt ist es ebenso klar, daß man ein Polyeder minus einer Fläche, welches man in einer Ebene ausbreiten kann, auch zu einer runden Vase formen kann, die sich dann mit der fehlenden Fläche bedecken läßt und auf diese Weise ein kugelförmiges Polyeder ergibt. Aber unser Bilderrahmen kann niemals zu einer Kugel aufgeblasen werden – allenfalls zu einem Reifen.

LEHRER: Gut. Jetzt erkenne ich – im Gegensatz zu Delta – diesen Bilderrahmen als eine Kritik meiner Vermutung an. Ich gebe deswegen die Vermutung in ihrer ursprünglichen Form als falsch auf, aber ich schlage augenblicklich eine veränderte, eingeschränktere Fassung vor, nämlich: Die Descartes-Euler-Vermutung gilt für ‚einfache' Polyeder, d.h. für solche Polyeder, die nach der Entfernung einer Fläche in einer Ebene ausgebreitet werden können. Damit haben wir einen Teil der ursprünglichen Hypothese

53 Dies ist eine Darstellung, die Keplers Sicht gerecht wird.

gerettet. Wir haben nun: *Die Euler-Charakteristik eines einfachen Polyeders ist 2.* Dieser Lehrsatz wird weder durch die ineinandergesetzten Würfel, noch durch die Zwillingstetraeder, noch durch Sternpolygone als falsch erwiesen, denn die sind alle nicht ‚einfach'.

Während also die Methode der Ausnahmensperre sowohl den Geltungsbereich der Hauptvermutung als auch die Gültigkeit des Hilfssatzes auf einen gemeinsamen Sicherheitsbereich einschränkte und damit das Gegenbeispiel als eine Kritik sowohl der Hauptvermutung als auch des Beweises anerkannte, hält meine Methode der Hilfssatz-Einverleibung den Beweis aufrecht und verkleinert den Bereich der Hauptvermutung auf den genauen Bereich des gültigen Hilfssatzes. Oder: Während ein gleichzeitig globales und lokales Gegenbeispiel den Monstersperrer zur Überprüfung sowohl der Hilfssätze als auch der ursprünglichen Vermutung veranlaßt, brauche ich nur die ursprüngliche Vermutung zu überprüfen, nicht jedoch die Hilfssätze. Versteht Ihr mich?

ALPHA: Ich denke schon. Um zu zeigen, daß ich Dich verstanden habe, werde ich Dich widerlegen.[54]

LEHRER: Meine Methode oder meine verbesserte Vermutung?

ALPHA: Deine verbesserte Vermutung.

LEHRER: Dann hast Du meine Methode vielleicht doch noch nicht verstanden. Aber laß uns Dein Gegenbeispiel sehen.

ALPHA: Betrachte einen Würfel, auf dessen Oberseite ein kleinerer Würfel sitzt (Abb. 12). Dies ist mit all unseren Definitionen verträglich – Defn 1, 2, 3, 4, 4', 5 –, ist also ein echtes Polyeder. Es ist auch ‚einfach', da es in einer Ebene ausgebreitet werden kann. Nach Deiner abgewandelten Vermutung sollte seine Euler-Charakteristik also 2 sein. Nichtsdestoweniger hat es 16 Ecken, 24 Kanten und 11 Flächen, und seine Euler-Charakteristik ist 16–24 + 11 = 3. Es ist ein globales Gegenbeispiel gegen Deine verbesserte Vermutung – und übrigens auch zu Betas erstem ‚Ausnahmensperre'-Satz. Dieses Polyeder ist *nicht* Eulersch, obwohl es weder Höhlen, noch Tunnel, noch ‚Mehrfach-Struktur' hat.

DELTA: Nennen wir diesen Würfel mit Haube das *6. Gegenbeispiel.*[55]

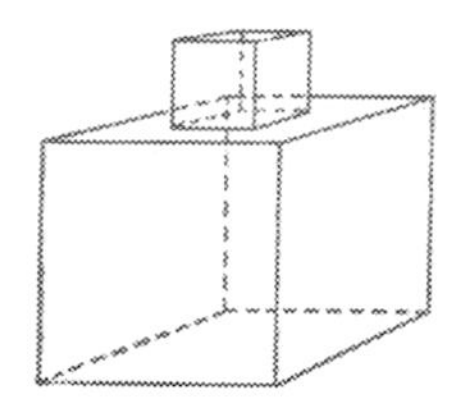

Abb. 12

54 Ich erinnere daran, daß Karl Popper drei Ebenen des Verständnisses unterscheidet. Die unterste Ebene ist das angenehme Gefühl, das Argument begriffen zu haben; die mittlere Ebene ist erreicht, wenn man es wiederholen kann und die höchste Ebene, wenn man es widerlegen kann.

55 Das *6. Gegenbeispiel* wurde von Lhuilier ([1812–13*a*], S. 186) bemerkt; Gergonne gibt die Neuheit dieser Entdeckung diesmal ausnahmsweise zu! Aber noch fast fünfzig Jahre später hatte Poinsot nichts davon gehört [1858], während Matthiessen [1863] und, achtzig Jahre später, de Jonquières [1890*b*] es als ein Monster behandelten. (Vgl. die Fußnoten 49 und 59). Einfache Ausnahmen-

LEHRER: Du hast meine verbesserte Vermutung als falsch erwiesen, aber Du hast meine Methode der Verbesserung *nicht* zerstört. Ich werde den Beweis neu überprüfen und nachsehen, warum er bei Deinem Polyeder zusammengebrochen ist. Es muß da noch einen weiteren falschen Hilfssatz in dem Beweis geben.

BETA: Gibt es ja auch. Ich hatte schon immer den zweiten Hilfssatz im Verdacht. Er setzt voraus, daß man beim Zerlegen in Dreiecke stets durch Ziehen einer neuen diagonalen Kante die Zahl der Kanten und Flächen um je eins erhöht. Das ist falsch. Wenn wir uns das ebene Netzwerk unseres Haubenpolyeders ansehen, dann finden wir eine ringförmige Fläche (Abb. 13a). In diesem Fall wird keine einzelne diagonale Kante die Zahl der Flächen erhöhen (Abb. 13b): wir benötigen eine Hinzunahme von zwei Kanten, um die Zahl der Flächen um eins zu erhöhen (Abb. 13c).

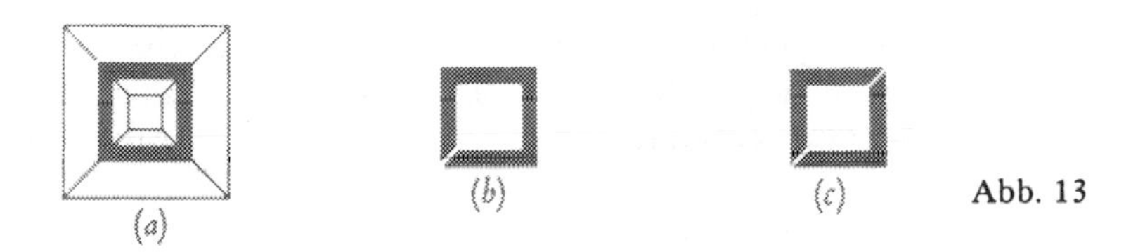

Abb. 13

LEHRER: Meine Glückwünsche. Ich muß gewiß unsere Vermutung weiter einschränken. ...

BETA: Ich weiß schon, was Du jetzt vorhast. Du willst jetzt sagen: ‚*Einfache Polyeder mit dreieckigen Flächen sind Eulersch*'. Du wirst die Zerlegung in Dreiecke als erwiesen annehmen, und Du wirst diesen Hilfssatz wieder in eine Bedingung verwandeln.

LEHRER: Nein, Du irrst Dich. Bevor ich Deinen Fehler deutlich herausstelle, möchte ich meine Erläuterungen zu Deiner Methode der Ausnahmensperre noch ergänzen. Wenn Du Deine Vermutung auf einen ‚sicheren' Bereich einschränkst, überprüfst Du den Beweis gar nicht richtig, ja eigentlich brauchst Du das auch gar nicht für Deinen Zweck. Die beiläufige Angabe, in Deinem eingeschränkten Bereich seien

sperrer des neunzehnten Jahrhunderts zählten es gemeinsam mit anderen Ausnahmen als Besonderheit auf: ‚Als Beispiel wird gewöhnlich der Fall angeführt, in welchem eine dreiseitige Pyramide mitten auf einer Fläche eines Tetraeders aufgesetzt ist, so daß keine der Kanten des einen Körpers mit einer solchen des anderen ganz zusammenfällt. Hier ist „wunderlicher Weise $E + F = K + 3$" heißt es wörtlich in meinem Collegienhefte, und damit war die Sache damals abgetan' (Matthiessen [1863], S. 449). Moderne Mathematiker neigen dazu, ringförmige Flächen zu vergessen, die zwar für die Einteilung der Mannigfaltigkeiten unerheblich sein mögen, die aber in anderen Zusammenhängen wichtig werden können. H. Steinhaus schreibt in [1960]: ‚Teilen wir den Globus in F Länder ein (wir betrachten auch *Meere* und *Ozeane* als Länder). Dann haben wir $E + F = K + 2$, wie auch immer die politische Lage sein mag' (S. 273). Man fragt sich, ob Steinhaus West-Berlin oder San Marino zerstören will, nur weil ihr Bestehen den Eulerschen Satz widerlegt. (Meere, die vollständig in ein Land fallen, wie das Baikalmeer, kann er natürlich noch mißachten, indem er sie als *Seen* definiert, denn er wollte ja schließlich nur Meere und Ozeane als Länder ansehen.)

die Hilfssätze allesamt wahr, genügt ja für Deinen Zweck. Für meinen ist das aber zu wenig. Ich baue gerade denjenigen Hilfssatz, der durch das Gegenbeispiel widerlegt wurde, *in* die Vermutung ein, so daß ich ihn auf der Grundlage einer sorgfältigen Beweisanalyse genau erkennen und so sorgfältig wie möglich formulieren muß. Die widerlegten Hilfssätze werden auf diese Weise meiner verbesserten Vermutung einverleibt. Deine Methode zwingt Dich nicht zu einer sorgsamen *Ausarbeitung des Beweises,* da der Beweis in Deiner verbesserten Vermutung nicht auftaucht, im Gegensatz zu meiner. Jetzt komme ich auf Deinen neuen Vorschlag zurück. Der Hilfssatz, der durch die ringförmige Fläche als falsch erwiesen worden ist, heißt nicht – wie Du zu glauben scheinst – *,Alle Flächen sind dreieckig'* sondern *,Jede durch eine Diagonale geteilte Fläche zerfällt in zwei Teile'*. *Diesen* Hilfssatz werde ich jetzt in eine Bedingung umwandeln. Indem ich jene Flächen, die ihr genügen, ,einfach zusammenhängend' nenne, kann ich eine zweite Verbesserung meiner ursprünglichen Vermutung anbieten: *,Für ein Polyeder mit lauter einfach zusammenhängenden Flächen gilt* $E - K + F = 2$*'*. Der Grund für Dein übereiltes Mißverstehen liegt darin, daß Deine Methode Dich keine sorgfältige Beweisanalyse lehrt. Die Beweisanalyse ist manchmal trivial, manchmal aber wirklich sehr schwierig.

BETA: Ich verstehe, was Du willst. Ich sollte noch eine selbstkritische Anmerkung zu Deinem Kommentar hinzufügen, denn er scheint mir ein ganzes Kontinuum von möglichen Methoden der Ausnahmensperre zu enthüllen. Die ärgste sperrt einfach ein paar Ausnahmen aus, ohne den Beweis auch nur anzusehen. Daher das Geheimnis, bei dem wir auf der einen Seite den Beweis und auf der anderen die Ausnahmen haben. Im Kopf solch primitiver Ausnahmensperrer wohnen der Beweis und die Ausnahmen in zwei völlig getrennten Abteilungen. Andere werden nun herausstellen, daß der Beweis nur in dem eingeschränkten Bereich funktioniert, und behaupten, damit das Geheimnis gelüftet zu haben. Aber ihre ,Bedingungen' werden der Beweisidee immer noch fremd sein.[56] Bessere Ausnahmensperrer werden einen kurzen Blick auf den Beweis werfen und davon – wie ich eben gerade – einige Eingebungen erhalten, wie die Bedingungen zur Bestimmung eines sicheren Bereiches formuliert werden müssen. Die besten Ausnahmensperrer bemühen sich um eine sorgfältige Beweisanalyse und geben dann auf dieser Grundlage eine vortreffliche Abgrenzung des verbotenen Gebietes. So gesehen ist Deine Methode tatsächlich ein Grenzfall der Methode der Ausnahmensperre. ...

IOTA: ... und entfaltet die grundlegende dialektische Einheit von Beweis und Widerlegungen.

56 ,... Lhuiliers Schrift besteht aus zwei *sehr verschiedenen* Teilen. Im ersten bietet der Autor einen vollständigen Beweis des Eulerschen Satzes dar; im zweiten ist es sein Ziel, die Ausnahmen zu seinem Satz herauszustellen.' (Gergonnes Bemerkung als Herausgeber zu Lhuiliers Arbeit in Lhuiliers [1812–13*a*], S. 172; meine Hervorhebung).

M. Zacharias gibt in [1914–31] eine unkritische aber gewissenhafte Beschreibung dieser Unterteilung: ,Neben der Auffindung neuer Beweise beschäftigte die Geometer im 19. Jahrhundert besonders die Feststellung der Ausnahmen, die der Eulersche Satz unter gewissen Bedingungen erleidet. Solche Ausnahmen gab z.B. Poinsot an. S. Lhuilier und F. Ch. Hessel suchten, die Ausnahmefälle zu klassifizieren ...' (S. 1052f).

LEHRER: Ich hoffe, Ihr erkennt jetzt alle, daß die Beweise, selbst wenn sie nicht *beweisen,* auf jeden Fall zur *Verbesserung* unserer Vermutung beitragen.[57] *Die Ausnahmesperrer verbesserten sie auch, aber ihr Verbessern hatte mit ihrem Beweisen nichts zu tun. Unsere Methode verbessert durch Beweisen. Diese innere Einheit zwischen der ,Logik der Entdeckung' und der ,Logik der Rechtfertigung' ist der wichtigste Gesichtspunkt bei der Methode der Hilfssatz-Einverleibung.*

BETA: Und jetzt verstehe ich natürlich auch Deine früheren verwirrend klingenden Bemerkungen, Du würdest Dich davon, daß eine Vermutung gleichzeitig ,bewiesen' und widerlegt sei, nicht beunruhigen lassen, und Du würdest sogar versuchen, eine falsche Vermutung zu ,beweisen'.

KAPPA: [*beiseite*]: Aber warum ,Beweis' nennen, was tatsächlich ein ,*Verbessern*' ist?

LEHRER: Beachtet, daß nur sehr wenig Leute dazu bereit sind. Die meisten Mathematiker sind aufgrund von eingefleischten heuristischen Dogmen nicht in der Lage, gleichzeitig Beweis *und* Widerlegung einer Vermutung anzustreben. Sie wollen sie *entweder* beweisen *oder* widerlegen. Darüberhinaus sind sie insbesondere nicht in der Lage, Vermutungen durch Widerlegungen zu verbessern, wenn diese Vermutungen zufällig von ihnen selbst stammen. *Sie wollen ihre Vermutungen ohne Widerlegungen verbessern; niemals durch eine Verkleinerung der Falschheit, sondern stets durch monotone Vermehrung der Wahrheit; auf diese Weise retten sie den Erkenntnisfortschritt vor dem Greuel der Gegenbeispiele.* Dies ist vermutlich der Hintergrund des von den besten Ausnahmensperrern gewählten Zuganges: sie *beginnen,* indem sie ,auf Sicherheit spielen' und einen Beweis für einen ,sicheren' Bereich erdenken, und sie *fahren fort,* indem sie ihn einer sorgfältigen kritischen Untersuchung unterwerfen und prüfen, ob sie sämtliche aufgestellten Bedingungen verwendet haben. Falls nicht, dann ,verschärfen' oder ,verallgemeinern' sie die erste bescheidene Fassung ihres Satzes, d.h. sie geben jene Hilfssätze, von denen der Beweis abhängt, im einzelnen an und verleiben sie ein. So könnten sie beispielsweise nach ein oder zwei Gegenbeispielen den *vorläufigen Ausnahmensperre-Satz* formulieren: ,Alle konvexen Polyeder sind Eulersch' und dabei nichtkonvexe Beispiele auf eine *cura posterior* verschieben; als nächstes erfinden sie Cauchys Beweis, und darauf, indem sie entdecken, daß die Konvexität nicht wirklich in dem Beweis ,gebraucht' wird, formulieren sie den Hilfssatz-Einverleibungs-Satz![58] An diesem Vorgehen, das *vorläufige* Ausnahmensperre mit darauffolgender Beweisanalyse und Hilfssatz-Einverleibung verbindet, ist nichts heuristisch anfechtbar.

BETA: Selbstverständlich schafft dieses Vorgehen die Kritik nicht ab, sondern drängt sie nur in den Hintergrund: Anstatt eine Übertreibung direkt zu kritisieren, kritisieren sie eine Untertreibung.

57 Hardy, Littlewood, Wilder und Pólya scheinen diesen Punkt übersehen zu haben (siehe Fußnote 45).

58 Dieses Standardbeispiel ist im wesentlichen das in dem klassischen Werk von Polya und Szegö [1925], S. vii beschriebene: ,Man sehe jeden Beweis mit Argwohn an, ob alle Voraussetzungen auch wirklich benutzt worden sind; man suche dieselbe Folgerung aus weniger Voraussetzungen ... zu gewinnen und beruhige sich nur dann, wenn Gegenbeispiele zeigen, daß die Grenzen des Möglichen erreicht sind.'

LEHRER: Ich freue mich, Beta, daß ich Dich überzeugen konnte. Rho und Delta, wie denkt *Ihr* darüber?

RHO: Ich für meinen Teil halte das Problem der ‚ringförmigen Flächen' für ein Scheinproblem. Es stammt von einer ungeheuerlichen Deutung dessen, was die Flächen und Kanten dieser beiden zusammengelöteten Würfel bilden, die Ihr ‚Würfel mit Haube' genannt habt.

LEHRER: Das mußt Du erklären.

RHO: Der ‚Würfel mit Haube' ist ein Polyeder, der aus zwei aneinander *gelöteten* Würfel besteht. Stimmst Du mir zu?

LEHRER: Ich habe nichts dagegen.

RHO: Jetzt interpretiert Ihr das ‚Löten' falsch. Das ‚Löten' besteht darin, die Kanten zwischen den Ecken des untersten Quadrates des kleinen Würfels mit den entsprechenden Kanten des obersten Quadrates des großen Würfels zu verbinden. Es gibt da also gar keine ‚ringförmige Fläche'.

BETA: Natürlich ist da eine ringförmige Fläche! Die zerlegenden Kanten, von denen Du sprichst, sind überhaupt nicht da!

RHO: Sie sind lediglich vor Deinen ungeübten Augen verborgen.[59]

BETA: Erwartest Du von uns, daß wir Dein Argument ernst nehmen? Was *ich* sehe, soll Aberglaube sein, *Deine* ‚versteckten' Kanten aber Wirklichkeit?

RHO: Schau Dir diesen Salzkristall an. Würdest Du sagen, dies sei ein Würfel?

BETA: Gewiß.

RHO: Ein Würfel hat 12 Kanten, nicht wahr?

BETA: Ja, hat er.

59 Dieses ‚Verlöten' der zwei Polyeder an verborgenen Kanten wird von de Jonquières ([1890*b*], S. 171–172) erörtert, der die Monstersperre gegen Höhlen und Tunnel, aber die Monsteranpassung gegen Würfel mit Haube und Sternpolyeder anwendet. Der erste, der die Monsteranpassung zur Verteidigung des Eulerschen Satzes einsetzte, war Matthiessen [1863]. Er benutzte die Monsteranpassung folgerichtig: Es gelingt ihm, vorborgene Kanten und Flächen aufzudecken und so alles nicht-Eulersche hinwegzuerklären, Polyeder mit Tunnel und Höhlen eingeschlossen. Während de Jonquières Verlöten ein vollständiges Zerlegen der ringförmigen Fläche in Dreiecke ist, lötet er sparsam, indem er nur die kleinste Zahl von Kanten zieht, welche die Fläche in einfach zusammenhängede Teilflächen aufspaltet (Abb. 14).

Matthiessen ist bemerkenswert zufrieden mit seiner Methode, revolutionäre Gegenbeispiele in wohlangepaßte bürgerliche Euler-Beispiele zu verwandeln. Er behauptet: ‚Alle diejenigen Polyeder, welche die eben ausgesprochenen Eigenschaften nicht besitzen [für die also Eulers Satz nicht zu gelten scheint], lassen sich indessen dergestalt analysieren, daß auch für sie der Eulersche Satz seine Gültigkeit behält.' Er zählt die angeblichen Ausnahmen auf, die der oberflächliche Beobachter bemerkt, und fährt fort: ‚Es lassen sich indess unter allen Umständen an ihnen [d.i. Polyeder, die ein oder mehrere Male ringförmig (canalartig) durchbrochen sind und die Eulers Satz nicht zu folgen scheinen] versteckte Flächen und Kanten nachweisen, wodurch ... der Satz $E + F = K + 2$ seine Richtigkeit behält.'

Die Idee, daß man durch Einführung zusätzlicher Kanten oder Flächen einige nicht-Eulersche Polyeder in Eulersche verwandeln kann, stammt allerdings nicht von Matthiessen, sondern von Hessel. Hessel verdeutlicht dies an drei Beispielen an Hand schöner Figuren ([1832], S. 14–15). Aber er gebraucht diese Methode nicht zur ‚Berichtigung', sondern im Gegenteil, ‚um die Ausnahmen ins Klare zu setzen', indem er ‚ziemlich ähnliche Polyeder aufführt, bei welchen das Eulersche Gesetz seine Gültigkeit hat'.

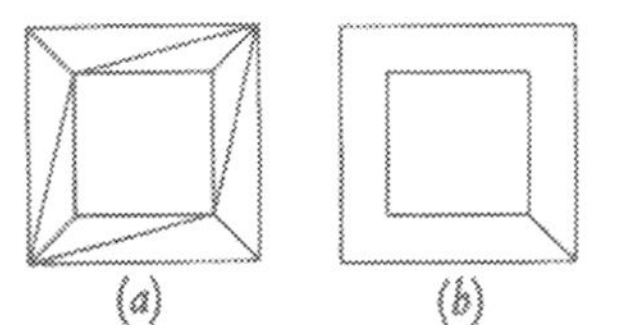
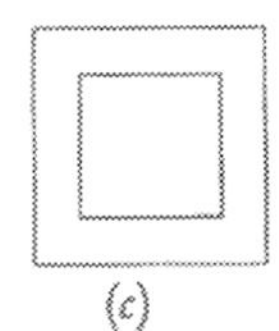

Abb. 14

Drei Fassungen der ringförmigen Fläche: (*a*) die von Jonquières, (*b*) die von Matthiessen, (*c*) die des ‚ungeübten Auges'.

RHO: Aber dieser Würfel hier hat überhaupt keine Ecken. Sie sind verborgen. Sie tauchen lediglich in Deiner rationalen Rekonstruktion auf.

BETA: Darüber werde ich nachdenken. Aber eines ist klar. Der Lehrer kritisierte meine Einbildung, daß meine Methode zur Gewißheit führt, sowie daß ich den Beweis außer acht lasse. Diese Kritik trifft aber nicht nur meine ‚Ausnahmensperre', sondern ebenso Deine ‚Monsteranpassung'.

LEHRER: Und was ist mit Dir, Delta? Wie würdest *Du* die ringförmigen Flächen bannen?

DELTA: Ich will sie gar nicht bannen. Du hast mich zu Deiner Methode bekehrt. Ich wundere mich nur, warum Du nicht auf Nummer sicher gehst und den bisher vernachlässigten *dritten* Hilfssatz nicht ebenfalls einverleibst. Ich schlage eine vierte und, wie ich hoffe, endgültige Formulierung vor: ‚Alle Polyeder sind Eulersch, wenn sie (*a*) einfach sind, (*b*) nur einfach zusammenhängende Flächen haben und (*c*) die Dreiecke in dem ebenen dreieckigen Netzwerk, das durch Ausbreiten und Zerlegen entstanden ist, so numeriert werden können, daß ihre Entfernung in der richtigen Reihenfolge $E - K + F$ nicht ändert, bis das letzte Dreieck übrigbleibt.'[60] Ich wundere mich, daß Du dies nicht gleich vorgeschlagen hast. Wenn Du Deine Methode wirklich ernst nehmen würdest, dann hättest Du *sämtliche* Hilfssätze *unmittelbar* in Bedingungen verwandeln müssen. Wozu diese ‚Stückwerk-Technologie'?[61]

ALPHA: Ein Konservativer ist zum Revolutionär geworden! Dein Vorschlag erscheint mir ziemlich utopisch. Denn da sind ja nicht nur *drei* Hilfssätze. Warum denn nicht neben zahlreichen anderen auch die Bedingungen ‚(4) wenn $1 + 1 = 2$' und ‚(5) wenn alle Dreiecke drei Kanten und drei Ecken haben', denn diese Hilfssätze haben wir gewiß benutzt? Ich schlage vor, daß wir nur diejenigen Hilfssätze in Bedingungen umwandeln, für die wir ein Gegenbeispiel gefunden haben.

GAMMA: Dies scheint mir zu sehr vom Zufall abzuhängen, um als methodologische Regel anerkannt werden zu können. Berücksichtigen wir lieber alle die Hilfssätze, zu denen wir Gegenbeispiele *erwarten* können, d.h. die nicht offenbar, nicht unbezweifelbar wahr sind.

60 Dieser letzte Hilfssatz ist unnötig eng. Für den Zweck des Beweises würde es genügen, ihn durch den Hilfssatz 'Für ein ebenes dreieckiges Netzwerk, das sich durch Ausbreiten und Zerlegung in Dreiecke ergibt, gilt $E - K + F = 1$' zu ersetzen. Cauchy scheint den Unterschied nicht bemerkt zu haben.

61 Die Schüler sind offenbar sehr vertraut mit der jüngeren Sozial-Philosophie; der Ausdruck wurde von K. R. Popper geprägt ([1957/1965], S. 47).

DELTA: Nun, erscheint irgendjemandem unser dritter Hilfssatz unmittelbar einsichtig zu sein? Fassen wir ihn also in einer dritten Bedingung.

GAMMA: Was ist, wenn die in den Hilfssätzen unseres Beweises vorkommenden Verfahren nicht alle voneinander unabhängig sind? Wenn eines der Verfahren durchgeführt werden kann, dann könnte es sein, daß der Rest *notwendigerweise* durchgeführt werden kann. Ich für meinen Teil habe den Verdacht, daß *wenn ein Polyeder einfach ist, es immer eine Reihenfolge gibt, in der die Dreiecke des sich ergebenden ebenen Netzwerkes gestrichen werden können, ohne daß sich* $E - K + F$ *ändert.* Wenn dem so ist, dann würde uns die Einverleibung des ersten Hilfssatzes in die Vermutung von der Einverleibung des dritten entheben.

DELTA: Du behauptest also, daß die erste Bedingung die dritte impliziert. Kannst Du das beweisen?

EPSILON: Das kann ich.[62]

ALPHA: Dieser Beweis, wie interessant er auch immer sein mag, hilft uns nicht bei der Lösung unseres Problems: Wie weit sollen wir bei der Verbesserung unserer Vermutung gehen? Ich kann zugeben, daß Du Deinen behaupteten Beweis tatsächlich hast – aber das wird diesen dritten Hilfssatz nur in neue Unter-Hilfssätze zerlegen. Sollen wir diese nun in Bedingungen verwandeln? Wo sollen wir aufhören?

KAPPA: Es gibt einen unendlichen Regreß in den Beweisen; deswegen beweisen die Beweise auch nicht. Du solltest erkennen, daß Beweisen ein Spiel ist, das man spielt, solange man Spaß daran hat, und das man beendet, wenn man es müde ist.

EPSILON: Nein, dies hier ist doch kein Spiel, sondern eine ernsthafte Angelegenheit. Der unendliche Regreß kann mit Hilfe trivial wahrer Hilfssätze, die nicht mehr in Bedingungen verwandelt zu werden brauchen, angehalten werden.

GAMMA: Genau das habe ich gemeint. Wir verwandeln diejenigen Hilfssätze nicht in Bedingungen, die aus trivial wahren Grundsätzen bewiesen werden können. Ebensowenig verleiben wir solche Hilfssätze ein, die – möglicherweise mit Hilfe solcher trivial wahren Grundsätze – aus vorher benannten Hilfssätzen bewiesen werden können.

ALPHA: Einverstanden. Wir können also mit der Verbesserung unserer Vermutung aufhören, sobald wir die beiden nichttrivialen Hilfssätze in Bedingungen verwandelt haben. Tatsächlich halte ich diese Methode der Verbesserung durch Hilfssatz-Einverleibung für fehlerlos. Sie scheint mir die Vermutung nicht nur zu verbessern, sondern sogar zu *vervollkommnen*. Und noch etwas wichtiges habe ich jetzt gelernt: Es ist falsch zu behaupten, ‚bei einer „Beweisaufgabe" wird verlangt, daß wir einen klar formulierten Satz beweisen oder widerlegen'[63].

Das *wirkliche* Ziel einer ‚Beweisaufgabe' sollte die *Verbesserung* – besser: die Vervollkommnung – der ursprünglichen, *‚naiven' Vermutung* zu einem eigentlichen *‚Satz'* sein.

Unsere naive Vermutung war ‚Alle Polyeder sind Eulersch'.

62 Tatsächlich wurde ein solcher Beweis erstmals von H. Reichardt vorgeschlagen ([1941], S. 23). Vgl. auch B. L. van der Waerden [1941]. Hilbert und Cohn-Vossen begnügten sich mit der Bemerkung, daß die Wahrheit von Betas Behauptung ‚unmittelbar einzusehen' sei ([1932], S. 256).

63 Pólya ([1945/1949], S. 164).

Die Methode der Monstersperre verteidigt diese naive Vermutung durch Umdeutung der in ihr verwendeten Ausdrücke in einer solchen Weise, daß wir am Schluß den *Monstersperre-Satz* erhalten ‚Alle Polyeder sind Eulersch'. Aber die Übereinstimmung der linguistischen Form der naiven Vermutung und des Monstersperre-Satzes verbirgt eine wesentliche Verbesserung hinter verstohlenen Bedeutungsverschiebungen bei den Ausdrücken.

Die Methode der Ausnahmensperre führt ein wirklich äußerliches Element in die Argumentation ein: Konvexität. Der *Ausnahmensperre-Satz* lautete: ‚Alle konvexen Polyeder sind Eulersch'.

Die Methode der Hilfssatzeinverleibung baute auf die Argumentation – d.h. auf den Beweis – und auf nichts sonst. Im wesentlichen *faßte sie den Beweis in dem Hilfssatz-Einverleibungs-Satz zusammen:* ‚Alle einfachen Polyeder mit einfach zusammenhängenden Flächen sind Eulersch.'

Dies zeigt (und jetzt gebrauche ich den Ausdruck ‚beweisen' im herkömmlichen Sinn), *daß man nicht das beweist, was ursprünglich zu beweisen geplant war.* Deswegen sollte auch kein Beweis mit den Worten enden: ‚*Quod erat demonstrandum.*'[64]

BETA: Manche Leute sagen, die Sätze gingen den Beweisen in ihrer Entdeckung voraus: ‚Man muß einen mathematischen Satz erraten, bevor man ihn beweist.' Andere verneinen dies und behaupten, eine Entdeckung komme dadurch zustande, daß man aus einer bestimmten Menge von Voraussetzungen gewisse Folgerungen zieht, indem man die interessanten unter ihnen beachtet – falls man das Glück hat, solche darunter zu entdecken. Oder um eine entzückende Metapher eines meiner Freunde zu verwenden: Einige sagen, der heuristische ‚Reißverschluß' in einer deduktiven Struktur verlaufe aufwärts, vom Boden – den Folgerungen – zur Spitze – den Voraussetzungen –,[65] während andere sagen, er verlaufe abwärts, von der Spitze zum Boden. Welches ist Deine Einstellung?

ALPHA: Daß Deine Metapher auf die Heuristik nicht anwendbar ist. Eine Entdeckung verläuft weder aufwärts noch abwärts, sondern zickzack: Angestachelt von Gegenbeispielen bewegt sie sich von der naiven Vermutung zu den Voraussetzungen und wendet sich dann zurück, um die naive Vermutung zu tilgen und durch den Satz zu ersetzen. Die naive Vermutung und die Gegenbeispiele tauchen in der voll entfalteten deduktiven Struktur nicht auf: Der Zickzack-Kurs der Entdeckung kann im Endergebnis nicht mehr wahrgenommen werden.

LEHRER: Sehr gut. Aber wir wollen eine Warnung hinzufügen. Der Satz unterscheidet sich nicht *immer* von der naiven Vermutung. Eine Verbesserung beim Beweisen ist nicht notwendig. Beweise verbessern, wenn die Beweisidee in der naiven Vermutung unerwartete Gesichtspunkte entdeckt, die dann auch im Satz auftauchen. Aber in *reifen* Theorien braucht dies nicht der Fall zu sein. Sicherlich finden wir das in jungen, *wachsenden* Theorien. Diese Verflechtung von Entdeckung und Rechtfertigung, von verbessern und beweisen ist ein hauptsächliches Kennzeichen der letzteren.

64 Dieser letzte Satz stammt aus Alice Ambroses interessanter Arbeit ([1959], S. 438).

65 Vgl. Fußnote 17. Die Metapher vom ‚Reißverschluß' wurde von R.B. Braithwaite erfunden; er spricht jedoch nur von ‚logischen' und ‚erkenntnistheoretischen' Reißverschlüssen und nicht von ‚heuristischen' ([1953], bes. S. 352).

KAPPA [*beiseite*]: Reife Theorien können auch verjüngt werden. Die Entdeckung verdrängt stets die Rechtfertigung.

SIGMA: Diese Einteilung entspricht der meinigen! Mein erster Typ von Aussagen war der reife Typ, der dritte der wachsende Typ ...

GAMMA [*unterbricht ihn*]: Der Satz ist falsch! Ich habe ein Gegenbeispiel dazu gefunden.

5 Kritik der Beweisanalyse durch Gegenbeispiele, die global aber nicht lokal sind. Das Problem der Strenge

5.1 Die Monstersperre bei der Verteidigung des Satzes

GAMMA: Ich habe gerade entdeckt, daß mein *5. Gegenbeispiel*, der Zylinder, nicht nur die naive Vermutung, sondern auch den Satz widerlegt. Obwohl er beiden Hilfssätzen genügt, ist er nicht Eulersch.

ALPHA: Lieber Gamma, sei kein Spinner. Der Zylinder war ein Witz, kein Gegenbeispiel. Kein ernsthafter Mathematiker wird den Zylinder als Polyeder ansehen.

GAMMA: Und warum habt Ihr nicht gegen mein *3. Gegenbeispiel*, den Igel, protestiert? War der denn weniger ‚spinnig' als mein Zylinder?[66] *Damals* allerdings wart Ihr dabei, die naive Vermutung zu *kritisieren*, und Widerlegungen waren Euch willkommen. *Jetzt* jedoch *verteidigt* Ihr den Satz und verabscheut Widerlegungen! *Damals*, als das Gegenbeispiel auftauchte, war Eure Frage: *Was ist falsch an der Vermutung? Jetzt* ist Eure Frage: *Was ist falsch an dem Gegenbeispiel?*

DELTA: Alpha, Du bist ja zum Monstersperrer geworden! Bist Du nicht verwirrt?[67]

5.2 Versteckte Hilfssätze

ALPHA: Ja, bin ich. Vielleicht war ich ein wenig vorschnell. Laßt mich nachdenken. Es gibt *drei mögliche Typen von Gegenbeispielen*. Den *ersten* Typ, die lokalen aber nicht globalen Gegenbeispiele, haben wir bereits besprochen – ein solches widerlegt den Satz gewiß nicht.[68] Der *zweite* Typ, die sowohl globalen als auch lokalen Gegenbeispiele,

66 Der Igel und der Zylinder werden oben erörtert, vgl. S. 11 und S. 25.

67 Die Monstersperre bei der Verteidigung des Satzes ist eine wichtige Vorgehensweise in der inhaltlichen Mathematik: ‚Was ist an den Beispielen falsch, bei denen die Eulersche Formel versagt? Welche die Bedeutung von *F*, *K* und *E* präzisierende geometrische Bedingungen würden die Gültigkeit der Eulerschen Formel gewährleisten? (Pólya [1954/1969], I, Übung 29) Der Zylinder wird in Übung 24 vorgestellt. Die Antwort ist: ‚... eine Kante ... sollte in Ecken enden ...' (engl. Fassung S. 225). Pólya formuliert dies allgemein: ‚Die in der mathematischen Forschung nicht seltene Situation ist die folgende: Ein Theorem ist bereits formuliert worden, aber der Terminologie, in der es formuliert worden ist, muß eine präzisere Bedeutung beigelegt werden, damit es im strengen Sinn richtig wird.' (S. 94).

68 Lokale aber nicht globale Gegenbeispiele werden auf den Seiten 5–7 erörtert.

erfordert keinerlei Tätigkeit: weit davon entfernt, den Satz zu widerlegen, bestätigen ihn solche Gegenbeispiele.[69] Es kann aber auch noch Gegenbeispiele von einem *dritten* Typ geben: globale, die nicht lokal sind. Ein solches würde den Satz widerlegen. Ich habe nicht geglaubt, daß dies möglich sei. Jetzt behauptet Gamma, der Zylinder sei ein solches. Wenn wir es nicht als Monster zurückweisen wollen, müssen wir zugeben, daß es ein globales Gegenbeispiel ist: $E - K + F = 1$. Aber ist es nicht von dem zweiten, harmlosen Typ? Ich wette, es genügt keinem einzigen der Hilfssätze.

GAMMA: Laß es uns nachprüfen. Es genügt sicherlich dem ersten Hilfssatz: Wenn ich die Grundfläche entferne, kann ich den Rest leicht auf der Tafel ausbreiten.

ALPHA: Aber wenn Du zufällig den Mantel entfernst, dann zerfällt das Ding in zwei Teile!

GAMMA: Na und? Der erste Hilfssatz verlangte von dem Polyeder, ‚einfach' zu sein, d.h. es muß ‚nach der Entfernung einer Fläche in einer Ebene ausgebreitet werden können'. Der Zylinder erfüllt diese Bedingung sogar dann, wenn Du mit der Entfernung des Mantels beginnst. Du verlangst von dem Zylinder, er solle einen *zusätzlichen* Hilfssatz erfüllen, nämlich daß *das entstehende ebene Netzwerk ebenfalls zusammenhängend ist.* Aber wer hat jemals *diesen* Hilfssatz aufgestellt?

ALPHA: Jeder hat ‚ausbreiten' verstanden als ‚*in einem Stück* ausbreiten', ‚ausbreiten, *ohne es zu zerreißen*'. ... Wir haben beschlossen, den dritten Hilfssatz nicht einzuverleiben, da Epsilon bewiesen hat, daß er aus den ersten beiden folgt.[70] Aber werfen wir einen kurzen Blick auf diesen Beweis! Er gründet auf der Annahme, daß das Ergebnis des Ausbreitens ein *zusammenhängendes* Netzwerk ist! Andernfalls wäre $E - K + F$ für das in Dreiecke zerlegte Netzwerk nicht 1.

GAMMA: Warum habt Ihr dann nicht darauf bestanden, dies *ausdrücklich* anzumerken?

ALPHA: Weil wir es als *stillschweigend* angenommen betrachtet haben.

GAMMA: Du aber doch gewiß nicht. Du warst es ja gerade, der gesagt hat, ‚einfach' stehe für ‚zu einem Ball aufblasbar'.[71] Der Zylinder *kann* zu einem Ball aufgeblasen werden – nach *Deiner* Deutung *fügt* er sich also dem ersten Hilfssatz.

ALPHA: Nun ja. ... Aber Du mußt zugeben, daß er dem *zweiten* Hilfssatz nicht genügt, daß also nicht ‚*jede von einer Diagonalen geschnittene Fläche in zwei Teile zerfällt*'. Wie willst Du den Kreis oder den Mantel in Dreiecke zerlegen? Sind diese Flächen einfach zusammenhängend?

GAMMA: Natürlich sind sie das.

ALPHA: Aber auf dem Zylinder kann man doch überhaupt keine Diagonalen ziehen! Eine Diagonale ist eine Kante, die zwei nicht benachbarte Ecken verbindet. Aber Dein Zylinder hat gar keine Ecken!

GAMMA: Reg Dich doch nicht auf. Wenn Du zeigen willst, daß der Kreis nicht einfach zusammenhängend ist, dann ziehe eine Diagonale, die *keine* neue Fläche erzeugt.

ALPHA: Mach keine Witze; Du weißt sehr gut, daß ich das nicht kann.

69 Dies entspricht dem Paradoxon der Bestätigung (Hempel [1945]).
70 siehe S. 34.
71 siehe S. 27.

GAMMA: Würdest Du also zugeben, daß ‚Es gibt eine Diagonale des Kreises, die keine neue Fläche erzeugt' eine *falsche* Aussage ist?

ALPHA: Ja natürlich. Was hast Du denn vor?

GAMMA: Dann bist Du auch gezwungen zuzugeben, daß ihre Negation wahr ist, daß also ‚Alle Diagonalen des Kreises erzeugen eine neue Fläche' oder ‚Der Kreis ist einfach zusammenhängend' wahr ist.

ALPHA: Du kannst kein Beispiel für Deinen Hilfssatz ‚Alle Diagonalen des Kreises erzeugen eine neue Fläche' angeben – folglich ist er nicht *wahr*, sondern *sinnlos*. Dein Begriff der Wahrheit ist falsch.

KAPPA [*beiseite*]: Zuerst haben sie sich über Polyeder gestritten, jetzt streiten sie sich über die Wahrheit! [72]

GAMMA: Aber Du hast ja bereits zugegeben, daß die Verneinung des Hilfssatzes *falsch* ist! Oder kann eine Aussage *A sinnlos* sein, während *nicht-A sinnvoll und falsch* ist? Dein Begriff von Sinn macht keinen Sinn!

Beachte bitte, ich sehe Deine Schwierigkeit; aber wir können sie mit einer geringfügigen Neuformulierung aus der Welt schaffen. Nennen wir eine Fläche einfach zusammenhängend, wenn gilt ‚*für alle x, falls x eine Diagonale ist, dann teilt x die Fläche in zwei Teile*'. Weder der Kreis noch der Mantel können eine Diagonale haben, so daß also in diesen Fällen die Voraussetzung niemals erfüllt und die entsprechende Aussage also stets falsch ist – was auch immer *x* sein mag. Also wird jeder Gegenstand die Schlußfolgerungen erfüllen, und die Gesamtaussage wird also sowohl sinnvoll als auch wahr sein. Mit anderen Worten, der Kreis und der Mantel sind einfach zusammenhängend – der Zylinder genügt dem zweiten Hilfssatz.

ALPHA: Nein! Wenn Du keine Diagonalen ziehen und damit die Flächen nicht in Dreiecke zerlegen kannst, dann wirst Du niemals zu einem ebenen dreieckigen Netzwerk gelangen, und Du wirst also niemals den Beweis zu Ende führen können. Wie kannst Du dann behaupten, der Zylinder genüge dem zweiten Hilfssatz? Siehst Du denn nicht, daß es eine *Existenzforderung* in dem Hilfssatz geben muß? Die richtige Deutung des einfachen Zusammenhangs einer Fläche muß lauten: ‚*für alle x, falls x eine Diagonale ist, dann teilt x die Fläche in zwei Teile; und es gibt mindestens ein x, das eine Diagonale ist.*' Unsere ursprüngliche Formulierung hat es vielleicht nicht ausdrücklich gesagt, aber sie hat es als unbewußte ‚*versteckte Annahme*' enthalten. [73] Keine Fläche des Zylinders genügt ihr; folglich ist der Zylinder ein *sowohl* globales *als auch* lokales Gegenbeispiel, und er widerlegt den Satz *nicht*.

GAMMA: Zuerst hast Du den Ausbreitungs-Hilfssatz durch die Einführung des ‚Zusammenhanges' verändert, und jetzt änderst Du auch noch den Dreieckszerlegungs-Hilfssatz durch die Einführung Deiner Existenzforderung! Und all dieses unklare Ge-

72 Gammas *wahr-aufgrund-der-Leere-Aussagen* waren eine Hauptérfindung des neunzehnten Jahrhunderts. Sein Problemhintergrund ist bislang noch nicht entfaltet worden.

73 ‚Euklid verwendet ein Axiom, ohne sich dessen im geringsten bewußt zu sein' (Russell [1903], S. 407). ‚Eine versteckte Annahme machen [*sic*]' ist eine übliche Redensart bei Mathematikern und Wissenschaftlern. Siehe auch Gamows Erörterung des Cauchyschen Beweises ([1953/1958], S. 256f) oder Eves-Newsom über Euklid ([1958], S. 84).

schwätz über ‚versteckte Annahmen' verbirgt nur die Tatsache, daß mein Zylinder Dich zu der Erfindung dieser Veränderungen gebracht hat.

ALPHA: Was heißt hier unklares Geschwätz? Wir waren uns bereits darin einig, trivial wahre Hilfssätze wegzulassen, also zu ‚verstecken'.[74] Warum sollen wir dann trivial *falsche* Hilfssätze formulieren und einverleiben – sie sind doch ebenso trivial und ebenso lästig! Bewahre sie im Gedächtnis (*en thyme*), aber sprich sie nicht aus. Ein versteckter Hilfssatz ist kein Fehler: er ist ein klug gesetztes Kürzel, das auf unser Hintergrundwissen verweist.

KAPPA [*beiseite*]: Hintergrundwissen ist, wo wir glauben alles zu wissen, in Wahrheit aber gar nichts wissen.[75]

GAMMA: Wenn Du tatsächlich bewußte Annahmen getroffen hättest, dann wären das gewesen: (*a*) Die Entfernung einer Fläche läßt ein zusammenhängendes Netzwerk übrig. und (*b*) Jede nicht dreieckige Fläche kann durch Diagonalen in Dreiecke zerlegt werden. Solange sie in Deinem *Unterbewußtsein* verblieben, wurden sie als *trivial wahr* angesehen – der Zylinder jedoch ließ sie in Dein *Bewußtsein* purzeln: als *trivial falsch*. Bevor Dir nicht der Zylinder vorgesetzt wurde, konntest Du Dir nicht einmal vorstellen, daß die beiden Hilfssätze auch falsch sein könnten. Wenn Du dies jetzt aber behauptest, dann schreibst Du die Geschichte neu, um sie von Irrtümern zu läutern.[76]

74 siehe S. 34.

75 Gute Lehrbücher über inhaltliche Mathematik pflegen ihre ‚Kürzel' genau anzugeben, d.h. diejenigen Hilfssätze, seien sie wahr oder falsch, die sie als so trivial ansehen, daß sie sie nicht weiter erwähnen. Die übliche Formulierung dafür ist ‚Hilfssätze vom Typ x setzen wir hier als *bekannt* voraus'. Der als bekannt vorausgesetzte Bereich verringert sich in dem Maße, in dem die Kritik Hintergrundwissen in Wissen verwandelt. Cauchy beispielsweise bemerkte nicht einmal, daß sein gefeiertes [1821] ‚Bekanntheit' mit der *Theorie der reellen Zahlen* voraussetzt. Er hätte jedes Gegenbeispiel als Monster zurückgewiesen, das Hilfssätze über die Natur der irrationalen Zahlen deutlich gemacht hätte. Nicht so Weierstraß und seine Schule: Die Lehrbücher der inhaltlichen Mathematik enthalten jetzt ein neues Kapitel über die Theorie der reellen Zahlen, in dem diese Hilfssätze gesammelt sind. Aber in deren Einleitung wird üblicherweise ‚die *Theorie der rationalen Zahlen* als bekannt' vorausgesetzt. (Siehe z.B. Hardys *Pure Mathematics* ab der zweiten Auflage (1914) – die erste Auflage verbannte die Theorie der reellen Zahlen noch ins Hintergrundwissen; oder Rudin [1953]). Strengere Lehrbücher engen das Hintergrundwissen sogar noch weiter ein: Landau setzt in seinem berühmten [1930] nur ‚*logisches Denken und die deutsche Sprache*' als bekannt voraus. Ironischerweise hat Tarski zu genau der gleichen Zeit gezeigt, daß die auf diese Weise vernachläßigten völlig trivialen Hilfssätze nicht nur falsch, sondern sogar inkonsistent sein können – denn Deutsch ist eine semantisch abgeschlossene Sprache. Man fragt sich, wann ‚Der Verfasser gesteht seine Unwissenheit in dem Gebiet x zu' den autoritären Euphemismus ‚Der Verfasser setzt das Gebiet x als bekannt voraus' ersetzt: sicher erst dann, wenn erkannt wird, daß die Erkenntnis keine Grundlagen hat.

76 Bei seiner Erstentdeckung wird der versteckte Hilfssatz als ein Fehler betrachtet. Als J.C. Becker erstmals eine ‚stillschweigende' Annahme in Cauchys Beweis herausstellte (er zitierte den Beweis aus zweiter Hand aus Baltzer [1862]), nannte er sie einen ‚Fehler' ([1869*a*], S. 67–68). Er lenkte die Aufmerksamkeit auf die Tatsache, daß Cauchy *alle* Polyeder für einfach gehalten hatte: Sein Hilfssatz war nicht nur versteckt, sondern auch falsch. Historiker jedoch können sich nicht vorstellen, daß große Mathematiker solche Irrtümer begehen können. Ein echtes Programm zur Widerlegung der Geschichte kann man bei Poincaré [1908/1973] finden: ‚Eine Beweisführung ohne Strenge ist hinfällig. Ich glaube, niemand wird diese Wahrheit anzweifeln. Wenn man sie

THETA: Noch vor kurzem, Alpha, hast Du die ‚versteckten' Klauseln bespöttelt, die in Deltas Definitionen nach jeder Widerlegung auftauchten. Jetzt bist es gerade Du, der nach jeder Widerlegung versteckte Hilfssätze aufdeckt, der seine Grundlagen verschiebt und zu verbergen sucht, um sein Gesicht zu wahren. Bist Du nicht verwirrt?

KAPPA: Nichts finde ich vergnüglicher als einen gestellten Dogmatiker. Nachdem er die militante Robe des Skeptikers angelegt hat, um eine einfachere Art des Dogmatismus auszumerzen, gerät Alpha in Raserei, wenn *er* selbst skeptischen Argumenten der gleichen Sorte ausgesetzt wird. Jetzt treibt er Schindluder: Er bekämpft Gammas Gegenbeispiel zuerst mit demselben Verteidigungsmechanismus, den er einst bloßgestellt und verboten hat (Monstersperre), und dann, indem er einen Vorrat ‚versteckter Annahmen' in den Beweis einschmuggelt, die ‚versteckten Bedingungen' in dem Satz entsprechen sollen. Worin besteht der Unterschied?

LEHRER: Das Unangenehme bei Alpha war sicherlich die dogmatische Wendung bei seiner Deutung der Hilfssatz-Einverleibung. Er glaubte, eine sorgfältige Untersuchung des Beweises würde zu einer vollkommenen Beweisanalyse führen, die *sämtliche* falschen Hilfssätze enthielte (geradeso wie Beta glaubte, er könne *sämtliche* Ausnahmen aufzählen). Er glaubte, durch ihre Einverleibung könne er nicht nur einen verbesserten Satz erhalten, sondern sogar einen *vervollkommneten* Satz[77], *ohne noch weiterhin von Gegenbeispielen gestört zu werden.* Der Zylinder zeigte ihm, daß er sich irrte, aber anstatt dies zuzugeben, will er jetzt eine Beweisanalyse vollständig nennen, wenn sie alle *wichtigen* falschen Hilfssätze enthält.

5.3 Die Methode „Beweis und Widerlegungen"

GAMMA: Ich schlage vor, den Zylinder als echtes Gegenbeispiel zu dem Satz anzuerkennen. Ich erfinde einen neuen Hilfssatz (oder Hilfssätze), der von ihm widerlegt wird (werden) und füge ihn (sie) der ursprünglichen Liste hinzu. Das ist natürlich genau Alphas Vorgehen. Aber anstatt sie zu ‚verstecken', wodurch sie *verschwinden,* verkünde ich sie laut und deutlich.

Damit wird der Zylinder, der in bezug auf die alte Beweisanalyse und den entsprechenden alten Satz ein Kopfzerbrechen bereitendes, gefährliches globales aber nicht loka-

jedoch zu wörtlich nimmt, so kommt man zu der Ansicht, daß es vor etwa 1820 keine Mathematik gab, das hieße allerdings offenbar übertreiben; die Mathematiker dieser früheren Zeit setzten stillschweigend voraus, was wir mit weitschweifigen Auseinandersetzungen erläutern; damit soll nicht gesagt sein, daß sie die Schwierigkeiten überhaupt nicht sahen; aber sie schritten zu schnell darüber hinweg; um sie richtig zu erkennen, hätten sie sich der Mühe unterziehen müssen, sie klar auszusprechen' (S. 22). Beckers Bericht über Cauchys ‚Fehler' mußte im Stil von 1984 neugeschrieben werden: ‚Doppelplusungut nennt Nichtirrtümer totalumschreibt.' Das Neuschreiben unternahm E. Steinitz, der darauf bestand, daß ‚es nicht unbemerkt bleiben konnte, daß der Satz nicht in voller Allgemeinheit gilt' ([1914–31], S. 20). Poincaré wandte sein Programm auch selbst auf den Eulerschen Satz an: ‚Bekanntlich hat Euler $E - K + F = 2$ für *konvexe* Polyeder bewiesen' ([1893]) – Euler hat seinen Satz natürlich für *sämtliche* Polyeder ausgesprochen.

77 siehe S. 24.

les Gegenbeispiel (vom dritten Typ)*5 war, zu einem harmlosen globalen *und* lokalen Gegenbeispiel (vom zweiten Typ) — in bezug auf die neue Beweisanalyse und den entsprechenden neuen Satz.

Alpha hielt diese Einteilung der Gegenbeispiele für endgültig — tatsächlich aber ist sie abhängig von seiner Beweisanalyse. Wenn die Beweisanalyse fortschreitet, wandeln sich Gegenbeispiele des dritten Typs in solche des zweiten Typs.

LAMBDA: Das ist richtig. Eine Beweisanalyse ist ‚streng' oder ‚gültig' und der entsprechende mathematische Satz wahr genau dann, wenn es kein Gegenbeispiel vom ‚dritten Typ' dazu gibt. Ich nenne dieses Kriterium das *Prinzip der Rückübertragung der Falschheit*, weil es verlangt, daß globale Gegenbeispiele auch lokal sind: Die Falschheit wird von der naiven Vermutung zurückübertragen auf die Hilfssätze, von der Folgerung des Satzes auf seine Voraussetzungen. Wenn ein globales aber nicht lokales Gegenbeispiel dieses Prinzip verletzt, stellen wir es dadurch wieder her, daß wir einen geeigneten Hilfssatz zu der Beweisanalyse hinzufügen. Das Prinzip der Rückübertragung der Falschheit ist also ein die Beweisanalyse *in statu nascendi regulierendes Prinzip*, und ein globales aber nicht lokales Gegenbeispiel ist der Treibstoff für den Fortschritt der Beweisanalyse.

GAMMA: Vergiß aber nicht, daß wir auch schon in der Lage waren, drei verdächtige Hilfssätze aufzudecken und die Beweisanalyse voranzutreiben, bevor wir eine einzige Widerlegung gefunden hatten!

LAMBDA: Das stimmt. Die Beweisanalyse braucht nicht erst unter dem Druck von Gegenbeispielen zu beginnen, sondern es genügt schon, daß die Leute gelernt haben, vor ‚einleuchtenden' Beweisen auf der Hut zu sein.[78]

Im *ersten Fall* erscheinen sämtliche globalen Gegenbeispiele als Gegenbeispiele vom dritten Typ*6, und alle Hilfssätze beginnen ihre Laufbahn als ‚versteckte Hilfssätze'. Sie führen uns zu einem stufenweisen Aufbau der Beweisanalyse und verwandeln so die Gegenbeispiele eines nach dem anderen in solche vom zweiten Typ.

Im *zweiten Fall* — wenn wir schon Verdacht geschöpft haben und nach Widerlegungen Ausschau halten — können wir ohne jedes Gegenbeispiel zu einer fortgeschrittenen Beweisanalyse gelangen. Dann gibt es zwei Möglichkeiten. Die *erste Möglichkeit* ist, daß es *uns gelingt*, die in unserer Beweisanalyse aufgeführten Hilfssätze — durch lokale Gegenbeispiele — zu widerlegen. Es kann sich dabei sehr wohl herausstellen, daß dies auch globale Gegenbeispiele sind.

ALPHA: So habe ich den Bilderrahmen entdeckt: Ich habe nach einem Polyeder gesucht, das man nach Entfernung einer Fläche nicht in einer Ebene ausbreiten kann.

*5 *A.d.Ü.*: s. S. 37.

78 Unsere Klasse war schon ziemlich fortgeschritten — Alpha, Beta und Gamma verdächtigten drei Hilfssätze, ohne daß bereits globale Gegenbeispiele aufgetaucht waren. In der wirklichen Geschichte kam die Beweisanalyse viele Jahrzehnte später: In einem langen Zeitraum wurden die Gegenbeispiele entweder verschwiegen oder als Monster vertrieben oder als Ausnahmen aufgezählt. Die heuristische Wendung vom globalen Gegenbeispiel zur Beweisanalyse — die Anwendung des Prinzips der Rückübertragung der Falschheit — war in der inhaltlichen Mathematik des frühen neunzehnten Jahrhunderts offensichtlich noch unbekannt.

*6 *A.d.Ü.*: s. S. 37.

SIGMA: Dann sind also die Widerlegungen nicht nur der Treibstoff für die Beweisanalyse, sondern die Beweisanalyse kann auch der Treibstoff für Widerlegungen sein! Welch eine unheilige Allianz zwischen scheinbaren Feinden!

LAMBDA: Das stimmt. Wenn eine Vermutung einleuchtend oder sogar selbstverständlich zu sein scheint, dann sollte man sie prüfen: es dürfte sich herausstellen, daß sie auf sehr verfeinerten und fragwürdigen Hilfssätzen beruht. Eine Widerlegung der Hilfssätze kann zu einer ganz unerwarteten Widerlegung der ursprünglichen Vermutung führen.

SIGMA: Zu beweiserzeugten Widerlegungen!

GAMMA: Das heißt ‚die Tugend eines logischen Beweises liegt also nicht darin, daß er Glauben erzwingt, sondern daß er Zweifel anregt'.[79]

LAMBDA: Ich komme noch auf die *zweite Möglichkeit* zurück: daß wir *keine* lokalen Gegenbeispiele zu den verdächtigen Hilfssätzen finden.

SIGMA: Das heißt also, wenn keine Widerlegungen die Beweisanalyse unterstützen! Was geschieht dann?

LAMBDA: Dann wären wir bloßgestellte Spinner. Der Beweis würde endgültiges Ansehen erwerben, und die Hilfssätze würden jeglichen Verdacht abschütteln. Unsere Beweisanalyse würde sehr schnell in Vergessenheit geraten.[80] Ohne Widerlegungen kann

79 H.G. Forder [1927], S. viii. Oder: ‚Es ist eine der Hauptverdienste der Beweise, daß sie dem bewiesenen Ergebnis einen Schuß Skeptizismus beimengen.' (Russell [1903], S. 360. Er gibt auch ein ausgezeichnetes Beispiel.)

80 Es ist sehr gut bekannt, daß *Kritik* Zweifel aufwerfen, möglicherweise auch ‚*A-priori*-Wahrheiten' widerlegen und damit *Beweise* in bloße *Erklärungen* verwandeln kann. Weniger gut bekannt, jedoch ebenso wichtig ist, daß *das Fehlen von Kritik oder Widerlegungen* wenig einleuchtende Vermutungen in *A-priori*-Wahrheiten' verwandeln kann und damit versuchte Erklärungen in Beweise. Zwei Hauptbeispiele dafür sind Aufstieg und Fall von Euklid und Newton. Die Geschichte ihres Falles ist gut bekannt, aber die Geschichte wird gewöhnlich fehlinterpretiert.

Euklids Geometrie scheint ursprünglich als eine kosmologische Theorie vorgeschlagen worden zu sein (vgl. Popper [1952], S. 147–148). Sowohl ihre ‚Postulate' als auch ihre ‚Axiome' (oder ‚allgemein anerkannte Begriffe') wurden als kühne, aufreizende Aussagen aufgestellt, die Parmenides und Zeno herausforderten, aus deren Lehre nicht nur die Falschheit, sondern sogar die logische Unhaltbarkeit und Unbegreiflichkeit dieser ‚Postulate' folgte. Erst später wurden diese ‚Postulate' für unbezweifelbar wahr und die kühnen anti-Permenideischen ‚Axiome' (wie etwa ‚Das Ganze ist größer als sein Teil') für so trivial gehalten, daß sie in späteren Beweisanalysen fortgelassen wurden und sich in ‚versteckte Hilfssätze' verwandelten. Dieser Prozeß begann mit Aristoteles: Er brandmarkte Zeno als streitsüchtigen Spinner und seine Argumente als ‚sophistisch'. Diese Geschichte wurde jüngst von Árpád Szabó in erregenden Einzelheiten entfaltet ([1960], S. 65–84). Szabó zeigte, daß zu Euklids Zeit das Wort ‚Axiom' – wie das Wort ‚Postulat' – eine Aussage bezeichnete, die in einem kritischen (dialektischen) Dialog aufgestellt wurde, um ihre Folgerungen zu überprüfen, *ohne* daß sie vom Gesprächspartner als wahr zugegeben wurden. Es ist eine Ironie der Geschichte, daß sich die Bedeutung dieses Wortes inzwischen in ihr Gegenteil verkehrt hat. Der Gipfel der Euklidischen Autorität wurde im Zeitalter der Aufklärung erreicht. Clairaut drängte seine Kollegen dazu, die ewigen Wahrheiten aufzustellen, um nicht ‚die Beweise zu verdunkeln und die Leser zu verärgern' – Euklid tat dies nur, um ‚hartnäckige Sophisten' zu überzeugen ([1741], S. x und xi).

Ebenso wurde auch *Newtons Mechanik und Gravitationstheorie* als gewagte Mutmaßung aufgestellt, die von Leibniz verspottet und ‚okkult' genannt wurde, und die sogar von Newton selbst

man keinen Verdacht aufrechterhalten: Der Suchscheinwerfer des Verdachtes schaltet sich bald aus, wenn ihn kein Gegenbeispiel bewegt und den Lichtkegel der Widerlegung auf einen vernachlässigten Gesichtspunkt des Beweises lenkt, der in dem Zwielicht der ‚trivialen Wahrheit' bisher kaum bemerkt worden ist.

Dies alles zeigt, daß man Beweis und Widerlegungen nicht in getrennten Abteilungen unterbringen kann. Deswegen möchte ich vorschlagen, unsere *‚Methode der Hilfssatz-Einverleibung'* umzutaufen in *‚Methode „Beweis und Widerlegungen"'*. Ihre drei Hauptgesichtspunkte möchte ich in drei heuristische Regeln fassen:

1. Regel: Wenn Du eine Vermutung hast, dann versuche, sie zu beweisen und zu widerlegen. Untersuche den Beweis sorgfältig und stelle eine Liste von nicht-trivialen Hilfssätzen auf (Beweisanalyse); finde Gegenbeispiele sowohl zu der Vermutung (globale Gegenbeispiele) als auch zu den verdächtigen Hilfssätzen (lokale Gegenbeispiele).
2. Regel: Hast Du ein globales Gegenbeispiel gefunden, so gib Deine Vermutung auf, füge Deiner Beweisanalyse einen geeigneten Hilfssatz hinzu, der von ihm widerlegt wird, und ersetze die alte Vermutung durch eine verbesserte, die diesen Hilfssatz als Bedingung enthält.[81] *Laß es nie zu, eine Widerlegung als Monster abzuweisen.*[82] *Formuliere sämtliche ‚versteckten Hilfssätze' ausdrücklich.*[83]
3. Regel: Hast Du ein lokales Gegenbeispiel, dann prüfe, ob es nicht auch ein globales Gegenbeispiel ist. Wenn ja, wende die 2. Regel an.

beargwöhnt wurde. Aber wenige Jahrzehnte später – in denen keine Widerlegungen auftauchten – wurden seine Axiome für unbezweifelbar wahr gehalten. Der Argwohn geriet in Vergessenheit, Kritik wurde als ‚überspannt' wenn nicht gar ‚abwertend' gebrandmarkt; einige ihrer zweifelhaftesten Annahmen wurden als so trivial angesehen, daß Lehrbücher sie nicht einmal mehr aufführten. Der Streit – von Kant bis Poincaré – ging nicht länger über die Wahrheit der Newtonschen Theorie, sondern über die Natur ihrer Gewißheit. (Dieser *Gesinnungswechsel* in der Einschätzung der Newtonschen Theorie wurde zuerst von Karl Popper herausgestellt – siehe sein [1963*a*], *passim.*)

Die Analogie zwischen politischen Ideologien und wissenschaftlichen Theorien reicht also viel weiter, als gemeinhin bemerkt wird: anfänglich bestrittene (und vielleicht nur unter Druck angenommene) politische Ideologien können sich sogar in einer einzigen Generation in Hintergrundwissen verwandeln, das nicht mehr infrage gestellt wird: die Kritik wird vergessen (oder vielleicht hingerichtet), bis eine Revolution deren Einwände rechtfertigt.

81 Diese Regel scheint erstmals von Ph. L. Seidel ([1847], S. 383) aufgestellt worden zu sein. Vgl. S. 128.

82 ‚Ich habe das Recht, jedes Beispiel vorzubringen, welches den Bedingungen Ihrer Beweisführung genügt, und ich habe den starken Verdacht, daß das, was Sie wunderliche und verdrehte Beispiele nennen, tatsächlich unbequeme Beispiele sind, die Ihren Satz in Schwierigkeiten stürzen' (G. Darboux [1874*b*]).

83 ‚Ich erschrecke vor der Fülle der impliziten Hiflssätze. Es wird eine Menge Arbeit kosten, sie alle loszuwerden' (G. Darboux [1883]).

5.4 Beweis gegen Beweisanalyse. Die Relativierung der Begriffe ‚Satz' und ‚Strenge' bei der Beweisanalyse

ALPHA: Was meinst Du mit ‚geeignet' zu Deiner *2. Regel*?

GAMMA: Das ist vollkommen überflüssig. *Jeder* Hilfssatz, der von dem in Frage stehenden Gegenbeispiel widerlegt wird, kann hinzugefügt werden – denn *jeder* solche Hilfssatz wird die Gültigkeit der Beweisanalyse wiederherstellen.

LAMBDA: Was? Also jeder Hilfssatz wie etwa ‚Alle Polyeder haben mindestens 17 Kanten' soll den Zylinder berücksichtigen? Und jede andere zufällige *Ad-hoc*-Vermutung wäre ebensogut, solange sie nur von einem Gegenbeispiel widerlegt wird?

GAMMA: Warum nicht?

LAMBDA: Wir haben schon an den Monstersperrern und den Ausnahmensperrern kritisiert, sie vergäßen die Beweise.[84] Und jetzt tust Du dasselbe und erfindest ein wirkliches Monster: *Beweisanalyse ohne Beweis*! Der einzige Unterschied zwischen Dir und den Monstersperrern besteht darin, daß Du von Delta verlangst, er solle seine willkürlichen Definitionen ausdrücklich formulieren und als Hilfssätze in den Satz einverleiben. Und es besteht *keinerlei* Unterschied zwischen der Ausnahmensperre und Deiner Beweisanalyse. Der einzige Schutz vor solchen *Ad-hoc*-Methoden ist die Verwendung *geeigneter* Hilfssätze, d.h. solcher Hilfssätze, die mit dem Geist des Gedankenexperimentes übereinstimmen! Oder wollt Ihr die Schönheit der Beweise aus der Mathematik entfernen und durch ein albernes formales Spiel ersetzen?

GAMMA: Das wäre immer noch besser, als Dein ‚Geist des Gedankenexperimentes'! Ich verteidige die Objektivität der Mathematik gegen Deinen Psychologismus.

ALPHA: Vielen Dank, Lambda, Du hast meine Position wieder dargelegt: Man *erfindet* keinen neuen Hilfssatz aufs Geradewohl, um mit einem globalen aber nicht lokalen Gegenbeispiel fertig zu werden; vielmehr untersucht man den Beweis mit größerer Sorgfalt und *entdeckt* so den Hilfssatz. So habe ich, lieber Theta, keine versteckten Hilfssätze ‚aufgedeckt', ebensowenig wie ich sie, lieber Kappa, in den Beweis ‚eingeschmuggelt' habe. Die Beweisanalyse enthält sie allesamt – aber ein gereifter Mathematiker versteht den vollständigen Beweis aus einer kurzen Skizze. Wir sollten einen *unfehlbaren Beweis* nicht mit einer *ungenauen Beweisanalyse* verwechseln. Das ist immer noch der unwiderlegliche Meister-Satz: ‚*Alle Polyeder, auf die man das Gedankenexperiment anwenden kann,* oder kurz: *alle Cauchy-Polyeder sind Eulersch.*' Meine annähernde Beweisanalyse zog die Grenzlinie der Klasse der Cauchy-Polyeder mit einem Bleistift, der – das gebe ich zu – nicht besonders spitz war. Ausgefallene Gegenbeispiele lehren uns nun, unseren Bleistift zu spitzen. Aber erstens: *Kein Bleistift ist unbeschränkt spitz* (und wenn wir das Spitzen übertreiben, werden wir ihn überspitzen, und die Spitze wird abbrechen); zweitens: *Bleistiftspitzen ist keine schöpferische Mathematik.*

GAMMA: Ich werde verrückt. Welches *ist* denn nun Deine Haltung? Einstmals warst Du ein Meister der Widerlegungen.

ALPHA: Ach du liebe Güte! Gereifte Intuition wischt einen Streit beiseite.

GAMMA: Deine erste gereifte Intuition führte Dich zu Deiner ‚vollkommenen Beweisanalyse'. Du hieltest Deinen Bleistift für unbeschränkt spitz.

84 siehe S. 23 und 30.

ALPHA: Ich vergaß die Schwierigkeiten der linguistischen Mitteilung insbesondere an Pedanten und Skeptiker. Aber das Herz der Mathematik ist das Gedankenexperiment – der Beweis. Seine linguistische Aussprache – die Beweisanalyse – ist für die Mitteilung notwendig, für die Sache selbst aber belanglos. Ich interessiere mich für Polyeder, Du für Sprache. Siehst Du denn nicht die Armseligkeit Deiner Gegenbeispiele? Was sind linguistische, keine polyedrischen Gegenbeispiele.

GAMMA: Die Widerlegung eines Satzes verrät also nur unseren Mißerfolg, die in ihm versteckten Hilfssätze in den Griff zu bekommen? Ein ‚Satz' ist also sinnlos, solange wir seinen Beweis nicht verstanden haben?

ALPHA: Da die Unbestimmtheit der Sprache die *Strenge der Beweisanalyse* unerreichbar werden läßt und das Bilden von Sätzen zu einem nicht endenden Prozeß macht – was sollen wir uns da mit dem Satz quälen? Schöpferische Mathematiker tun das gewiß nicht. Falls noch ein weiteres kleines ‚Gegenbeispiel' beigebracht wird, geben sie nicht zu, daß ihr Satz widerlegt ist, sondern höchstens, daß sein ‚Gültigkeitsbereich' geeignet eingeengt werden sollte.

LAMBDA: Du bist also weder an Gegenbeispielen noch an Beweisanalyse noch an Hilfssatz-Einverleibung interessiert?

ALPHA: Das stimmt. Ich weise Deine sämtlichen Regeln zurück. Stattdessen schlage ich eine einzige Regel vor: *Konstruiere strenge (kristallklare) Beweise.*

LAMBDA: Du hast gezeigt, daß die *Strenge der Beweisanalyse* unerreichbar ist. Ist *die Strenge des Beweises* erreichbar? Können nicht ‚kristallklare' Gedankenexperimente zu paradoxen oder sogar widersprüchlichen Ergebnissen führen?

ALPHA: Die Sprache ist unbestimmt, aber der Gedanke kann völlige Strenge erreichen.

LAMBDA: Aber sicherlich ‚haben unsere Väter auf jeder Stufe der Evolution ebenfalls geglaubt, sie erreicht zu haben? Wenn sie sich getäuscht haben, können wir uns dann nicht ebenso betrügen?'[85]

ALPHA: ‚Heute haben wir vollendete Strenge erreicht.'[86]

85 Poincaré [1905], S. 216.

86 *Ibid.* S. 216. Veränderungen in dem Kriterium der ‚Beweisstrenge' rufen bedeutende Revolutionen in der Mathematik hervor. Die Pythagoreer hielten daran fest, daß strenge Beweise nur arithmetisch sein können. So entdeckten sie auch einen strengen Beweis für die ‚Irrationalität' von $\sqrt{2}$. Als dieser Skandal schließlich bekannt wurde*7, wurde das Kriterium geändert: die arithmetische ‚Intuition' geriet in Verruf, und die geometrische Intuition nahm ihren Platz ein. Dies bedeutete eine größere und verwickelte Neuordnung des mathematischen Wissens (z.B. der Proportionenlehre). Im achtzehnten Jahrhundert brachten ‚irreführende' Figuren die geometrischen Beweise in Verruf, und das neunzehnte Jahrhundert sah die Wiedereinsetzung der arithmetischen Intuition mit Hilfe der schwerfälligen Theorie der reellen Zahlen. Heute geht der Hauptstreit darum, was Strenge in mengentheoretischen und methamathematischen Beweisen sei, wie die allbekannten Diskussionen über die Zulässigkeit der Zermeloschen und Gentzenschen Gedankenexperimente zeigen.

*7 *A.d.Ü.*: Daß die Entdeckung der Irrationalität ein wissenschaftlicher Skandal ersten Ranges war, der die Weltanschauung der Pythagoreer in ihrem Innersten erschütterte, daß es den damaligen Philosophen deswegen bei Strafe verboten war, diese Entdeckung der Öffentlichkeit mitzuteilen, und daß Hippasos von Metapont, der dies dennoch und als erster wagte, zur Strafe als Gottloser im Meere umgekommen ist – dies ist eine gern erzählte, spannende Geschichte.

[*Kichern im Klassenzimmer.*[87]]

GAMMA: Diese Theorie des ‚kristallklaren' Beweises ist purer Psychologismus![88]

ALPHA: Immer noch besser als die logisch-linguistische Pedanterie Deiner Beweisanalyse![89]

LAMBDA: Auch wenn ich von den Schimpfworten absehe, bin ich immer noch skeptisch gegen Deinen Begriff von der Mathematik als ‚einer wesentlich sprachlosen Tätigkeit des Verstandes'[90]. Wie kann eine Tätigkeit wahr oder falsch sein? Nur *ausgesprochenes* Denken kann sich an der Wahrheit versuchen. Der Beweis aber kann nicht genug sein: wir müssen auch angeben, was der Beweis beweist. Der Beweis ist nur eine Entwicklungsstufe in der Arbeit des Mathematikers, der die Beweisanalyse und Widerlegungen folgen müssen und die durch den strengen Satz abgeschlossen wird. Wir müssen die ‚Strenge des Beweises' *verbinden* mit der ‚Strenge der Beweisanalyse'.

ALPHA: Hoffst Du immer noch, daß Du schließlich bei einer vollkommen strengen Beweisanalyse anlangst? Wenn ja, dann sage mir, warum Du nicht damit beginnst, indem Du den durch den Zylinder ‚angeregten' neuen Satz formulierst? Du hast ihn nur angedeutet. Seine Länge und Holprigkeit hätten uns vor Verzweiflung auflachen lassen. Und dies schon nach dem *ersten* Deiner neuen Gegenbeispiele! Du hast den ursprünglichen Satz durch eine Folge immer genauerer Sätze ersetzt – aber nur *in der Theorie.* Was ist mit der *Durchführung* dieser Relativierung? Jedes ausgefallenere Gegenbeispiel wird durch einen noch trivialeren Hilfssatz gekontert werden – was zu einer ‚schlechten Un-

Daß neuere Forschung die Glaubwürdigkeit dieser Geschichte erschüttert, tut ihrer Schönheit keinen Abbruch, sondern bestätigt nur unser Bild von dem entmystifizierenden Charakter moderner Wissenschaft. Dennoch (und um der Aufklärung willen) sei nicht verschwiegen, daß Szabó [1969] Argumente für das Urteil gesammelt hat, es handele sich hierbei lediglich um eine ‚späterfundene naive Legende' (S. 115), deren Ursprung ein schlichtes Mißverständnis des Wortes ἄρρητον (= was nicht gesagt werden kann) ist. Und ich darf ergänzen, daß Szabós Forschung uns zwar einen Kindertraum zerstört, uns dafür aber die Augen öffnet zu einem viel aufregenderen Blick auf die Anfänge mathematischen Denkens in der griechischen Philosophie.

87 Wie bereits gesagt handelt es sich um eine sehr fortgeschrittene Klasse.

88 Der Ausdruck ‚Psychologismus' wurde von Husserl ([1900]) geprägt. Für eine frühere ‚Kritik' des Psychologismus siehe Frege [1893], S. xv–xvi. Moderne Intuitionisten nehmen (anders als Alpha) den Psychologismus offen an: ‚Ein mathematischer Satz drückt eine rein emprirische Tatsache aus, nämlich den Erfolg einer bestimmten Konstruktion ... die Mathematik ist ein Studium bestimmter Funktionen des menschlichen Verstandes' (Heyting [1956], S. 8 und 10). Wie sie den Psychologismus mit Gewißheit in Einklang bringen, ist ihr wohlgehütetes Geheimnis.

89 Daß wir selbst dann, wenn wir vollkommenes Wissen besäßen, es nicht vollkommen aussprechen könnten, war für antike Skeptiker ein Gemeinplatz (siehe Sextus Empiricus [*ca.* 190], I. 83–87), geriet aber zur Zeit der Aufklärung in Vergessenheit. Die Intuitionisten entdeckten es wieder: sie nahmen zwar Kants Philosophie der Mathematik an, stellten aber gleichzeitig heraus, daß ‚zwischen der Vollkommenheit der eigentlichen Mathematik und der Vollkommenheit der mathematischen Sprache kein eindeutiger Zusammenhang gesehen werden kann' (Brouwer [1952], S. 140). ‚Ein gesprochener oder geschriebener Ausdruck – wenngleich er zur Verständigung notwendig ist – ist niemals angemessen ... Die Aufgabe der Wissenschaft ist es nicht, Sprachen zu studieren, sondern Ideen hervorzubringen' (Heyting [1939], S. 74–75).

90 Brouwer [1952], S. 141.

endlichkeit'[91] von immer längeren und immer holprigeren Sätzen führt.[92] Da Kritik als belebend empfunden wurde, solange sie zur Wahrheit zu führen schien, enttäuscht sie jetzt sicherlich, wenn sie jegliche Wahrheit zerstört und uns endlos ohne Ziel vorantreibt. Ich beende diese schlechte Unendlichkeit im *Denken* – Du wirst sie in der *Sprache* niemals beenden können.

GAMMA: Aber ich habe niemals behauptet, es müsse *unendlich viele* Gegenbeispiele geben. An einem gewissen Punkt können wir die Wahrheit erreichen, und dann wird der Fluß der Widerlegungen versiegen. Aber selbstverständlich werden wir nicht wissen, wann das ist. Nur Widerlegungen sind entscheidend – Beweise sind eine Sache der Psychologie.[93]

LAMBDA: Ich vertraue immer noch darauf, daß das Licht der endgültigen Gewißheit aufleuchten wird, wenn die Widerlegungen ausbleiben!

KAPPA: Werden sie aber ausbleiben? Was ist, wenn Gott die Polyeder so geschaffen hat, daß sämtliche wahren allgemeingültigen Aussagen über sie – in menschlicher Sprache formuliert – unendlich lang sind? Ist es nicht gotteslästerlicher Anthropomorphismus anzunehmen, (göttliche) wahre Sätze seien von endlicher Länge?

Seid offen: Aus dem einen oder anderen Grund bemüht Ihr Euch alle um Widerlegungen und die schrittweise Bildung von Sätzen. Warum betrachtet Ihr das nicht als endloses Spiel? Ihr habt bereits ‚*Quod erat demonstrandum*' aufgegeben – warum gebt Ihr nicht auch ‚*Quod erat demonstratum*' auf? Die Wahrheit ist nur für Gott.

THETA [*beiseite*]: Ein religiöser Skeptiker ist der ärgste Feind der Wissenschaft!

SIGMA: Wir wollen nichts überdramatisieren! Nach alledem steht nur noch ein schmaler Halbschatten der Unbestimmtheit zur Untersuchung an. Es liegt einfach daran, wie ich schon vorher sagte, daß *nicht alle Aussagen wahr oder falsch sind.* Es gibt da eine dritte Klasse, die ich jetzt ‚*mehr oder weniger strenge Aussagen*' nennen würde.

THETA [*beiseite*]: Dreiwertige Logik – das Ende aller kritischen Rationalität!

SIGMA: ... und wir geben ihren Gültigkeitsbereich mit einer mehr oder weniger angemessenen Strenge an.

91 Der ‚unendliche Regreß' ist nur ein Sonderfall der ‚schlechten Unendlichkeit', die auch Assoziationen mit dem ‚Zirkelschluß' hervorruft.

92 Gewöhnlich vermeiden die Mathematiker lange Sätze, indem sie lange Definitionen geben, so daß in den Sätzen nur die definierten Ausdrücke (z.B. ‚gewöhnliches Polyeder') auftauchen – dies ist übersichtlicher, da eine einzige Definition viele Sätze birgt. Dennoch benötigen die Definitionen in ‚strengen' Darstellungen außerordentlichen Raum, da die Monster, die zu ihnen geführt haben, selten erwähnt werden. Die Definition eines ‚*Eulerschen Polyeders*' (mit den Definitionen einiger definierender Ausdrücke) benötigt etwa 25 Zeilen in Forder [1927] (S. 67 und S. 29); die Definition des ‚*gewöhnlichen Polyeders*' füllt in der Ausgabe der *Encyclopaedia Britannica* von 1962 sogar 45 Zeilen.

93 ‚Die Logik kann uns dazu verleiten, gewisse Argumente zurückzuweisen, aber sie kann niemals unseren Glauben an ein Argument stärken' (Lebesgue [1928], S. 328).*8

*8 *A.d.H.*: Es sollte herausgestellt werden, daß Lebesgues Aussage falsch ist, wenn man sie allzu wörtlich nimmt. Die moderne Logik hat uns eine genaue Kennzeichnung von Gültigkeit geschaffen, denen einige Argumente tatsächlich genügen. Also kann die Logik gewiß unseren Glauben an ein *Argument* stärken, auch wenn sie nicht unseren Glauben an die *Schlußfolgerung* eines gültigen Argumentes stärken kann – da wir eine oder mehrere der Voraussetzungen für falsch halten können.

ALPHA: Angemessen wem?

SIGMA: Angemessen dem Problem, das wir lösen wollen.

THETA [*beiseite*]: Pragmatismus! Haben denn allesamt das Interesse an der *Wahrheit* verloren?

KAPPA: Oder angemessen dem Zeitgeist*9! ,Die heutige Strenge ist hinreichend.'[94]

THETA: Historizismus! [*Fällt in Ohnmacht.*]

ALPHA: Lambdas Regeln für eine *,strenge Beweisanalyse'* berauben die Mathematik ihrer Schönheit, bieten uns die haarspaltende Pedanterie langer, holpriger Sätze an, die geistlose, dicke Bücher füllen, und werden uns schließlich zur schlechten Unendlichkeit führen. Kappas Fluchtweg ist die Konvention, Sigmas Fluchtweg der mathematische Pragmatismus. Welch eine Wahl für einen Rationalisten!

GAMMA: Ein Rationalist soll also Geschmack finden an Alphas *,strengen Beweisen'*, unausgesprochener Intuition, ,versteckten Hilfssätzen', an seinem Gespött über das Prinzip der Rückübertragung der Falschheit und seiner Beseitigung der Widerlegungen? Soll die Mathematik keinerlei Beziehung zu Kritik und Logik haben?

BETA: Was auch immer sein mag – ich jedenfalls habe dieses nicht überzeugende Wortgeklingel satt. Ich möchte Mathematik treiben und bin nicht an den philosophischen Schwierigkeiten der Rechtfertigung ihrer Grundlagen interessiert. Selbst wenn es der Vernunft nicht gelingt, eine solche Rechtfertigung zu beschaffen, so beruhigt mich doch mein natürlicher Instinkt.[95]

Wenn ich recht verstehe, hat Omega eine interessante Sammlung alternativer Beweise – ich würde ihm gerne zuhören.

OMEGA: Aber ich werde sie in einen ,philosophischen' Rahmen stellen!

BETA: Ich habe nichts gegen Verpackung, wenn auch noch etwas anderes in dem Paket ist.

Anmerkung: In diesem Abschnitt habe ich darzustellen versucht, wie das Aufkommen der mathematischen Kritik die Suche nach den ,Grundlagen' der Mathematik vorantrieb.

Die Unterscheidung, die wir zwischen *Beweis* und *Beweisanalyse* und entsprechend zwischen der *Strenge des Beweises* und der *Strenge der Beweisanalyse* getroffen haben, scheint entscheidend zu sein. Um etwa 1800 wurde die *Strenge des Beweises* (kristallklares Gedankenexperiment oder Konstruktion) nebelhafter Beweisführung und induk-

*9 *A. d. Ü.*: im Original deutsch.

94 E.H. Moore [1902], S. 411.

95 ,Die Natur widerlegt die Skeptiker, die Vernunft widerlegt die Dogmatiker' (Pascal [1659]. Vgl. *Oevres complètes de Pascal, texte établi et annoté par Jacques Chevalier*, Paris, 1954, S. 1206–7.) Nur wenige Mathematiker würden – wie Beta – zugestehen, daß die Vernunft zu schwach ist, sich selbst zu rechtfertigen. Die meisten von ihnen übernehmen einen Zweig des Dogmatismus, der Historizismus oder eines verworrenen Pragmatismus und verharren dessen Unhaltbarkeit gegenüber in merkwürdiger Blindheit; zum Beispiel: ,Die mathematischen Wahrheiten sind in Wahrheit *der Prototyp des völlig Unbestreitbaren* ... Aber die Strenge der Mathematik ist nicht endgültig; sie verläuft in einer fortwährenden Entwicklung; die *Grundsätze der Mathematik sind nicht ein für allemal erstarrt*, sondern führen ein Eigenleben und können sogar Gegenstand wissenschaftlichen Streites sein' (A.D. Alexandrov [1956], S. 7). (Dieses Zitat mag uns daran erinnern, daß die Dialektik versucht, einer Veränderung ohne Kritik Rechenschaft zu tragen: Wahrheiten sind ,in einer fortwährenden Entwicklung' aber immer ,völlig unbestreitbar'.)

tiver Verallgemeinerung gegenübergestellt. Dies meinte Euler mit *,rigida demonstratio'*, Kants Idee von der unfehlbaren Mathematik gründete sich ebenfalls auf diesen Begriff (siehe seinen beispielhaften Fall eines mathematischen Beweises in seinem [1781], S. 716–717). Man glaubte auch, man beweise das, was ursprünglich zu beweisen geplant war. Niemand kam auf die Idee, das verbale Mitteilen eines Gedankenexperimentes werfe irgendeine wirkliche Schwierigkeit auf. Aristotelische formale Logik und Mathematik waren zwei völlig getrennte Gebiete – die Mathematiker sahen erstere als gänzlich nutzlos an. Der Beweis oder das Gedankenexperiment übertrug volle Überzeugung ohne jegliches deduktives Muster oder eine ,logische' Struktur.

Im frühen neunzehnten Jahrhundert stiftete die Fülle der Gegenbeispiele Verwirrung. Da die Beweise kristallklar waren, mußten die Widerlegungen wundersame Launen sein, völlig unabhängig von den unbezweifelbaren Beweisen. *Cauchys Revolution der Strenge* beruhte auf der heuristischen Neuerung, daß der Mathematiker nicht mit dem Beweis aufhören sollte: er sollte weitermachen und herausfinden, was er bewiesen hatte, indem er die Ausnahmen aufzählte oder wenigstens indem er einen sicheren Bereich angab, in dem der Beweis gültig ist. *Aber Cauchy – oder Abel – haben keinerlei Zusammenhang zwischen diesen beiden Problemen gesehen. Es kam ihnen niemals in den Sinn, daß sie sich nach der Entdeckung einer Ausnahme den Beweis erneut ansehen sollten.* (Andere übten sich in Monstersperre, Monsteranpassung oder gar im ,Augen-zudrücken' – aber alle waren sich darin einig, daß der Beweis tabu war und nichts mit den ,Ausnahmen' zu schaffen hatte.)

Die Vereinigung von Logik und Mathematik im neunzehnten Jahrhundert hatte zwei Hauptquellen: die nicht-Euklidische Geometrie und die *Weierstraßsche Revolution der Strenge*. Sie brachten den Zusammenschluß von Beweis (Gedankenexperiment) und Widerlegungen zustande und begannen mit der Entwicklung der *Beweisanalyse*, indem sie schrittweise deduktive Muster in das Beweis-Gedankenexperiment einführten. Was wir ,Methode Beweis und Widerlegungen' nannten, war ihre heuristische Neuerung: *sie vereinigte Logik und Mathematik zum erstenmal.* Die Weierstraßsche Strenge triumphierte über ihre reaktionären monstersperrenden und hilfssatzverschweigenden Gegner, die sich Schlagwörter wie ,die Geistlosigkeit der Strenge', ,Künstlichkeit gegen Schönheit' usw. bedienten. *Die Strenge der Beweisanalyse verdrängte die Strenge des Beweises;* aber die meisten Mathematiker fanden sich mit ihrer Pedanterie nur so lange ab, wie sie ihnen vollkommene Gewißheit versprach.

Die Cantorsche Mengenlehre – mit noch einer anderen Menge unerwarteter Widerlegungen von ,strengen' Sätzen – bekehrte viele der alten Weierstraßschen Garde zu Dogmatikern, die immer bereit waren, die ,Anarchisten' zu bekämpfen, indem sie neue Monster aussperrten oder sich auf ,versteckte Hilfssätze' in ihren Sätzen bezogen, welche ,das letzte Wort in der Strenge' darstellten, während sie noch den älteren Typ der ,Reaktionäre' ihrer Sünden bezichtigten.

Dann bemerkten einige Mathematiker, daß der Drang zur Strenge in der Beweisanalyse in der Methode „Beweise und Widerlegungen"*10 zu schlechter Unendlichkeit führt. Es begann eine ,intuitionistische' Gegenrevolution: die enttäuschende logisch-

*10 *A.d.Ü.*: siehe unten S. 52.

linguistische Pedanterie der *Beweisanalyse* wurde verdammt, und es wurden neue extremistische Maßstäbe der Strenge für *Beweise* erfunden; Mathematik und Logik wurden wiedereinmal geschieden.

Die Logiker versuchten die Ehe zu retten und scheiterten an den Paradoxa. Die Hilbertsche Strenge verwandelte die Mathematik in ein Spinngewebe von *Beweisanalysen* und behauptete, ihre unendlichen Regresse durch kristallklare Konsistenz*beweise* ihrer intuitionistischen Metatheorie zu beenden. Die ‚Begründungsebene', der Bereich der unkritisierbaren Vertrautheit, wurde in die Gedankenexperimente der Metamathematik verschoben. (Vgl. Lakatos [1962], S. 179–184).

Durch jede ‚Revolution der Strenge' drang die Beweisanalyse tiefer in die Beweise ein, hinunter zu der *Begründungsebene* des ‚bekannten Hintergrundwissens' (vgl. auch Fußnote 75), wo die kristallklare Intuition, die Strenge des Beweises vorherrschten und die Kritik gebannt war. Folglich *unterscheiden sich verschiedene Ebenen der Strenge nur darin, wo sie die Grenzlinie zwischen der Strenge der Beweisanalyse und der Strenge des Beweises ziehen,* d.h. *darin, wo die Kritik enden und die Rechtfertigung beginnen sollte.* ‚Gewißheit' wird niemals erreicht; ‚Begründungen' werden niemals gefunden – aber die ‚List der Vernunft' verwandelt im Gesichtskreis der Mathematik jeden Zuwachs an *Strenge* in einen Zuwachs an *Gehalt.* Doch diese Geschichte liegt jenseits unserer gegenwärtigen Untersuchung.*11

*11 *A.d.H.*: Nach unserer Ansicht überspielt diese geschichtliche Anmerkung ein wenig die Leistungen der mathematischen ‚Rigoristen'. Der Drang zur ‚Strenge' [*engl.*: rigour] in der Mathematik richtet sich, wie bereits verschiedentlich angedeutet, auf zwei getrennte Ziele, die nicht gleichzeitig erreichbar sind. Diese beiden Ziele sind zum einen streng lückenlose Argumente oder Beweise (in denen die Wahrheit unfehlbar von den Voraussetzungen auf die Schlußfolgerungen übertragen wird) und zum anderen streng wahre Axiome oder erste Grundsätze (die als ursprünglicher Wahrheitsquell in dem System dienen – die Wahrheit würde dann auf die gesamte Mathematik mittels strenger Beweise übertragen). Das erste dieser beiden Ziele erwies sich als erreichbar (selbstverständlich unter gewissen Annahmen [*sic!*]), während das zweite sich als unerreichbar herausstellte.

Frege und Russell schufen Systeme, in welche die Mathematik (fehlbar) übersetzt werden kann (s.u.S. 113) und in denen die Beweisregeln in ihrer Anzahl endlich und im voraus genau bestimmt sind. Weiterhin stellt sich heraus, daß man zeigen kann (und an dieser Stelle kommen die gerade erwähnten Annahmen herein), daß jeder Satz, der unter Benutzung dieser Regeln bewiesen werden kann, eine gültige Folgerung aus den Axiomen dieses Systems ist (d.h. wenn diese Axiome wahr sind, dann *muß* der bewiesene Satz ebenfalls wahr sein). In diesen Systemen braucht es keine ‚Lücken' in den Beweisen zu geben, und ob eine Satzfolge ein Beweis ist oder nicht, das kann in endlich vielen Schritten überprüft werden. (Falls dieser Überprüfungsprozeß zeigt, daß die Formelfolge kein Beweis in dem betrachteten System [*sic!*] ist, dann begründet dies selbstverständlich nicht, daß in diesem System kein wirklicher Beweis für die Endformel [*sic!*] existiert. Bei der Beweisüberprüfung gibt es also eine Asymmetrie, die zugunsten der Bestätigung und gegen die Widerlegung arbeitet.) Es gibt keinen ernsthaften Sinn, in dem solche Beweise fehlbar sind. (In Wahrheit kann es geschehen, daß allen Leuten, die jemals einen solchen Beweis überprüft haben, irgendein unerklärlicher Fehler unterlaufen ist, doch ist dies kein ernsthafter Einwand. Es ist wahr, daß der inhaltliche (Meta-)Satz ‚Solche gültigen Beweise übertragen Wahrheit von den Axiomen auf die Folgerungen' falsch sein kann – aber es gibt keinen ernsthaften Grund, dies anzunehmen.) Doch die *Axiome* eines solchen Systems *sind* fehlbar in einem nicht-trivialen Sinn. Der Versuch, die gesamte Mathematik aus ‚offenkundigen', ‚logischen' Wahrheiten abzuleiten, ist bekanntlich gescheitert.*12

6 Rückkehr zur Kritik des Beweises durch Gegenbeispiele, die lokal aber nicht global sind. Das Problem des Gehaltes

6.1 Der Gehalt wird durch tieferliegende Beweise vermehrt

OMEGA: Mir gefällt Lambdas Methode „Beweis und Widerlegungen", und ich teile seinen Glauben, daß wir irgendwie schließlich bei einer strengen Beweisanalyse und damit bei einem gewiß wahren Satz anlagen. Dennoch wirft unsere gegenwärtige Methode ein neues Problem auf: *Die Beweisanalyse vermehrt zwar die Gewißheit, vermindert jedoch den Gehalt.* Jeder neue Hilfssatz in der Beweisanalyse und jede entsprechende neue Bedingung in dem Satz verkleinern den Gültigkeitsbereich. Vermehrte Strenge wird auf eine verminderte Zahl von Polyedern angewandt. Wiederholt die Hilfssatz-Einverleibung nicht den Fehler von Beta, als er auf Sicherheit spielte? Könnten nicht auch wir uns ‚zu weit zurückgezogen und zahlreiche Eulersche Polyeder aufgegeben haben?'[96] In beiden Fällen könnten wir das Kind mit dem Bade ausschütten. *Wir brauchen ein Gegengewicht gegen den gehaltvermindernden Drang der Strenge.*

Wir haben bereits ein paar Schritte in dieser Richtung unternommen. Ich möchte Euch an zwei Fälle erinnern und sie erneut untersuchen.

Der eine Fall war, als wir erstmals auf lokale aber nicht globale Gegenbeispiele stießen.[97] Gamma widerlegte den dritten Hilfssatz in unserer ersten Beweisanalyse (daß ‚wir bei der Entfernung der Dreiecke aus dem ebenen, in Dreiecke zerlegten Netzwerk nur die Alternative haben: entweder entfernen wir eine Kante, oder wir entfernen zwei Kanten und eine Ecke'). Er entfernte ein Dreieck aus dem Innern des Netzwerkes, ohne eine einzige Kante oder Ecke zu entfernen.

Wir hatten dann zwei Möglichkeiten.[98] Die *erste* bestand darin, den falschen Hilfssatz dem Satz einzuverleiben. Dies wäre ein vollkommen geeignetes Vorgehen gewesen,

*12 *A. d. Ü.*: Nach meiner Ansicht übertreibt diese geschichtliche Einschätzung ein wenig die Leistungen der mathematischen ‚Rigoristen', indem sie den Formalisten auf den Leim kriecht. In der inhaltlichen Mathematik geht es darum, Vermutungen (selbstverständlich:) in der Form von Sätzen aufzustellen, zu beweisen und zu widerlegen (dies ist eine Botschaft des vorliegenden Textes) – es geht hier also nicht (zumindest: nicht nur) darum, *Ableitungen* gewisser End*formeln* aus *Axiomen* nach gewissen *Regeln* in gewissen *Systemen* zu *überprüfen* (wenngleich man diesen Eindruck während seines Studiums heute häufig gewinnen kann).

Der Weg, auf dem sich die inhaltliche Mathematik entwickelt, ist (so eine weitere Botschaft des vorliegenden Textes) die Kritik der Beweise durch Widerlegungen, der Widerlegungen duch Neufassungen der Sätze und neue Beweise. Und diese Kritik setzt natürlich nicht ausschließlich an einer formalen *Ableitung* einer Endformel (nach gewissen Regeln aus Axiomen) an, sondern auch und besonders an der *Bedeutung* all dieser Formeln, Regeln, Axiome, Ableitungen – dies jedenfalls stellt Lakatos dar.

96 S. 22.

97 Für die Diskussion dieses ersten Falles siehe S. 5–7.

98 Omega scheint eine dritte Möglichkeit nicht zu beachten: Gamma kann sehr wohl behaupten, daß gar nichts unternommen zu werden braucht, da ja ein lokales aber nicht globales Gegenbeispiel keinerlei Verletzung des Prinzipes der Rückübertragung der Falschheit aufzeigt.

was die Gewißheit anbetrifft, aber es hätte den Gültigkeitsbereich des Satzes so drastisch eingeschränkt, daß er nur noch auf das Tetraeder anwendbar gewesen wäre. Mit den Gegenbeispielen hätten wir zugleich auch sämtliche Beispiele bis auf eines herausgeworfen.

Dies war der Grund dafür, daß wir die andere Alternative angenommen haben: anstatt den Gültigkeitsbereich des Satzes durch Hilfssatz-Einverleibung zu verengen, haben wir ihn erweitert, indem wir den als falsch erwiesenen Hilfssatz durch einen besseren ersetzt haben. Aber dieses wesentliche Beispiel für die Bildung eines Satzes geriet bald in Vergessenheit, und Lambda bemühte sich nicht darum, es als eine heuristische Regel zu formulieren. Sie sollte heißen:

4. Regel: Hast Du ein lokales aber nicht globales Gegenbeispiel, so versuche Deine Beweisanalyse zu verbessern, indem Du den widerlegten Hilfssatz durch einen noch nicht als falsch erwiesenen ersetzt.

Gegenbeispiele der ersten Art (also lokale aber nicht globale) können eine Gelegenheit sein, den Gehalt unseres Satzes zu *vermehren*, der unter dem Druck der Gegenbeispiele der dritten Art (also globale aber nicht lokale) beständig *vermindert* wird.

GAMMA: Diese *4. Regel* zeigt erneut die Schwäche von Alphas inzwischen überwundener ‚vollkommener beweisanalysierenden Intuition‘[99] auf. Er hätte die verdächtigen Hilfssätze aufgezählt, sie sogleich einverleibt und – ohne sich um Gegenbeispiele zu kümmern – fast inhaltslose Sätze aufgestellt.

LEHRER: Laß uns noch das zweite Beispiel hören, das Du uns versprochen hast, Omega.

OMEGA: In Betas Beweisanalyse lautete der zweite Hilfssatz ‚*Alle Flächen sind dreieckig*‘[100]. Dies kann durch verschiedene lokale aber nicht globale Gegenbeispiele widerlegt werden, z.B. durch den Würfel oder das Dodekaeder. [*An den Lehrer gewandt:*] Deswegen hast Du ihn durch einen Hilfssatz ersetzt, der durch sie nicht als falsch erwiesen wird, nämlich ‚*Jede durch eine Diagonale geteilte Fläche zerfällt in zwei Teile*‘. Aber anstatt die *4. Regel* anzurufen, hast Du Beta für seine ‚nachlässige Beweisanalyse‘ getadelt. Du wirst zugeben, daß die *4. Regel* ein besserer Rat ist als nur ‚sei sorgfältiger‘.

BETA: Du hast recht, Omega, und Du hast mich auch zu einem besseren Verständnis der ‚Methode der besten Ausnahmensperrer‘ geführt.[101] Sie beginnen mit einer vorsichtigen, ‚sicheren‘ Beweisanalyse, und durch planmäßiges Anwenden der *4. Regel* bauen sie schrittweise den Satz auf, ohne einen Fehler zu begehen. Schließlich ist es eine Frage des Temperamentes, ob man sich der Wahrheit auf dem Weg über stets falsche Übertreibungen oder über stets wahre Untertreibungen nähert.

OMEGA: Das mag richtig sein. Aber man kann die *4. Regel* auf zwei Arten deuten. Bisher haben wir nur die erste, schwächere Deutung in Betracht gezogen: ‚Man arbeitet den Beweis *vorsichtig* aus, verbessert ihn, indem man den falschen Hilfssatz durch einen *leicht abgeänderten* ersetzt, den das Gegenbeispiel nicht widerlegt.‘[102] Alles, was man

99 Vgl. S. 40.
100 Für die Diskussion dieses zweiten Falles vgl. S. 30.
101 siehe S. 30f.
102 S. 6.

dafür benötigt, ist eine ‚sorgfältigere' Untersuchung des Beweises und eine ‚geringfügige Beobachtung'[103]. Bei dieser Deutung ist die *4. Regel* nur ein lokales Flicken *innerhalb des Rahmens des ursprünglichen Beweises.*

Ich ziehe aber auch eine andere, radikale Deutung in Betracht: die Ersetzung des Hilfssatzes – oder vielleicht sämtlicher Hilfssätze – nicht allein in dem Versuch, auch noch den letzten Tropfen an Gehalt aus dem gegebenen Beweis herauszuquetschen, sondern möglicherweise mit der Erfindung eines völlig anderen, umfassenderen, *tiefer liegenden* Beweises.

LEHRER: Zum Beispiel?

OMEGA: Früher einmal habe ich die Descartes-Euler-Vermutung mit einem Freund erörtert, der unmittelbar folgenden Beweis vorlegte: Stellen wir uns das Polyeder hohl vor mit einer Oberfläche aus steifem Material, sagen wir Karton. Die Kanten müssen auf der Innenseite deutlich angestrichen sein. Das Innere möge wohlerleuchtet sein, und eine Fläche soll als Linse einer gewöhnlichen Kamera ausgebildet sein – eine Fläche, von der aus man einen Schnappschuß machen kann, der sämtliche Kanten und Ecken zeigt.

SIGMA: [*beiseite*]: Eine Kamera in einem mathematischen Beweis?

OMEGA: So erhalte ich ein Bild eines ebenen Netzwerkes, das ganz genau so behandelt werden kann, wie das ebene Netzwerk in Eurem Beweis. Und ebenso kann ich zeigen, daß im Falle lauter einfach zusammenhängender Flächen $E - K + F = 1$ gilt, und durch Hinzufügen der auf dem Foto unsichtbaren Linsenfläche erhalte ich Eulers Formel. Der Haupthilfssatz ist, daß es eine Fläche des Polyeders gibt, von der aus man, verwandelt man sie in die Linse einer Kamera, das Innere des Polyeders so fotografieren kann, daß sämtliche Kanten und Ecken auf dem Film sind. Jetzt führe ich folgende Abkürzung ein: Statt ‚ein Polyeder, das mindestens eine Fläche hat, von der aus man das *gesamte* Innere fotografieren kann' sage ich ‚ein quasi-konvexes Polyeder'.

BETA: Dein Satz wird also lauten: Alle quasi-konvexen Polyeder mit einfach zusammenhängenden Flächen sind Eulersch.

OMEGA: Der Kürze halber und um dem Erfinder dieser besonderen Beweisidee Anerkennung zu zollen möchte ich lieber sagen: *‚Alle Gergonne-Polyeder sind Eulersch.'*[104]

GAMMA: Aber es gibt viele einfache Polyeder, die zwar vollkommen Eulersch aber dennoch so arg verbeult sind, daß sie keine Fläche haben, von der aus das gesamte Innere fotografiert werden kann! Gergonnes Beweis liegt keineswegs tiefer als Cauchys, sondern Cauchys Beweis liegt tiefer als der von Gergonne!

103 *Ibid.*

104 Gergonnes Beweis findet sich in Lhuilier [1812–13*a*], S. 177–179. Ursprünglich konnte er natürlich keine fotografischen Kunstgriffe enthalten. Es heißt dort: ‚Nimm ein Polyeder, dessen eine Fläche durchsichtig ist und stell Dir vor, das Auge nähert sich dieser Fläche von außen so weit, daß es die Innenseite aller anderen Flächen wahrnehmen kann …' Gergonne stellt bescheiden heraus, daß Cauchys Beweis tiefer liegt, daß er ‚den wertvollen Vorzug hat, die Konvexität überhaupt nicht vorauszusetzen'. (Es kommt ihm jedoch nicht in den Sinn zu fragen, was er denn *tatsächlich* voraussetzt.) Später entdeckte Jacob Steiner im wesentlichen den gleichen Beweis wieder ([1826]). Seine Aufmerksamkeit wurde dann auf Gergonnes Vorrang gelenkt, so daß er Lhuiliers Arbeit mit der Liste der Ausnahmen las, was ihn jedoch nicht daran hinderte, seinen Beweis mit dem ‚Satz' zu schließen: *‚Alle Polyeder sind Eulersch'.* (Es war Steiners Arbeit, die Hessel – den deutschen Lhuilier – dazu veranlaßte, sein [1832] zu schreiben.)

OMEGA: Selbstverständlich! Ich nehme an, der Lehrer wußte von Gergonnes Beweis, hielt ihn jedoch wegen einiger lokaler aber nicht globaler Gegenbeispiele für unbefriedigend und ersetzte den optischen (Foto-)Hilfssatz durch den umfassenderen topologischen (Ausbreitungs-)Hilfssatz. Dabei gelangte er zu dem tieferliegenden Cauchyschen Beweis, aber nicht durch eine ‚sorgfältige Beweisanalyse', gefolgt von einer leichten Abwandlung, sondern durch eine radikale schöpferische Neuerung.

LEHRER: Ich erkenne Dein Beispiel an, aber Gergonnes Beweis war mir tatsächlich unbekannt. Wenn Du ihn aber kanntest, warum hast Du uns nicht von ihm erzählt?

OMEGA: Weil ich ihn sofort durch nicht-Gergonnesche Polyeder widerlegt habe, die Eulersch waren.

GAMMA: Wie ich gerade gesagt habe, habe ich ebenfalls solche Polyeder gefunden. Aber ist das ein Grund dafür, den gesamten Beweis über Bord zu werfen?

OMEGA: Ich denke schon.

LEHRER: Kennst Du Legendres Beweis? Würdest Du den auch über Bord werfen?

OMEGA: Bestimmt. Er ist noch unbefriedigender, sein Gehalt ist sogar noch armseliger als der von Gergonnes Beweis. Sein Gedankenexperiment begann damit, das Polyeder mit Hilfe einer Zentralprojektion auf eine Kugel abzubilden, die das Polyeder enthält. Als Radius der Kugel wählte er 1. Er wählte das Zentrum der Projektion so aus, daß die Kugel vollständig, aber nur ein einziges Mal, von einem Netzwerk sphärischer Polygone bedeckt wurde. Sein erster Hilfssatz bestand also darin, daß ein solcher Punkt existiert. Sein zweiter Hilfssatz war, daß für das polyedrische Netzwerk auf der Kugel $E - K + F = 2$ gilt – aber den konnte er in trivial wahre Hilfssätze der sphärischen Trigonometrie zerlegen. Doch ein Punkt, von dem aus eine solche Zentralprojektion möglich ist, findet sich nur in konvexen und ein paar anständigen ‚fast-konvexen' Polyedern – eine Klasse, die sogar noch kleiner ist als die der ‚quasi-konvexen' Polyeder. Aber sein Satz: *‚Alle Legendre-Polyeder sind Eulersch'*[105] unterscheidet sich *vollständig* von Cauchys Satz

105 *Legendres Beweis* findet sich in seinem [1809], jedoch nicht der beweiserzeugte *Satz*, da Beweisanalyse und die dazugehörige Bildung eines Satzes ihrem Wesen nach im 18ten Jahrhundert noch unbekannt waren. Legendre definiert Polyeder zuerst als feste Körper, deren Oberfläche aus polygonalen Flächen bestehen (S. 161). Dann beweist er $E - K + F = 2$ *im allgemeinen* (S. 228). Aber es findet sich ein Verbesserungsversuch durch Monstersperre in einer kleingedruckten Anmerkung auf S. 164. in der es heißt. es sollten nur *konvexe* Polyeder betrachtet werden. Er mißachtete den fast konvexen Randbereich. Poinsot bemerkte in seinem [1810] bei der Besprechung von Legendres Beweis als erster, daß die Euler-Formel ‚nicht nur für die gewöhnlichen konvexen Körper gültig ist, d.h. für solche Körper, deren Oberfläche von keiner Geraden in mehr als zwei Punkten geschnitten werden kann. Sie trifft vielmehr auch noch für jedes Polyeder mit einspringenden körperlichen Ecken zu, vorausgesetzt, daß sich in seinem Innern ein Punkt als Mittelpunkt einer Kugel finden läßt, auf deren Oberfläche die Seitenflächen des Körpers durch Strahlen aus dem Mittelpunkte so projiziert werden, daß die Projektionen verschiedener Seitenflächen sich nicht ganz oder teilweise überdecken. Diese Voraussetzung trifft, wie man erkennt, bei unendlich vielen Polyedern mit einspringenden körperlichen Ecken zu. Die Richtigkeit dieser Behauptung bestätig man leicht durch denselben Beweis, den Legendre gegeben hat, und an dem nichts geändert zu werden braucht.' (S. 46, zitiert nach Haußner [1906], S. 46)

– jedoch nur zum Schlechteren. Er ist ‚leider unvollständig'[106]. Er ist ‚eine vergebliche Anstrengung, die solche Bedingungen voraussetzt, von denen der Eulersche Satz nicht im geringsten abhängt. Er muß über Bord geworfen werden, und man muß sich nach allgemeineren Grundsätzen umschauen'[107].

BETA: Omega hat recht. ‚Konvexität ist für die Eigenschaft Eulersch gewissermaßen nebensächlich. Ein konvexes Polyeder kann beispielsweise durch Ausstülpen oder Eindellen an einer oder mehreren Kanten in ein nicht konvexes Polyeder mit denselben Gestaltzahlen verwandelt werden. Eulers Beziehung entspricht etwas grundlegenderem als der Konvexität.'[108] Und das wird man nie mit solchen ‚fast-' und ‚quasi-' Schnörkeln einfangen.

OMEGA: Ich glaubte, der Lehrer hätte es in den topologischen Grundsätzen des Cauchyschen Beweises eingefangen, in dem ja sämtliche Hilfssätze aus Legendres Beweis durch völlig neue ersetzt sind. Aber dann stolperte ich über ein Polyeder, das sogar diesen Beweis, der gewiß der bislang tiefstliegende ist, widerlegt.

LEHRER: Erzähl uns davon!

OMEGA: Ihr erinnert Euch alle an Gammas ‚Igel' (Abb. 7). Der war natürlich nicht-Eulersch. Aber nicht alle Sternpolyeder sind nicht-Eulersch! Nehmt beispielsweise das ‚große Sterndodekaeder' (Abb. 15). Wie das ‚kleine Sterndodekaeder' besteht es aus Pentagrammen, die jedoch anders angeordnet sind. Es hat 12 Flächen, 30 Kanten und 20 Ecken, so daß gilt $E - K + F = 2$.[109]

LEHRER: Weist Du deswegen unseren Beweis zurück?

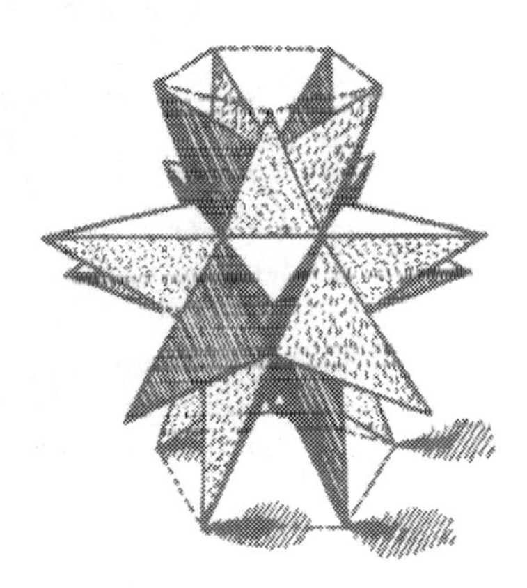

Abb. 15

106 E. de Jonquières fährt fort, indem er wiederum ein Argument von Poinsots [1858] entwendet: ‚Durch die Anrufung Legendres und anderer hoher Autoritäten nährt man nur ein weit verbreitetes Vorurteil, das auch einige der Bestgebildetsten gefangen hält: daß der Gültigkeitsbereich der Eulerschen Formel nur aus konvexen Polyedern besteht' ([1890*a*], S. 111).

107 Das ist aus Poinsot ([1858], S. 70).

108 D. M. Y. Sommerville ([1929], S. 143–144).

109 Dieses ‚große Sterndodekaeder' ist bereits von Kepler ([1619], S. 53) erfunden worden und unabhängig davon von Poinsot ([1810]), der es erstmals auf seine Eigenschaft Eulersch untersuchte. Abb. 15 ist aus Keplers Buch übernommen.

OMEGA: Jawohl. Der zufriedenstellende Beweis muß auch erklären, warum das ‚große Sterndodekaeder' Eulersch ist.

RHO: Warum gibst Du nicht zu, daß Dein ‚großes Sterndodekaeder' dreieckig ist? Deine Schwierigkeiten sind pure Einbildung.

DELTA: Ich stimme zu. Aber sie sind aus einem anderen Grund pure Einbildung. Ich habe inzwischen Gefallen an Sternpolyedern gefunden: sie sind bezaubernd. Aber ich fürchte, sie sind grundsätzlich verschieden von den gewöhnlichen Polyedern. Deswegen kann man sich unmöglich einen Beweis ausdenken, der den Euler-Charakter von, sagen wir, dem Würfel *und* dem ‚großen Sterndodekaeder' durch eine einzige Idee erklärt.

OMEGA: Warum nicht? Du besitzt keine Vorstellungskraft. Hättest Du nicht nach Gergonnes und vor Cauchys Beweis darauf bestanden, daß konkave und konvexe Polyeder grundsätzlich verschieden sind und daß man sich deswegen unmöglich einen Beweis ausdenken kann, der den Euler-Charakter von konvexen und konkaven Polyedern durch eine einzige Idee erklärt? Ich zitiere aus Galileis *Dialogo*:

> SAGREDO: Wie Du also siehst, bewegen sich sämtliche Planeten und Satelliten – nennen wir sie allesamt ‚Planeten' – auf Ellipsen.
>
> SALVIATI: Ich fürchte, es gibt auch Planeten, die sich auf Parabeln bewegen. Sieh diesen Stein. Ich werfe ihn fort: er bewegt sich auf einer Parabel.
>
> SIMPLICIO: Aber dieser Stein ist kein Planet! Das sind zwei völlig verschiedene Erscheinungen!
>
> SALVIATI: Natürlich ist ein Stein ein Planet, er wurde nur von einer weniger mächtigen Hand geworfen als einst der Mond.
>
> SIMPLICIO: Unsinn! Wie kannst Du es wagen, himmlische und irdische Erscheinungen unter einen gemeinsamen Hut zu bringen? Das eine hat mit dem anderen nicht das geringste zu tun! Natürlich kann beides durch Beweise erklärt werden, aber ich erwarte gewiß, daß diese Erklärungen vollständig verschieden sein werden! Ich kann mir keinen Beweis vorstellen, der den Weg eines Planeten am Himmel und eines Geschosses auf der Erde mit einer einzigen Idee erklärt!
>
> SALVIATI: Du kannst ihn Dir nicht vorstellen, aber ich kann ihn erfinden ...[110]

LEHRER: Geschosse und Planeten nützen uns nichts, Omega – ist es Dir gelungen, einen Beweis zu finden, der sowohl gewöhnliche Eulersche Polyeder als auch Eulersche Sternpolyeder umfaßt?

OMEGA: Bisher noch nicht. Es wird mir aber gelingen.[111]

LAMBDA: Angenommen, es gelingt Dir – was ist dann mit Cauchys Beweis? Du mußt erklären, warum Du einen Beweis nach dem anderen zurückweist.

110 Es war mir nicht möglich, dieses Zitat zurückzuverfolgen.

111 Vgl. Fußnote 113.

6.2 Auf dem Weg zu endgültigen Beweisen und entsprechende hinreichende und notwendige Bedingungen

OMEGA: Ihr habt Beweisanalysen wegen des Zusammenbruchs der *Rückübertragung* der Falschheit bei Gegenbeispielen der *dritten* Art*13 kritisiert. Ich kritisiere sie jetzt wegen des Zusammenbruchs der *Übertragung* der Falschheit (oder, was auf dasselbe hinauskommt, der *Rückübertragung der Wahrheit*) bei Gegenbeispielen der *zweiten* Art. Ein Beweis muß das Auftreten der Eigenschaft Eulersch in ihrem gesamten Bereich erklären.

Ich suche nicht nur *Gewißheit*, sondern auch *Endgültigkeit*. Der Satz muß gewiß sein – es darf kein Gegenbeispiel *innerhalb* seines Gültigkeitsbereiches geben; aber er muß auch *endgültig* sein – es darf kein Beispiel *außerhalb* seines Gültigkeitsbereiches geben. Ich möchte eine Trennungslinie zwischen Beispielen und Gegenbeispielen ziehen und nicht nur zwischen dem sicheren Bereich einiger Beispiele auf der einen und einem gemischten Pack von Beispielen und Gegenbeispielen auf der anderen Seite.

LAMBDA: Du verlangst also nicht nur hinreichende, sondern auch notwendige Bedingungen für den Satz!

KAPPA: Stellen wir uns also um des Argumentes willen vor, Du hättest solch einen Meister-Satz gefunden: *‚Alle Meister-Polyeder sind Eulersch.*‘ Ist Dir klar, daß dieser Satz nur dann ‚endgültig‘ ist, wenn die Umkehrung *‚Alle Eulerschen Polyeder sind Meister-Polyeder*‘ gewiß ist?

OMEGA: Selbstverständlich.

KAPPA: Daß also, wenn sich die Gewißheit in der schlechten Unendlichkeit verliert, dies auch auf die Endgültigkeit zutrifft? Du wirst mindestens ein Eulersches Polyeder außerhalb des Gültigkeitsbereiches eines jeden Deiner immer tiefer liegenden Beweise finden.

OMEGA: Selbstverständlich weiß ich, daß ich das Problem der Endgültigkeit nicht lösen kann, ohne das Problem der Gewißheit zu lösen. Ich bin sicher, daß wir beide lösen werden. Wir werden die unendliche Flut der Gegenbeispiele sowohl der ersten als auch der dritten Art eindämmen.

LEHRER: Dein Suchen nach vermehrtem Gehalt ist sehr wichtig. Aber warum sollen wir Dein zweites Erfüllungskriterium – die Endgültigkeit – nicht als *vergnügliche Dreingabe*, sondern als *verpflichtend* anerkennen? Warum weist Du interessante Beweise zurück, die nicht hinreichende und notwendige Bedingungen zugleich enthalten? Warum betrachtest Du sie als widerlegt?

OMEGA: Nun ja ...[112]

*13 *A.d.Ü.*: s. S. 37.

112 Die Antwort findet sich in der gefeierten antiken Heuristik des Pappus, die nur für die Entdeckung ‚endgültiger‘, ‚letzter‘ Wahrheiten verwendbar war, d.h. solcher Sätze, die sowohl notwendige als auch hinreichende Bedingungen enthielten. Die Hauptregel dieser Heuristik für ‚Beweisaufgaben‘ war: ‚Wenn Du eine Vermutung hast, dann ziehe Folgerungen daraus. Wenn Du zu einer Folgerung gelangst, deren Falschheit bekannt ist, dann war auch die Vermutung falsch. Wenn Du zu einer wahren Folgerung gelangst, dann gehe den umgekehrten Weg, und wenn die Vermutung auf diese Weise aus dieser wahren Folgerung abgeleitet werden kann, dann

LAMBDA: Wie dem auch immer sei, jedenfalls hat mich Omega davon überzeugt, daß ein einziger Beweis für die kritische Verbesserung einer naiven Vermutung zu wenig sein kann. Unsere Methode sollte die radikale Fassung seiner *4. Regel* einschließen, und dann sollte diese Methode ,*Beweise und Widerlegungen*' statt ,*Beweis und Widerlegungen*' heißen.

MY: Entschuldige, daß ich dazwischenplatze, aber ich habe gerade die Ergebnisse Eurer Diskussion in quasi-topologische Ausdrücke übersetzt: Die Methode der Hilfssatz-Einverleibung lieferte eine sich zusammenziehende Folge ineinanderliegender *Gültigkeitsbereiche aufeinanderfolgender verbesserter Sätze;* diese Bereiche schrumpfen unter dem fortgesetzten Angriff globaler Gegenbeispiele im Verlauf des Auftauchens versteckter Hilfssätze und konvergieren gegen einen *Grenzwert;* diesen Grenzwert nennen wir den ,*Gültigkeitsbereich der Beweisanalyse*'. Wenn wir die schwächere Fassung der *4. Regel* anwenden, dann kann dieser Bereich unter dem fortgesetzten Druck lokaler Gegenbeispiele erweitert werden. Diese sich ausweitende Folge wird wiederum einen Grenzwert haben; ich werde ihn den ,*Gültigkeitsbereich des Beweises*' nennen. Die Diskussion hat dann ergeben, daß selbst dieser Grenzbereich noch zu eng sein kann (möglicherweise sogar leer). Wir müssen *tieferliegende* Beweise erfinden, deren Gültigkeitsbereiche eine *sich erweiternde* Folge bilden und mehr und mehr widerspenstige Eulersche Polyeder einschließen, die lokale Gegenbeispiele zu früheren Beweisen waren. Diese Bereiche, die also selbst Grenzwerte sind, werden gegen den zweifachen Grenzwert des ,*Gültigkeitsbereiches der naiven Vermutung*' konvergieren – der nach alledem das Ziel der Forschung ist.

Die Topologie dieses heuristischen Raumes wird ein Problem der mathematischen Philosophie sein: Werden die Folgen unendlich sein, werden sie überhaupt konvergieren, den Grenzwert erreichen, wird der Grenzwert die leere Menge sein?

EPSILON: Ich habe einen Beweis gefunden, der tiefer liegt als Cauchys Beweis und auch erklärt, warum Omegas ,großes Sterndodekaeder' Eulersch ist! [*Reicht dem Lehrer eine Notiz.*]

OMEGA: Der endgültige Beweis! Das wahre Wesen der Eigenschaft Eulersch wird jetzt offenbart!

LEHRER: Es tut mir leid, aber die Zeit wird zu knapp – wir müssen Epsilons sehr scharfsinnigen Beweis ein andermal erörtern.[113] Alles, was ich erkennen kann, ist, daß er in Omegas Sinn nicht endgültig sein wird. Ja, Beta?

war sie wahr.' (Vgl. Heath [1925], I, S. 138–139.) Das Prinzip ,*causa aequat effectu*' und die Suche nach Sätzen mit notwendigen und hinreichenden Bedingungen lagen beide in dieser Tradition. Erst im siebzehnten Jahrhundert – als alle Anstrengungen, die Heuristik des Pappus in der modernen Wissenschaft anzuwenden, fehlgeschlagen waren –, gewann das Suchen nach Gewißheit die Oberhand über das Suchen nach Endgültigkeit.

113 Der Beweis stammt von Poincaré (vgl. seine [1893] und [1899]).*14

*14 *A.d.H.*: Der Inhalt von Epsilons Notiz wird unten in Kapitel 2 dargestellt.

6.3 Verschiedene Beweise ergeben verschiedene Sätze

BETA: Das Interessanteste, das ich aus dieser Diskussion gelernt habe, ist, daß verschiedene Beweise derselben naiven Vermutung zu ganz verschiedenen Sätzen führen. *Die eine Descartes-Euler-Vermutung wird durch jeden Beweis zu einem anderen Satz verbessert.* Unser ursprünglicher Beweis ergab: ‚*Alle Cauchy-Polyeder sind Eulersch.*' Jetzt haben wir zwei neue, völlig verschiedene Sätze gelernt: ‚*Alle Gergonne-Polyeder sind Eulersch.*' und ‚*Alle Legendre-Polyeder sind Eulersch.*' Drei Beweise, drei Sätze mit einem gemeinsamen Vorfahren.[114] Der übliche Ausdruck ‚*verschiedene Beweise des Eulerschen Satzes*' ist also verwirrend, weil er die entscheidende Rolle der Beweise bei der Bildung eines Satzes verhehlt.[115]

114 Es gibt noch viele andere Beweise der Euler-Vermutung. Für eine ausführliche heuristische Erörterung der Beweise von Euler, Jordan und Poincaré siehe Lakatos [1961].

115 Poinsot, Lhuilier, Cauchy, Steiner und Crelle dachten alle zusammen, die verschiedenen Beweise bewiesen denselben Satz: den ‚*Euler-Satz*'. Um eine kennzeichnende Formulierung eines gängigen Lehrbuches zu zitieren: ‚Der Satz stammt von Euler, der erste Beweis von Legendre, der zweite von Cauchy' (Crelle [1827], II. S. 671).

Poinsot hätte beinahe den Unterschied bemerkt, als er beobachtete, daß Legendres Beweis auf mehr als nur gewöhnliche konvexe Polyeder anwendbar ist. (Siehe Fußnote 105.) Aber als er dann Legendres Beweis mit Eulers Beweis verglich (jenem Beweis von Euler, der auf dem Abschneiden von Ecken beruht und schließlich bei einem letzten Tetraeder endet, wobei die Euler-Charakteristik niemals geändert wird), gab er Legendres Beweis den Vorzug wegen dessen ‚Einfachheit' [1858]. ‚Einfachheit' steht hier für die Idee der Strenge im achtzehnten Jahrhundert: die Klarheit im Gedankenexperiment. Es kam ihm nicht in den Sinn, die beiden Beweise in ihrem *Gehalt* zu vergleichen – dann nämlich hätte sich die Überlegenheit des Eulerschen Beweises herausgestellt. (In der Tat ist Eulers Beweis vollkommen richtig. Legendre wandte den subjektiven Maßstab der zeitgenössischen Strenge an und vernachlässigte den objektiven Maßstab des Gehaltes.)

Lhuilier stellte – in einer verstohlenen Kritik dieser Stelle (er erwähnte Poinsot nicht) – heraus, daß Legendres Einfachheit nur ‚scheinbar' ist, da sie ein beträchtliches Hintergrundwissen an sphärischer Trigonometrie voraussetzt ([1812–13*a*], S. 171). Aber auch Lhuilier glaubt, daß Legendre ‚*denselben Satz bewies*' wie Euler (*ibid.* S. 170).

Jacob Steiner pflichtet ihm in der Einschätzung von Legendres Beweis bei und auch in der Annahme, daß alle Beweise denselben Satz beweisen ([1826]). Der einzige Unterschied besteht darin, daß nach Steiner all die verschiedenen Beweise beweisen, daß ‚*alle Polyeder Eulersch sind*', während nach Lhuilier die verschiedenen Beweise beweisen, daß ‚*alle Polyeder, die keine Tunnel, Höhlen und ringförmige Flächen haben, Eulersch sind*'.

Cauchy schrieb sein [1813*a*] über Polyeder in seine frühen Zwanzigern, Jahre vor seiner Revolution der Strenge, und man kann es nicht übelnehmen, daß er Poinsots Vergleich zwischen Euler und Legendres Beweis in der Einleitung zum zweiten Teil seiner Abhandlung wiederholt. Wie die meisten seiner Zeitgenossen begriff er nicht den Unterschied in der Tiefe der verschiedenen Beweise, und so konnte er die wirkliche Bedeutung seines eigenen Beweises nicht wahrnehmen. Er dachte, er hätte lediglich *einen anderen Beweis für genau denselben Satz* gegeben – obgleich er ziemlich eifrig betonte, daß er zu einer ziemlich trivialen Verallgemeinerung der Euler-Formel auf bestimmte Polyeder-Zusammenballungen gelangt sei.

Gergonne war der erste, der die unvergleichliche Tiefe von Cauchys Beweis wahrnahm (Lhuilier [1812–13*a*], S. 179).

PI: Der Unterschied zwischen den unterschiedlichen Beweisen liegt viel tiefer. Nur die naive Vermutung handelt von Polyedern. Die Sätze handeln von Cauchy-Objekten, Gergonne-Objekten, Legendre-Objekten, aber nicht mehr von Polyedern.

BETA: Willst Du Dir einen Scherz erlauben?

PI: Nein, ich will meine Idee erklären. Aber ich möchte dies in einem größeren Zusammenhang tun – ich möchte *Begriffsbildung* im allgemeinen erörtern.

ZETA: Wir sollten zuvor lieber den *Gehalt* erörtern. Mir erschien Omegas *4. Regel* sehr schwach – auch in seiner radikalen Interpretation.[116]

LEHRER: Gut. Hören wir uns dann zuerst Zetas Zugang zu dem Problem des Gehaltes an und schließen unsere Debatte dann mit einer Erörterung der Begriffsbildung ab.

7 Neudurchdenken des Problems vom Gehalt

7.1 Die Naivität einer naiven Vermutung

ZETA: Wie Omega halte ich es für beklagenswert, daß Monstersperrer, Ausnahmensperrer und Hilfssatz-Einverleiber allesamt nach der sicheren Wahrheit streben – auf Kosten des Gehaltes. Aber seine *4. Regel*[117], die nach tieferliegenden Beweisen derselben naiven Vermutung verlangt, ist nicht ausreichend. Warum soll unsere Suche nach Gehalt durch die erste naive Vermutung, über die wir stolpern, begrenzt werden? Warum soll der ‚Gültigkeitsbereich der naiven Vermutung' das Ziel unserer Forschung sein?

OMEGA: Ich kann Dir nicht folgen. Selbstverständlich war es unser Problem, den Bereich der Gültigkeit von $E - K + F = 2$ zu entdecken, oder?

ZETA: Das ist falsch! Unser Problem war es, die Beziehung zwischen E, K und F eines ganz beliebigen Polyeders herauszufinden. Es war purer Zufall, daß wir zuerst auf Polyeder kamen, für die $E - K + F = 2$ gilt. Aber die kritische Untersuchung dieser ‚Eulerschen' Polyeder zeigte uns, daß es viel mehr nicht-Eulersche Polyeder gibt. Warum untersuchen wir nicht den Bereich von $E - K + F = -6$, $E - K + F = 28$ oder $E - K + F = 0$? Sind diese Beziehungen nicht ebenso interessant?

SIGMA: Du hast recht. Wir haben $E - K + F = 2$ nur darum soviel Aufmerksamkeit gewidmet, weil es nach unseren ursprünglichen Gedanken allgemeingültig war. Nun wissen wir, daß dies nicht der Fall ist, und da müssen wir *eine neue, tieferliegende naive Vermutung* finden ...

ZETA: ... die weniger naiv sein wird. ...

SIGMA: ... die eine Beziehung zwischen E, K und F für *jedes* Polyeder sein wird.

OMEGA: Warum so überstürzt? Lösen wir erst einmal das bescheidenere Problem, das ursprünglich zu lösen geplant war – erklären wir, warum einige Polyeder Eulersch sind. Bis jetzt haben wir nur Teilerklärungen gefunden. Beispielsweise erklärt keiner unserer bisherigen Beweise, warum ein Bilderrahmen mit zwei ringförmigen Flächen vorne und hinten Eulersch ist (Abb. 16). Er hat 16 Ecken, 24 Kanten und 10 Flächen. ...

116 siehe S. 53.

117 siehe S. 52.

THETA: Er ist gewiß kein Cauchy-Polyeder, denn er hat einen Tunnel, ringförmige Flächen ...

BETA: Und trotzdem Eulersch! Wie verwirrend! Ein Polyeder, das sich eine einzige Sünde hat zuschulden kommen lassen – ein Tunnel ohne ringförmige Flächen (Abb. 9) –, wird ins Fegefeuer geworfen, während eines mit doppelt so großer Schuld – das zusätzlich noch ringförmige Flächen hat (Abb. 16) – in den Himmel aufgenommen wird?[118]

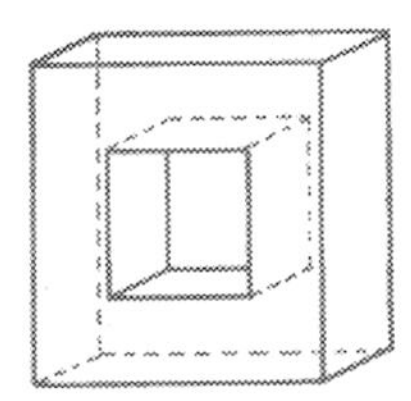

Abb. 16

OMEGA: Du siehst, Zeta, die Eulerschen Polyeder geben uns genug Rätsel auf. Laß uns die zuerst lösen, bevor wir uns dem allgemeineren Problem zuwenden.

ZETA: Nein, Omega. ,Eine Reihe von Fragen kann leichter zu beantworten sein als gerade nur eine. Der umfassendere Lehrsatz kann leichter zu beweisen, die allgemeinere Aufgabe leichter zu lösen sein.[119] In der Tat werde ich Dir zeigen, daß Dein begrenztes, zufälliges Problem nur dadurch gelöst werden kann, daß man das umfassendere, wesentliche Problem löst.

OMEGA: Aber ich möchte hinter das Geheimnis der Eigenschaft Eulersch kommen!

ZETA: Ich verstehe Deinen Widerstand. Du hast Dich in das Problem verliebt, herauszufinden, wo Gott jenes Firmament zog, das Eulersche von nicht-Eulerschen Polyedern trennt. Aber es gibt nicht den geringsten Grund zu glauben, daß der Ausdruck ,Eulersch' in Gottes Weltplan überhaupt auftaucht. Was ist, wenn Eulersch eine bloß zufällige Eigenschaft einiger Polyeder ist? In diesem Fall wäre es uninteressant oder vielleicht sogar unmöglich, die zerfranste Grenzlinie zwischen Eulerschen und nicht-Eulerschen Polyedern herauszufinden. Ein solches Zugeständnis jedoch ließe den Rationalismus unberührt, da Eulersch dann kein Teil des rationalen Entwurfs der Welt wäre. Vergessen wir diesen Begriff also. Eine der Haupteigenschaften des kritischen Rationalismus besteht darin, daß man stets darauf vorbereitet ist, auf dem Weg der Problemlösung das ursprüngliche Problem aufzugeben und es durch ein anderes zu ersetzen.

7.2 Induktion als Grundlage der Methode „Beweise und Widerlegungen"

SIGMA: Zeta hat recht. Welch eine Katastrophe!

ZETA: Katastrophe?

SIGMA: Ja. Du möchtest jetzt eine neue ,naive Vermutung' über die Beziehung zwischen E, K und F für *jedes* Polyeder, nicht wahr? Unmöglich! Sieh Dir den gewalti-

118 Das Problem wurde von Lhuilier ([1812–13*a*], S. 189) bemerkt und unabhängig davon von Hessel [1832]. In Hessels Arbeit erscheinen die Abbildungen der beiden Bilderrahmen direkt nebeneinander. Vgl. auch Fußnote 135.

119 Pólya nennt dies das ,Paradoxon des Erfinders' ([1945/1949], S. 170).

gen Haufen von Gegenbeispielen an. Polyeder mit Höhlen, Polyeder mit ringförmigen Flächen, mit Tunneln, miteinander verbunden an Kanten, an Ecken, ... $E - K + F$ kann jeden beliebigen Wert annehmen! Es ist überhaupt keine Ordnung in diesem Chaos zu erkennen! Wir haben den festen Grund der Eulerschen Polyeder verlassen und sind im Sumpf gelandet! Wir haben eine naive Vermutung unwiederbringlich verloren und keinerlei Hoffnung auf eine neue!

ZETA: Aber ...

BETA: Wieso nicht? Denk an das scheinbar heillose Chaos in unserer Tabelle der Zahlen von Ecken, Kanten und Flächen sogar der allergewöhnlichsten konvexen Polyeder*15:

	Polyeder	*F*	*E*	*K*
I	Würfel	6	8	12
II	dreieckiges Prisma	5	6	9
III	fünfeckiges Prisma	7	10	15
IV	quadratische Pyramide	5	5	8
V	dreieckige Pyramide	4	4	6
VI	fünfeckige Pyramide	6	6	10
VII	Oktaeder	8	6	12
VIII	‚Turm'	9	9	16
IX	‚gestutzter Würfel'	7	10	15

Es mißlang uns so oft, sie in eine Formel zu bringen.[120] Aber dann stießen wir plötzlich auf die wahre Ordnung, die sie beherrscht: $E - K + F = 2$.

KAPPA [*beiseite*]: ‚Wahre Ordnung'? Ein drolliger Ausdruck für eine ausgesprochene Unwahrheit!

BETA: Alles, was wir jetzt tun müssen ist, unsere Tabelle mit den Werten der nicht-Eulerschen Polyeder zu vervollständigen und nach einer neuen Formel Ausschau zu halten – bei beharrlicher, gewissenhafter Beobachtung und einigem Glück werden wir auf die richtige stoßen; dann können wir sie wieder mit der Methode „Beweise und Widerlegungen" verbessern!

ZETA: Beharrliche, gewissenhafte Beobachtung? Eine Formel nach der anderen ausprobieren? Vielleicht willst Du eine Mutmaßungs-Maschine erfinden, die Zufallsformeln erzeugt und sie in Deiner Tabelle nachprüft? Ist das Deine Vorstellung vom Fortschritt der Wissenschaft?

BETA: Ich verstehe Deinen Spott nicht. Bestimmt wirst Du zugeben, daß unser erstes Wissen, unsere naiven Vermutungen nur aus gewissenhafter Beobachtung und plötzlicher Einsicht kommen können, egal wieviel unsere kritische Methode „Beweise und Widerlegungen" übernimmt, *nachdem* wir einmal eine naive Vermutung gefunden haben? Jede deduktive Methode muß auf einer induktiven Grundlage beginnen!

*15 *A. d. H.*: Diese Tabelle wurde diskutiert, ehe wir das Klassenzimmer betraten.

120 Siehe Fußnote 125. Die Tabelle wurde von Pólya [1954/1969], Bd. I, S. 68 ausgeliehen.

SIGMA: Deine induktive Methode wird niemals erfolgreich sein. Wir sind nur darum auf $E - K + F = 2$ gekommen, weil zufälligerweise kein Bilderrahmen und kein Igel in unserer ursprünglichen Tabelle waren. Da dieser historische Zufall ...

KAPPA [*beiseite*]: ... oder Gottes gütige Führung ...

SIGMA: ... jetzt der Vergangenheit angehört, wirst Du niemals mehr Ordnung aus dem Chaos ‚induzieren'. Wir haben mit langwieriger Beobachtung und glücklicher Einsicht begonnen – und der Versuch mißlang. Jetzt schlägst Du vor, neu zu beginnen – mit längerer Beobachtung und glücklicherer Einsicht. Selbst wenn wir so zu einer neuen naiven Vermutung kämen – woran ich zweifle –, würden wir schließlich im selben Schlamassel landen.

BETA: Sollen wir etwa die Forschung ganz aufgeben? Wir *müssen* neu beginnen – zuerst mit einer neuen naiven Vermutung, auf die wir dann die Methode „Beweise und Widerlegungen" anwenden.

ZETA: Nein, Beta. Ich stimme Sigma zu, und deswegen werde ich nicht erneut mit einer naiven Vermutung beginnen.

BETA: Wo willst Du denn sonst *beginnen*, wenn nicht mit einer naiven Vermutung als induktiver Verallgemeinerung auf einer sehr niedrigen Stufe? Oder hast Du eine andere Methode für den Beginn?

7.3 Deduktives gegen naives Mutmaßen

ZETA: Beginn? Warum sollte ich *beginnen*? Mein Kopf ist doch nicht leer, wenn ich ein Problem entdecke (oder erfinde).

LEHRER. Veräppele Beta nicht. Hier ist das Problem: *‚Gibt es eine Beziehung zwischen den Zahlen der Ecken, Kanten und Flächen eines Polyeders, die der trivialen Beziehung $E = K$ zwischen den Zahlen der Ecken und Kanten eines Polygons analog ist?'*[121] Was würdest *Du* dazu sagen?

ZETA: Zunächst einmal habe ich keinerlei Bewilligungen der Regierung, um eine ausgedehnte Untersuchung von Polyedern durchzuführen, keine Armee von Forschungsassistenten, um die Zahlen ihrer Ecken, Kanten und Flächen zu zählen und große Tabellen aus den Daten zusammenzustellen. Aber selbst wenn ich das alles hätte, so hätte ich doch keinerlei Geduld – oder Interesse –, eine Formel nach der anderen zu prüfen, ob sie taugt.

BETA: Aber was denn sonst? Willst Du Dich etwa auf Deine Couch legen, Deine Augen schließen und die Daten vergessen?

ZETA: Ganz genau. Ich brauche eine *Idee*, mit der ich beginne, aber keinerlei Daten.

BETA: Und woher bekommst Du Deine Idee?

ZETA: Sie ist bereits in unseren Köpfen, wenn wir das Problem formulieren – tatsächlich ist sie gerade die Formulierung des Problems.

BETA: Welche Idee?

121 siehe S. 1.

ZETA: Daß für ein Polygon $E = K$ gilt.

BETA: Na und?

ZETA: Ein Problem fällt niemals vom Himmel. Immer hat es einen Bezug zu unserem Hintergrundwissen. Wir wissen, daß für Polygone $E = K$ gilt. Nun ist ein Polygon ein System von Polygonen, das aus einem einzigen Polygon besteht. Ein Polyeder ist ein System von Polygonen, das aus mehr als einem einzigen Polygon besteht. Für Polyeder aber gilt $E \neq K$. An welchem Punkt des Übergangs von mono-polygonalen Systemen zu poly-polygonalen Systemen bricht die Beziehung $E = K$ zusammen? Anstatt Daten zu sammeln spüre ich auf, wie das Problem aus unserem Hintergrundwissen herauswuchs; oder welches die Erwartung war, deren Widerlegung das Problem aufwarf.

SIGMA: Gut. Folgen wir also Deiner Empfehlung. Für jedes Polygon gilt $K - E = 0$ (Abb. 17a). Was geschieht, wenn ich ein anderes Polygon (nicht unbedingt in der Ebene) hinzufüge? Das zusätzliche Polygon hat n_1 Kanten und n_1 Ecken; indem wir es jetzt dem ursprünglichen Polygon entlang einer Kette von n_1' Kanten und $n_1' + 1$ Ecken hinzufügen, werden wir die Zahl seiner Kanten um $n_1 - n_1'$ und die Zahl seiner Ecken um $n_1 - (n_1' + 1)$ erhöhen; im neuen 2-polygonalen System wird es also einen Überschuß der Kantenzahl gegenüber der Eckenzahl geben: $K - E = 1$ (Abb. 17b; für eine ungewöhnliche, aber vollkommen richtige Hinzufügung siehe Abb. 17c). Das ‚Hinzufügen' einer neuen Fläche zu dem System wird diesen Überschuß stets um eins erhöhen, und für ein so konstruiertes F-polygonales System gilt $K - E = F - 1$.

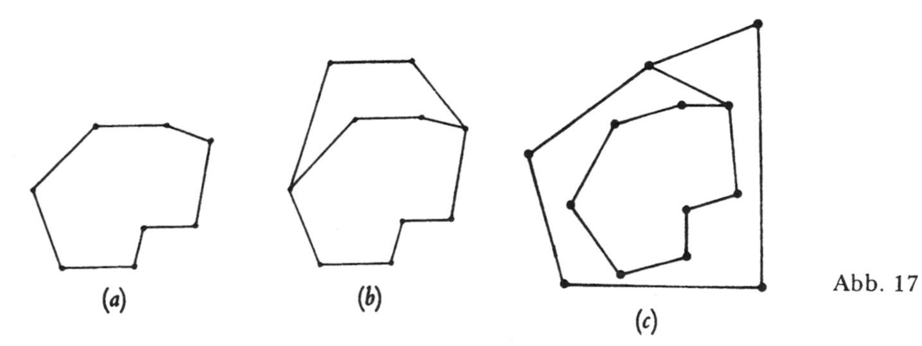

Abb. 17

ZETA: Oder $E - K + F = 1$.

LAMBDA: Aber das ist für die meisten polygonalen Systeme falsch. Nehmt einen Würfel ...

SIGMA. Aber meine Konstruktion kann nur zu ‚offenen' polygonalen Systemen führen, die also durch einen Kreis von Kanten begrenzt sind! Ich kann mein Gedankenexperiment aber leicht auf ‚geschlossene' polygonale Systeme ohne eine solche Grenze ausdehnen. Ein solcher Abschluß kann ausgeführt werden, indem man ein offenes, vasenähnliches polygonales System mit einem Polygon-Deckel schließt: das Hinzufügen eines solchen bedeckenden Polygons wird F um eins erhöhen, ohne E und K zu ändern. ...

ZETA: Oder: Für ein geschlossenes polygonales System – oder geschlossenes Polyeder –, das auf diese Weise konstruiert wurde, gilt $E - K + F = 2$ – eine Vermutung, zu der Du jetzt gelangt bist, ohne die Zahl der Ecken, Kanten und Flächen eines einzigen Polyeders zu ‚beobachten'!

LAMBDA: Und jetzt kann man die Methode „Beweise und Widerlegungen" anwenden, ohne einen ‚induktiven Ausgangspunkt' zu haben.

ZETA: Mit dem Unterschied, daß man keinen Beweis mehr erfinden muß – der Beweis ist bereits da! Man kann unmittelbar fortfahren mit Widerlegungen, Beweisanalyse, Bildung von Sätzen.

LAMBDA: Bei Deiner Methode geht also – anstatt der Beobachtungen – der Beweis der naiven Vermutung voran![122]

ZETA: Nun, ich würde eine Vermutung, die aus einem Beweis erwachsen ist, nicht ‚naiv' nennen. In meiner Methode gibt es keinen Platz für induktive Naivitäten.

BETA: Einspruch! Du hast den ‚naiven' induktiven Beginn lediglich zurückverlagert: Du beginnst mit ‚$E = K$ gilt für Polygone'. Hast Du dies denn nicht auf Beobachtungen gegründet?

ZETA: Wie die meisten Mathematiker kann ich nicht zählen. Ich habe gerade einmal versucht, die Kanten und Ecken eines Siebeneckes zu zählen – zuerst bin ich auf 7 Kanten und 8 Ecken gekommen, dann wieder auf 8 Kanten und 7 Ecken. ...

BETA: Spaß beiseite, wie ***bist*** Du zu $E = K$ gelangt?

ZETA: Ich war äußerst betroffen, als ich erstmals bemerkte, daß für ein Dreieck $E - K = 0$ gilt. Ich wußte natürlich, daß bei einer Kante $E - K = 1$ gilt (Abb. 18a). Ebenso wußte ich, daß das Hinzufügen neuer Kanten sowohl die Zahl der Ecken als auch die Zahl der Kanten um eins erhöht (Abb. 18b und 18c). Warum gilt dann in einem polygonalen Kantensystem $E - K = 0$? Dann merkte ich, das liegt an dem Übergang von einem offenen Kantensystem (das von zwei Ecken begrenzt wird) zu einem geschlossenen Kantensystem (das keine solche Begrenzung hat), weil wir das offene System durch Hinzufügen einer neuen Kante aber keiner neuen Ecke ‚zudecken'. So habe ich $E - K = 0$ für Polygone bewiesen, nicht beobachtet.

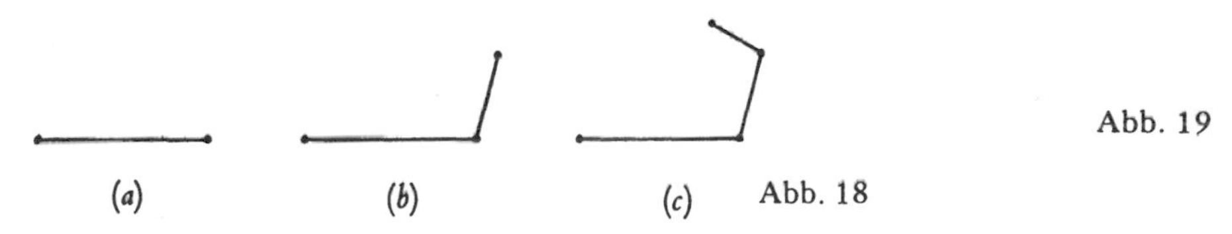

Abb. 18

Abb. 19

BETA: Dein Scharfsin wird Dir nicht helfen. Du hast den induktiven Ausgangspunkt nur weiter zurückverlagert – jetzt zu der Aussage, daß für jede Kante $E - K = 1$ gilt. Hast Du dies bewiesen oder ***beobachtet?***

ZETA: Ich habe es bewiesen. Ich wußte natürlich, daß bei einer einzigen Ecke $E = 1$ gilt (Abb. 19). Mein Problem war es, eine analoge Beziehung zu konstruieren ...

BETA [*wütend*]: Hast Du für einen Punkt $E = 1$ etwa nicht ***beobachtet?***

ZETA: Du etwa? [*beiseite, zu Pi:*] Soll ich ihm sagen, mein ‚induktiver Ausgangspunkt' sei der leere Raum? Daß ich mit dem ‚Beobachten' von ***nichts*** begonnen habe?

LAMBDA: Wie dem auch immer sei, zwei Punkte sind klar geworden. Erstens hat Sigma dargelegt, ***daß nur historische Zufälle daran schuld sind, daß man zu naiven Vermutungen gelangen kann*** – wenn man dem wirklichen Chaos der Tatsachen gegen-

122 Dies ist eine wichtige Einschränkung zur Fußnote 17.

übergestellt wird, dann wird man kaum in der Lage sein, sie in eine hübsche Formel zu passen. Dann zeigte Zeta, *daß wir für die Logik der „Beweise und Widerlegungen" keine naive Vermutung benötigen, überhaupt keinen induktivistischen Ausgangspunkt.*

BETA: Einspruch! Was ist mit den gefeierten Vermutungen, denen *keine* Beweise vorausgingen (oder gar nachfolgten), wie die Vier-Farben-Vermutung, die besagt, daß vier Farben genügen, um jede beliebige Landkarte zu färben, oder die Goldbach-Vermutung[*16]? Nur historische Zufälle sind daran schuld, daß Beweise den Sätzen vorausgehen können, daß Zetas ‚deduktives Mutmaßen' stattfinden kann – in anderen Fällen sind die naiven Vermutungen zuerst da.

LEHRER: Wir müssen gewiß *beide* heuristischen Muster lernen: *deduktives Mutmaßen* ist das beste, aber *naives Mutmaßen* ist immernoch besser als gar kein Mutmaßen. Aber *naives Mutmaßen ist keine Induktion: so etwas wie induktive Vermutungen gibt es nicht!*

BETA: Aber wir haben die naive Vermutung durch *Induktion* gefunden! ‚Das heißt, sie wurde uns durch Beobachtung nahegelegt, sie schien im Hinblick auf individuelle Fälle angezeigt. ...Bei den von uns untersuchten Spezialfällen lassen sich zwei Gruppen unterscheiden: Die Fälle, deren Untersuchung der Aufstellung der Vermutung vorausging, und die, deren Untersuchung ihr folgte. Die ersteren wiesen uns auf die Vermutung hin, die letzteren stützten sie. Beide Arten von Fällen stellen eine gewisse Berühung zwischen der Vermutung und „den Tatsachen" dar ...'[123] Diese zweifache Berührung ist das Herz der Induktion: die erste bewirkt die *induktive Heuristik*, die zweite die induktive Rechtfertigung oder *induktive Logik*.

LEHRER: Nein! Tatsachen weisen nicht auf Vermutungen hin, und sie stützen sie auch nicht!

BETA: Was denn sonst wies *mich* auf $E - K + F = 2$ hin, wenn nicht die in meiner Tabelle aufgeführten Tatsachen?

LEHRER: Ich werde es Dir sagen. Du hast selbst zugegeben, daß es Dir oft mißlang, sie in eine Formel zu bringen.[124] Was nun geschah, ist dies: Du hattest drei oder vier Vermutungen, die schnell nacheinander widerlegt wurden. Du hast Deine Tabelle im Verlauf des Überprüfens und Widerlegens dieser Vermutungen aufgestellt. Diese toten und inzwischen vergessenen Vermutungen wiesen auf die Tatsachen hin – nicht die Tatsachen auf die Vermutungen. *Naive Vermutungen sind keine induktiven Vermutungen: wir gelangen zu ihnen durch Versuch und Irrtum, durch Vermutungen und Widerlegungen.*[125] Aber wenn Du – fälschlicherweise – glaubst, daß Du sie auf induktivem Wege, aus Deinen Tabellen erreichst, wenn Du glaubst, je länger die Tabelle ist, auf desto mehr Vermutungen wird sie hinweisen und sie später stützen, dann kannst

*16 *A.d.Ü.* Zur Vier-Farben-Vermutung vgl. Fußnote *1 auf S. 2. Die Goldbach-Vermutung wurde in gewisser Weise von Tschen Djing-jun beantwortet, der 1973 bewies, daß für genügend große n stets gilt: $n = p_1 + p_2$ oder $n = p_1 + p_2 \cdot p_3$ (die p_i sind Primzahlen).

123 Pólya [1954/1969], Bd. I, S. 23 und S. 26 (meine Hervorhebungen).

124 siehe S. 62f.

125 Diese Versuche und Irrtümer sind von Pólya wundervoll rekonstruiert. Die erste Vermutung ist, daß F mit E anwächst. Nachdem dies widerlegt ist, folgen zwei weitere Vermutungen: K wächst mit F; K wächst mit E. Der vierte Versuch trifft: $F + E$ wächst mit K ([1954/1969], Bd. I, S. 68f).

Du Deine Zeit mit der Anhäufung überflüssiger Daten verschwenden. Und einmal darin unterwiesen, daß der Weg der Entdeckung von den Tatsachen zur Vermutung und von der Vermutung zum Beweis führt (der Mythos der Induktion), kannst Du die heuristische Alternative: deduktives Mutmaßen völlig vergessen.[126]

Die mathematische Heuristik ist der naturwissenschaftlichen Heuristik sehr ähnlich – nicht, weil beide induktiv sind, sondern weil beide gekennzeichnet sind durch Vermutungen, Beweise und Widerlegungen. Der – entscheidende – Unterschied liegt in der Natur der jeweiligen Vermutungen, Beweise (oder, in den Naturwissenschaften, Erklärungen) und Gegenbeispiele.[127]

BETA: Ich verstehe. Unsere naive Vermutung war also nicht die aller*erste* Vermutung, auf die überhaupt unabhängig von Vermutungen von den harten Tatsachen hingewiesen wurde – ihr gingen zahlreiche ‚vor-naive' Vermutungen und Widerlegungen voraus. Die Logik der Vermutungen und Widerlegungen hat keinen Ausgangspunkt, aber die Logik der Beweise und Widerlegungen hat einen: sie beginnt bei der ersten naiven Vermutung, der ein Gedankenexperiment folgt.

ALPHA: Vielleicht. Aber dann würde ich sie nicht ‚naiv' nennen![128]

KAPPA [*beiseite*]: Nicht einmal in der Heuristik gibt es so etwas wie eine vollkommene Naivität!

BETA: Die Hauptsache ist, so bald wie möglich aus der Versuch-und-Irrtum-Periode herauszukommen und sehr rasch durch Gedankenexperimente voranzuschreiten, ohne allzu große ‚induktive' Achtung vor den ‚Tatsachen' zu zeigen. Solche Achtung kann den Erkenntnisfortschritt hemmen. Stellt Euch vor, Ihr gelangt durch Versuch und Irrtum zu der Vermutung $E - K + F = 2$ und daß sie sofort durch die Beobachtung widerlegt wird, daß für den Bilderrahmen $E - K + F = 0$ gilt. Wenn Ihr zuviel Achtung vor den Tatsachen habt, besonders wenn sie Eure Vermutungen widerlegen, werdet Ihr mit vor-naivem Versuch und Irrtum weitermachen und nach einer anderen Vermutung Ausschau halten. Wenn Ihr jedoch über eine bessere Heuristik verfügt, dann werdet Ihr zumindest *versuchen*, die widrige Beobachtung zu übersehen, und Ihr werdet eine *Prüfung durch ein Gedankenexperiment* versuchen – wie Cauchys Beweis.

SIGMA: Welche Verwirrung! Wieso ist Cauchys *Beweis* eine *Prüfung*?

126 Auf der anderen Seite können jene, die wegen der üblichen deduktiven Darstellung der Mathematik zu der Überzeugung gelangen, daß der Weg der Entdeckung von den Axiomen und/oder den Definitionen zu den Beweisen und Sätzen führt, vollständig die Möglichkeit und die Wichtigkeit des naiven Mutmaßens vergessen. In der Tat ist es der Deduktivismus, der in der mathematischen Heuristik die große Gefahr darstellt, während es in der naturwissenschaftlichen Heuristik der Induktivismus ist.

127 Das Überleben der mathematischen Heuristik in diesem Jahrhundert verdanken wir Pólya. Seine Betonung der Ähnlichkeiten zwischen naturwissenschaftlicher und mathematischer Heuristik ist einer der Hauptzüge seines bewundernswerten Werkes. Was man als den einzigen schwachen Punkt bei ihm ansehen kann, hängt mit seiner Stärke zusammen: Er stellt niemals infrage, daß die Naturwissenschaft induktiv sei, und wegen seiner richtigen Sicht der tiefen Analogie zwischen naturwissenschaftlicher und mathematischer Heuristik wurde er zu der Ansicht geführt, auch die Mathematik sei induktiv. Dasselbe widerfuhr bereits früher Poincaré (siehe sein [1902], Einleitung) und ebenso Fréchet (siehe sein [1938]).

128 siehe S. 35.

BETA: Wieso ist Cauchys *Prüfung* ein *Beweis*? Es war eine *Prüfung*! Paß auf. Du hast mit einer naiven Vermutung begonnen: $E - K + F = 2$ gilt für alle Polyeder. Dann hast Du Schlußfolgerungen daraus gezogen: ‚Wenn die naive Vermutung wahr ist, dann ist nach Entfernung einer Fläche für das verbleibende Netzwerk $E - K + F = 1$ wahr'; ‚Wenn diese Folgerung wahr ist, dann gilt auch nach der Zerlegung in Dreiecke $E - K + F = 1$', ‚Wenn diese letzte Schlußfolgerung wahr ist, dann wird $E - K + F = 1$ auch gelten, solange die Dreiecke eines nach dem anderen entfernt werden'; ‚Wenn das wahr ist, dann wird für ein einzelnes Dreieck $E - K + F = 1$ gelten'...

Nun ist diese letzte Schlußfolgerung als wahr bekannt. Aber was wäre gewesen, wenn wir abgeleitet hätten, daß für ein einzelnes Dreieck $E - K + F = 0$ gilt? Dann hätten wir sofort die ursprüngliche Vermutung als falsch zurückgewiesen. Alles was wir getan haben ist, unsere Vermutung zu prüfen — Schlußfolgerungen aus ihr zu ziehen. Die Prüfung schien unsere Vermutung zu bestätigen. Aber eine Bestätigung ist kein Beweis.

SIGMA: Aber dann hat unser Beweis sogar noch weniger bewiesen, als wir gedacht haben! Dann müssen wir den Verlauf umkehren und ein Gedankenexperiment zu konstruieren versuchen, das in die entgegengesetzte Richtung führt: vom Dreieck zurück zum Polyeder!

BETA: Das ist richtig. Erst Zeta hat dargelegt, daß wir unser Problem nicht dadurch lösen, daß wir zunächst eine naive Vermutung durch Versuch und Irrtum erraten, sie dann überprüfen und sie dann in einen Beweis umkehren, sondern daß wir stattdessen unmittelbar mit dem wirklichen Beweis beginnen können. Hätten wir diese Möglichkeit des deduktiven Mutmaßens früher bemerkt, dann hätten wir dieses ganze pseudoinduktive Gefummel vermeiden können!

KAPPA [*beiseite*]: Welch eine dramatische Folge von *Gesinnungswechseln*! Der kritische Alpha hat sich in einen Dogmatiker verwandelt, der dogmatische Delta in einen Widerlegungsspezialisten und jetzt der induktivistische Beta in einen Deduktivisten!

SIGMA: Aber warte. Wenn dem *prüfenden Gedankenexperiment*...

BETA: Ich werde es *Analyse* nennen ...

SIGMA: ... ein *beweisendes Gedankenexperiment* folgt ...

BETA: Ich werde es *Synthese* nennen ...[129]

SIGMA: ... wird dann der ‚analytische Satz' notwendig mit dem ‚synthetischen Satz' übereinstimmen? In der gegenläufigen Richtung können wir andere Hilfssätze benutzen![130]

BETA: Wenn sie tatsächlich anders sind, dann sollte der synthetische Satz den analytischen Satz verdrängen — schließlich *prüft* die Analyse nur, während die Synthese *beweist*.

LEHRER: Deine Entdeckung, daß unser ‚*Beweis*' tatsächlich nur eine *Prüfung* war, scheint die Klasse erschüttert und ihre Aufmerksamkeit von Deinem Hauptargu-

129 Nach der Pappusschen Heuristik beginnt die mathematische Entdeckung mit einer Vermutung, der die *Analyse* und dann — vorausgesetzt, die Analyse erweist die Vermutung nicht als falsch — die *Synthese* folgt. (Vgl. auch Fußnote 17 und Fußnote 112.) Während jedoch unsere Fassung von *Analyse-Synthese* die Vermutung *verbessert*, wird diese von der Pappusschen Fassung lediglich *bewiesen* oder *widerlegt*.

130 Vgl. Robinson [1936], S. 471.

ment abgelenkt zu haben – daß wir nämlich im Falle einer durch ein Gegenbeispiel widerlegten Vermutung die Widerlegung beiseite schieben sollen, um zu versuchen, die Vermutung durch ein Gedankenexperiment zu prüfen: auf diese Weise können wir auf einen Beweis stoßen, die Phase des Versuch und Irrtum dann verlassen und zu der Methode „Beweise und Widerlegungen" übergehen. Aber genau das war es, was mich sagen ließ, daß ‚ich beabsichtige, auch eine falsche Vermutung zu „beweisen"'![131] Und auch Lambda verlangte in seiner *1. Regel:* ‚Wenn Du eine Vermutung hast, dann versuche, sie zu beweisen *und* zu widerlegen.'

ZETA: Das ist richtig. Aber laßt mich Lambdas Regeln und Omegas *4. Regel* ergänzen durch eine

5. Regel: Hast Du Gegenbeispiele, gleich welcher Art, dann versuche durch deduktives Mutmaßen einen tieferliegenden Satz zu finden, zu dem sie nicht länger Gegenbeispiele sind.

OMEGA: Jetzt dehnst Du meinen Begriff der ‚Tiefe' aus – und Du könntest damit recht tun. Aber was ist mit der tatsächlichen Anwendung Deiner neuen Regel? Bisher hat sie uns nur solche Ergebnisse geliefert, die wir bereits kannten. Im Nachhinein können wir leicht schlauer sein. Dein ‚deduktives Mutmaßen' ist gerade die Synthese, die der ursprünglichen *Analyse* des Lehrers entspricht. Aber jetzt solltest Du aufrichtig sein – Du mußt mit Hilfe Deiner Methode eine neue Vermutung finden, die Dir bislang noch unbekannt ist und die den versprochenen Zuwachs an Gehalt aufweist.

ZETA: Gut. Ich beginne mit dem Satz, den *mein* Gedankenexperiment hervorgebracht hat: *‚Alle geschlossenen normalen Polyeder sind Eulersch.'*

OMEGA: ‚Normal'?

ZETA: Ich möchte keine Zeit mit der Methode „Beweis und Widerlegungen" verschwenden. Ich nenne ‚normal' einfach alle Polyeder, die aus einem ‚vollkommenen' Polygon gebildet werden können, indem man (*a*) zuerst $F-2$ Flächen hinzufügt, ohne $E-K+F$ zu ändern (dies werden *offene* normale Polyeder sein) und (*b*) dann eine letzte zudeckende Fläche, die $E-K+F$ um 1 erhöht (und aus dem *offenen* Polyeder ein *geschlossenes* macht).

OMEGA: Was ist ein ‚vollkommenes Polygon'?

ZETA: Unter einem ‚vollkommenen Polygon' verstehe ich eines, das man aus einer einzigen Kante bilden kann, indem man zuerst $n-1$ Kanten hinzufügt, ohne $E-K$ zu ändern, und dann eine letzte zudeckende Kante, die $E-K$ um 1 vermindert.

OMEGA: Fallen Deine geschlossenen normalen Polyeder mit unseren Cauchy-Polyedern zusammen?

ZETA: Darauf möchte ich jetzt nicht eingehen.

7.4 Der Gehalt wird durch deduktives Mutmaßen vermehrt

LEHRER: Genug der Vorbereitungen. Laß uns jetzt Deine Deduktion sehen.

ZETA: In Ordnung. Ich nehme zwei geschlossene normale Polyeder (Abb. 20a) und klebe sie so entlang eines polygonalen Kreises zusammen, daß die beiden aufein-

131 s. S. 18.

andertreffenden Flächen verschwinden (Abb. 20b). Da für die beiden Polyeder zusammen $E - K + F = 4$ gilt, stellt das Verschwinden von zwei Flächen [, vier Kanten und vier Ecken]*[17] in dem neu entstandenen Polyeder gerade die Eulersche Formel wieder her – nach Cauchys Beweis keine Überraschung, da das neue Polyeder ebenfalls leicht zu einem Ball aufgeblasen werden kann*[18]. Damit besteht die Formel diese Klebe-Prüfung gut. Aber versuchen wir jetzt eine Doppel-Klebe-Prüfung: ‚kleben' wir die beiden Polyeder entlang zweier polygonaler Kreise zusammen (Abb. 20c). Jetzt werden 4 Flächen [, 8 Kanten und 8 Ecken]*[20] verschwinden und für das neue Polyeder gilt $E - K + F = 0$.

GAMMA: Dies ist Alphas *4. Gegenbeispiel*, der Bilderrahmen!

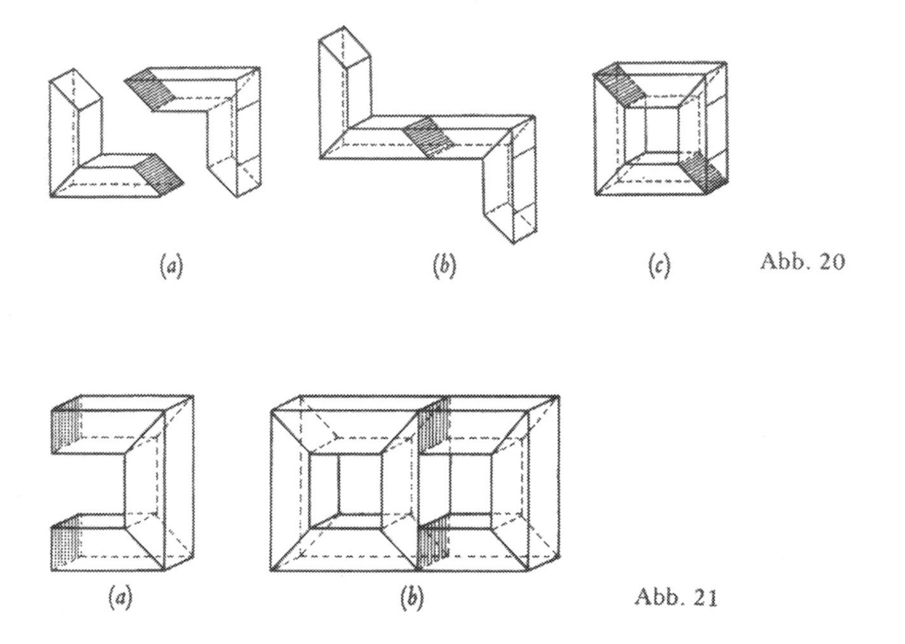
(a) (b) (c) Abb. 20

(a) (b) Abb. 21

*17 *A. d. Ü.*: meine Ergänzung.

*18 *A. d. H.*: Dieser Schluß ist trügerisch, obwohl das Ergebnis stimmt. Das Kleben bewirkt den Verlust von 8 Ecken, 12 Kanten und 6 Flächen – die Euler-Charakteristik wird also *tatsächlich* um 2 verringert. (Die angenommene genaue Übereinstimmung der beiden schattierten Flächen in Abb. 20(*b*) bewirkt ein Vertauschen der Abschrägung an einem der Halbrahmen, so daß die längere und die kürzere Kante vertauscht werden. Da dieser Eingriff weder E noch K noch F ändert, geht das Argument tatsächlich noch immer durch.)*[19]

*19 *A. d. Ü.*: Die Herausgeber haben hier Lakatos offenkundig mißverstanden: 1. meint Lakatos, daß beim Zusammenkleben in Abb. 20(*b*) jene Kanten und Ecken, entlang denen geklebt wurde, erhalten bleiben – wie meine Ergänzung im Text verdeutlicht; 2. scheinen die Herausgeber zu meinen, daß das Polyeder in Abb. 20(*c*) aus zwei Exemplaren des in Abb. 20(*b*) dargestellten Polyeders entsteht, während Lakatos es offenbar aus zwei Exemplaren der in Abb. 20(*a*) dargestellten Polyeder zusammenklebt – Lakatos' Text ist hier also in der Tat völlig korrekt!

*20 *A. d. Ü.*: meine Ergänzung.

ZETA: Wenn ich jetzt an diesen Bilderrahmen (Abb. 20c) noch ein weiteres normales Polyeder ‚doppelklebe' (Abb. 21a), dann wird $E - K + F$ gleich -2 werden [, weil erneut 2 Flächen, 8 Kanten und 8 Ecken verschwinden (Abb. 21b) ...]*21

SIGMA: Für ein monosphärisches Polyeder gilt $E - K + F = 2$, für ein disphärisches Polyeder $E - K + F = 0$, für ein trisphärisches Polyeder $E - K + F = -2$, für ein n-sphärisches Polyeder $E - K + F = 2 - 2(n - 1)$. ...

ZETA: ... und dies ist Deine neue Vermutung mit einem vollkommen neuen Gehalt, mit vollständigem Beweis, ohne eine einzige Tabelle aufgestellt zu haben.[132]

SIGMA: Das ist wirklich hübsch. Du hast nicht nur den halsstarrigen Bilderrahmen erklärt, sondern darüberhinaus auch noch eine unendliche Mannigfaltigkeit neuer Gegenbeispiele erzeugt. ...

ZETA: Vollständig mit Erklärung.

RHO: Ich bin gerade auf einem anderen Weg zum selben Ergebnis gekommen. Zeta begann mit zwei Euklidischen Beispielen und verwandelte sie in einem gezielten Experiment in ein Gegenbeispiel. Ich beginne mit einem Gegenbeispiel und verwandle es in ein Beispiel. Ich habe das folgende Gedankenexperiment mit dem Bilderrahmen ausgeführt: ‚Das Polyeder möge aus einem Stoff sein, der sich leicht schneiden läßt, etwa weicher Ton, und ein Faden werde durch den Tunnel gesteckt und dann durch den Ton gezogen. Er wird nicht zerfallen. ...'[133] Aber er ist nun ein bekanntes, einfaches sphärisches Polyeder geworden! Tatsächlich erhöhen wir die Zahl der Flächen um zwei und die Zahl der Kanten und Ecken jeweils um m; aber da wir wissen, daß die Euler-Charakteristik eines einfachen Polyeders 2 ist, muß das ursprüngliche Polyeder die Charakteristik 0 gehabt haben. Wenn man nun mehrere solcher Schnitte benötigt, sagen wir n, um das Polyeder auf ein einfaches zurückzuführen, dann wird dessen Charakteristik $2 - 2n$ sein.

SIGMA: Das ist interessant. Zeta hat uns bereits gezeigt, daß wir keine Vermutung benötigen, um mit dem *Beweisen* zu beginnen, daß wir unmittelbar eine *Synthese* erfinden können, d.h. ein Gedankenexperiment aus einer verwandten Aussage, deren Wahrheit bekannt ist. Jetzt zeigt Rho, daß wir nicht einmal die Vermutung benötigen, um mit dem *Prüfen* zu beginnen, sondern daß wir – ein schon bestehendes Ergebnis *voraussetzend* – sofort beginnen können, eine *Analyse*, d.h. ein Gedankenexperiment, zu erraten.[134]

OMEGA: Aber welchen Weg Du auch immer wählst – immernoch läßt Du Horden von Polyedern unerklärt! Nach Deinem neuen Satz ist $E - K + F$ stets eine gerade Zahl, kleiner oder gleich 2. Aber wir haben schon eine ganze Reihe Polyeder mit ungerader Euler-Charakteristik gesehen. Nimm den Würfel mit Haube (Abb. 12) mit $E - K + F = 1$....

*21 *A. d. Ü.*: meine Ergänzung.

132 Dies unternahm Rasching [1891].

133 Hoppe [1879], S. 102.

134 Dies ist wiederum Teil der Pappusschen Heuristik. Er nennt eine *Analyse*, die mit einer Vermutung beginnt ‚*theoretisch*' und eine Analyse, die nicht mit einer Vermutung beginnt, ‚*problematisch*' (Heath [1925], Vol. 1, S. 138). Das erste bezieht sich auf *Beweisaufgaben*, das zweite auf *Bestimmungsaufgaben*. Vgl. auch Pólya [1945/1949], S. 163–170 (‚Pappus') und S. 199–206 (‚Rückwärts arbeiten').

ZETA: Ich habe niemals behauptet, mein Satz sei auf *sämtliche* Polyeder anwendbar. Er ist auf alle n-sphärischen Polyeder anwendbar, die nach meiner Konstruktion aufgebaut sind. Meine Konstruktion, so wie sie jetzt ist, führt nicht zu ringförmigen Flächen.

OMEGA. Also?

SIGMA: Ich weiß schon! Man kann sie auch auf Polyeder mit ringförmigen Flächen ausweiten: Man kann ein ringförmiges Polygon konstruieren, indem man in einem geeigneten beweis-erzeugten Polygonsystem eine Kante entfernt, ohne die Zahl der Flächen zu verringern (Abbn. 22a und 22b). Ich möchte gern wissen, ob es vielleicht auch ,normale' Polygonsysteme gibt, die in Übereinstimmung mit unserem Beweis konstruiert sind und in denen man sogar mehr als eine Kante entfernen kann, ohne die Zahl der Flächen zu vermindern. ...

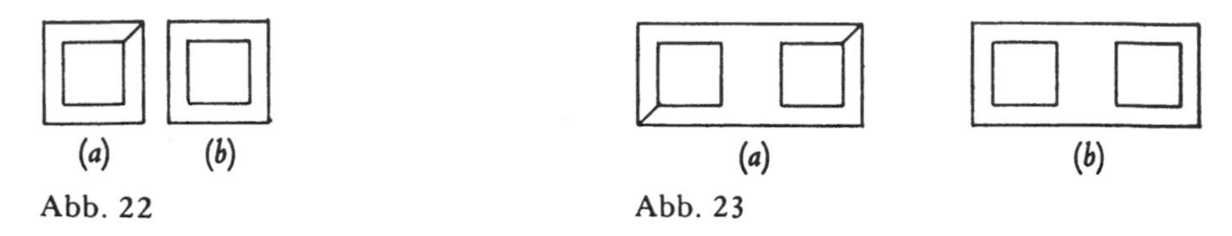

Abb. 22 Abb. 23

GAMMA: Das geht. Sieh Dir dieses ,normale' Polygonsystem an (Abb. 23a). Du kannst zwei Kanten entfernen, ohne die Zahl der Flächen zu vermindern (Abb. 23b).

SIGMA: Prima! Dann gilt im allgemeinen

$$E - K + F = 2 - 2(n-1) + \sum_{l=1}^{F} e_l$$

für n-sphärische – oder n-fach zusammenhängende – Polyeder mit e_l Kanten, die entfernt werden können, ohne die Zahl der Flächen zu vermindern.

BETA: Diese Formel erklärt Alphas Würfel mit Haube (Abb. 12), ein monosphärisches Polyeder ($n = 1$) mit einer ringförmigen Flächen: die e_l sind Null bis auf e_6, das 1 ist, also gilt $\sum_{l=1}^{F} e_l = 1$ und folglich $E - K + F = 3$.

SIGMA: Sie erklärt auch Deine ,verwirrende' Eulersche Laune – den Würfel mit zwei ringförmigen Flächen und einem Tunnel (Abb. 16). Das ist nämlich ein di-shärisches Polyeder ($n = 2$) mit $\sum_{l=1}^{F} e_l = 2$. Folglich ist seine Charakteristik $E - K + F = 2 - 2 + 2 = 2$. In der Welt der Polyeder ist die moralische Ordnung wiederhergestellt![135]

OMEGA: Was ist mit Polyedern mit Höhlen?

135 Die ,Ordnung' wurde von Lhuilier mit nahezu derselben Formel wiederhergestellt ([1812–13*a*], S. 189); und von Hessel mit schwerfälligen *Ad-hoc*-Formeln über verschiedene Arten, Eulersche Polyeder zusammenzubauen ([1832], S. 19–20). Vgl. Fußnote 118.

SIGMA: Ich weiß schon! Für sie muß man die Euler-Charakteristiken aller unzusammenhängenden Oberflächen aufaddieren:

$$E - K + F = \sum_{j=1}^{H} \{2 - 2(n_j - 1) + \sum_{l=1}^{F} e_l\}.^{136}$$

BETA: Und die Zwillingstetraeder?

SIGMA: Ich weiß schon! ...

GAMMA: Welchen Wert hat all diese Genauigkeit? Dämmt dieser Flut der aufgeblasenen Trivialitäten ein![137]

ALPHA: Warum sollen wir? Sind die Zwillingstretraeder etwa Monster und keine eigentlichen Polyeder? Ein Zwillingstetreader ist ein ebenso gutes Polyeder wie Dein Zylinder! Aber Dir lag doch an *linguistischer* Genauigkeit.[138] Warum verspottest Du unsere neue Genauigkeit? Wir müssen den Satz so machen, daß er *sämtliche* Polyeder erfaßt – indem wir ihn genauer machen, vermehren wir seinen Gehalt und vermindern ihn nicht. Diesmal ist Genauigkeit eine Tugend!

KAPPA: Langweilige Tugenden sind genauso schlimm wie langweilige Laster! Außerdem wirst Du niemals *vollständige* Genauigkeit erreichen. Wir sollten aufhören, wenn es nicht mehr interessant ist, weiterzumachen.

136 Historisch brachte es Lhuilier – in seinem [1812–13*a*] – fertig, Eulers Formel durch naives Mutmaßen zu verallgemeinern, und er gelangte zu der folgenden Formel: $E - K + F = 2(H - T + 1) + (p_1 + p_2 + \ldots)$, wobei H die Zahl der Höhlen bezeichnet, T die Zahl der Tunnel und p_i die Zahl der inneren Polygone der i-ten Fläche. Er *bewies* sie auch, was die ‚inneren Polygone' anbetrifft, aber die Tunnel scheinen ihn besiegt zu haben. Er gestaltete die Formel in einem Versuch, seinen drei Arten von ‚Ausnahmen' gerecht zu werden; aber seine Liste der Ausnahmen war unvollständig. (Vgl. auch Fußnote 40.) Darüberhinaus war diese Unvollständigkeit nicht der einzige Grund für die Falschheit seiner naiven Vermutung: ihm entging nämlich die Möglichkeit mehrfach zusammenhängender Höhlen; daß bei einem System verzweigter Tunnel die Zahl der Tunnel eines Polyeders vielleicht nicht unbezweifelbar bestimmt werden kann; und daß nicht ‚die Zahl der inneren Polygone' entscheidend ist, sondern die Zahl der ringförmigen Flächen (seine Formel bricht bei zwei einander entlang einer Kante sich berührenden inneren Polygonen zusammen). Zu einer Kritik von Lhuiliers ‚induktiver Verallgemeinerung' siehe Listing [1861], S. 98–99. Vgl. auch Fußnote 161.

137 Eine ganze Reihe von Mathematikern des neunzehnten Jahrhunderts gerieten durch solch triviale Zunahmen an Gehalt in Verwirrung und wußten eigentlich nicht, wie sie diese behandeln sollten. Einige – wie Möbius – gebrauchten monstersperrende Definitionen (siehe S. 10); andere – wie Hoppe – Monsteranpassung. Hoppes [1879] ist besonders aufschlußreich. Auf der einen Seite war er – wie viele seiner Zeitgenossen – begierig auf eine *vollkommene* ‚verallgemeinerte Eulersche Formel', die alles einschließt. Auf der anderen Seite schreckte er vor trivialen Verwickeltheiten zurück. Während er also behauptete, seine Formel sei ‚vollständig, allumfassend', schränkte er sogleich ein: ‚besondere Fälle lassen die Aufzählung (der Bestandteile) unsicher erscheinen' (s. 103). Das heißt, wenn ein unpassendes Polyeder seine Formel noch immer schlägt, dann wurden dessen Bestandteile falsch gezählt, und das Monster soll durch die richtige Sichtweise berichtig werden: z.B. sollten die gemeinsamen Ecken und Kanten der Zwillingstetraeder als jeweils zwei gesehen und gezählt werden und jeder Zwilling als getrenntes Polyeder erkannt werden (*ibid.*). Für weitere Beispiele siehe Fußnote 168.

138 siehe S. 44–47.

ALPHA: Mir ist noch etwas anderes aufgefallen. Wir haben begonnen mit

(1) Eine Ecke ist eine Ecke.

Daraus haben wir abgeleitet

(2) $E = K$ gilt für alle vollkommenen Polygone.

Daraus haben wir abgeleitet

(3) $E - K + F = 1$ gilt für alle offenen normalen Polygonsysteme.

Daraus

(4) $E - K + F = 2$ gilt für alle geschlossenen normalen Polygonsysteme, d.h. Polyeder.

Daraus wiederum

(5) $E - K + F = 2 - 2(n - 1)$ gilt für normale n-sphärische Polyeder.

(6) $E - K + F = 2 - 2(n - 1) + \sum_{l=1}^{F} e_l$ gilt für normale n-sphärische Polyeder mit mehrfach zusammenhängenden Flächen.

(7) $E - K + F = \sum_{j=1}^{H} \{2 - 2(n_j - 1) + \sum_{l=1}^{F} e_l\}$ gilt für nomale n-sphärische Polyeder mit mehrfach-zusammenhängenden Flächen und mit Höhlen. Ist dies nicht eine wunderbare Entfaltung des verborgenen Reichtums unseres trivialen Ausgangspunktes? Und da (1) unzweifelhaft wahr ist, ist es auch der Rest.

RHO: [*beiseite*]: Verborgener ‚Reichtum'? Die letzten beiden zeigen lediglich, wie *billig* Verallgemeinerungen werden können.[139]

LAMBDA: Glaubst Du wirklich, daß (1) das einzige Axiom ist, aus dem der ganze Rest folgt? Daß Deduktion den Gehalt vermehrt?

ALPHA: Selbstverständlich! Das ist doch gerade das Wunder des deduktiven Gedankenexperimentes? Wenn Du einmal ein Fitzelchen Wahrheit erwischt hast, dann entfaltet es die Deduktion untrüglich zu einem Baum der Erkenntnis.[140] Wenn eine Deduktion den Gehalt *nicht* vermehrt, würde ich sie nicht Deduktion nennen, sondern ‚Bewahrheitung': ‚die Bewahrheitung unterscheidet sich von dem wahren Beweis gerade, weil sie rein analytisch und unfruchtbar ist.'[141]

139 vgl. S. 89–91.

140 Antike Philosophen zögerten nicht, eine Vermutung aus einer sehr trivialen, aus ihr abgeleiteten Folgerung herzuleiten (siehe beispielsweise unseren synthetischen Beweis, der von dem Dreieck zu dem Polyeder führt). Plato dachte, daß ‚ein einziges Axiom hinreichen kann, ein ganzes System zu erzeugen'. ‚Gewöhnlich hielt er eine einzige Hypothese für aus sich selbst heraus fruchtbar und mißachtete in seiner Methodologie die anderen Voraussetzungen, mit denen er sie vereinte' (Robinson [1953], S. 168). *Dies ist kennzeichnend für die antike inhaltliche Logik, das heißt für die Logik des Beweises oder des Gedankenexperimentes oder der Konstruktion; wir betrachten sie nur im Nachhinein als enthymematisch: erst später wurde der Zuwachs an Gehalt ein Zeichen nicht der Stärke, sondern der Schwäche eines logischen Schlusses.* Diese antike inhaltliche Logik wurde von Descartes, Kant und Poincaré heftig verteidigt; sie alle verachteten Aristotelische formale Logik und wiesen sie als unfruchtbar und belanglos zurück – während sie gleichzeitig die Unfehlbarkeit der fruchtbaren inhaltlichen Logik priesen.

141 Poincaré [1902], S. 33.

LAMBDA: Aber natürlich kann die Deduktion den Gehalt nicht vermehren! Wenn die Kritik offenbart, daß die Folgerung reichhaltiger ist als die Voraussetzung, dann müssen wir die Voraussetzung verstärken, indem wir die versteckten Hilfssätze namhaft machen.

KAPPA: Und diese versteckten Hilfssätze sind es, die Verfälschungen und Fehlbarkeit enthalten und letztlich den Mythos der unfehlbaren Deduktion zerstören.[142]

LEHRER: Irgendwelche weiteren Fragen zu Zetas Methode?

7.5 Logische gegen heuristische Gegenbeispiele

ALPHA: Mir gefällt Zetas *5. Regel*[143] – ebenso wie Omegas *4. Regel.*[144] Mir gefällt Omegas Methode, weil sie nach lokalen aber nicht globalen Gegenbeispielen Ausschau hält – jene, die Lambdas ursprüngliche drei Regeln[145] als logisch harmlos und deswegen heuristisch uninteressant nicht beachteten. Sie reizten Omega, neue Gedankenexperimente zu erfinden: wirkliche Fortschritte in unserer Erkenntnis.

Zeta ist nun begeistert von Gegenbeispielen, die sowohl global als auch lokal sind – vollkommene Bestätigungen vom logischen, nicht jedoch vom heuristischen Gesichtspunkt: obgleich Bestätigungen verlangen sie doch nach Handlung. Zeta schlägt vor, unser ursprüngliches Gedankenexperiment auszuweiten, zu verfeinern und logische Bestätigungen in heuristische zu verwandeln, logisch befriedigende Fälle in Fälle, die sowohl unter logischem als auch unter heuristischem Gesichtspunkt befriedigend sind. Sowohl Omega als auch Zeta wünschen neue Ideen, während sich Lambda und insbesondere Gamma mit linguistischen Kunstgriffen beschäftigen, um mit ihren belanglosen globalen aber nicht lokalen Gegenbeispielen fertig zu werden – den einzig wichtigen von ihrer verdrehten Sichtweise aus.

THETA: Die logische Sichtweise ist also ‚verdreht', ja?

ALPHA: *Deine* logische Sichtweise, ja. Aber ich möchte eine andere Bemerkung machen. Gleichgültig, ob die Deduktion den Gehalt vermehrt oder nicht – nach Dir tut sie das natürlich –, auf jeden Fall scheint sie den *stetigen Erkenntnisfortschritt* zu verbürgen. Wir beginnen mit einer Ecke und lassen die Erkenntnis kräftig und harmonisch wachsen und die Beziehung zwischen der Zahl der Ecken, Kanten und Flächen eines ganz beliebigen Polyeders erklären: ein undramatischer Fortschritt ohne Widerlegungen!

142 Die Jagd auf versteckte Hilfssätze, die erst in der mathematischen Kritik des mittleren neunzehnten Jahrhunderts begann, war eng verbunden mit jenem Prozeß, der später *Beweise* durch *Beweisanalysen* ersetzte und *Gesetze des Denkens* durch *Gesetze der Sprache.* Den wichtigsten Entwicklungen in der Theorie der Logik ging gewöhnlich die Entwicklung der mathematischen Kritik voraus. Unglücklicherweise neigen sogar die besten Historiker der Logik dazu, ihre ausschließliche Aufmerksamkeit auf die *Veränderungen in der Theorie der Logik* zu richten, ohne deren Wurzeln in den *Veränderungen in der Praxis der Logik* zu bemerken. Vgl. auch Fußnote 181.

143 siehe S. 69.

144 siehe S. 52.

145 siehe S. 43.

THETA [*zu Kappa*]: Hat Alpha denn seine gesamte Urteilsfähigkeit verloren? Man beginnt mit einem *Problem*, nicht mit einer Ecke![146]

ALPHA: Dieser schrittweise aber unwiderstehlich siegreiche Feldzug wird uns zu Sätzen führen, die nicht ‚von sich aus evident sind, sondern nur durch eine stetige und ununterbrochene Handlung eines Verstandes, der eine klare Vorstellung von jedem Schritt des Ablaufs hat, aus wahren und bekannten Grundsätzen abgeleitet werden.'[147] Sie konnten niemals durch ‚unbefangene' Beobachtung und ein plötzliches Aufblitzen der Einsicht erreicht werden.

THETA: Ich zweifle an diesem endgültigen Sieg. Ein solcher Fortschritt wird uns niemals zu dem Zylinder bringen – denn (1) beginnt mit einer Ecke, und der Zylinder hat keine. Ebenso werden wir niemals einseitige Polyeder erreichen oder viel-dimensionale Polyeder. Diese schrittweise stetige Ausdehnung kann sehr wohl an einem Punkt enden, und dann wird man nach einem neuen revolutionären Beginn Ausschau halten müssen. Und sogar diese ‚friedvolle Stetigkeit' steckt voller Widerlegungen und Kritik! Wie anders gelangen wir von (4) zu (5), von (5) zu (6), von (6) zu (7), wenn nicht unter dem stetigen Druck von globalen aber nicht lokalen Gegenbeispielen? Lambda erkannte als eigentliche Gegenbeispiele nur jene an, die global aber nicht lokal sind: sie offenbarten die *Falschheit* des Satzes. Omegas Neuerung – von Alpha zu recht gepriesen – bestand darin, auch lokale aber nicht globale Gegenbeispiele als eigentliche Gegenbeispiele zu betrachten: sie offenbarten die *Wahrheitsarmut* des Satzes. Jetzt lehrt uns Zeta, auch jene Gegenbeispiele als eigentliche zu erkennen, die sowohl global als auch lokal sind: auch sie weisen auf die *Wahrheitsarmut* des Satzes hin. Beispielsweise sind Bilderrahmen sowohl globale als auch lokale Gegenbeispiele zu Cauchys Satz: natürlich sind sie Bestätigungen, was die *Wahrheit* allein anbetrifft – aber sie sind Widerlegungen, was den *Gehalt* angeht. Wir können die ersten (globalen aber nicht lokalen) Gegenbeispiele *logische*, die anderen *heuristische Gegenbeispiele* nennen. Aber je stärker wir Widerlegungen berücksichtigen – logische oder heuristische –, desto schneller wächst die Erkenntnis. Alpha betrachtet logische Gegenbeispiele als unerheblich und weigert sich überhaupt, heuristische Gegenbeispiele Gegenbeispiele zu nennen, weil er von der Idee besessen ist, der Fortschritt der mathematischen Erkenntnis sei stetig, und Kritik spiele dabei keine Rolle.

ALPHA: Du dehnst den Begriff der Widerlegung und den Begriff der Kritik künstlich aus, nur um Deine kritische Theorie des Erkenntnisfortschrittes zu rechtfertigen. Linguistische Kunstgriffe als Werkzeuge eines kritischen Philosophen?

PI: Ich denke, eine Erörterung der Begriffsbildung wird uns helfen, diese Streitfrage zu klären.

GAMMA: Wir sind ganz Ohr.

146 Alpha scheint gewiß dem Trugschluß der deduktiven Heuristik verfallen zu sein. Vgl. Fußnote 126.

147 Descartes [1628], Regel III

8 Begriffsbildung

8.1 Widerlegung durch Begriffsdehnung. Eine Bewertung der Monstersperre – und der Begriffe Irrtum und Widerlegung

PI: Ich möchte zunächst zurückgehen in die Vor-Zeta- oder sogar Vor-Omega-Zeit zu den drei Hauptmethoden der Satzbildung: Monstersperre, Ausnahmensperre und die Methode „Beweise und Widerlegungen". Jede begann mit derselben naiven Vermutung, endete jedoch mit unterschiedlichen *Sätzen* und unterschiedlichen *theoretischen Ausdrücken*. Alpha hat bereits einige Gesichtspunkte dieser Unterschiede skizziert,[148] aber sein Zugang ist unbefriedigend – insbesondere in den Fällen der Monstersperre und der Methode „Beweise und Widerlegungen". Alpha meinte, der Monstersperre-Satz ‚verbirgt hinter der Übereinstimmung der linguistischen Ausdrücke eine wesentliche Verbesserung' der naiven Vermutung: er meinte, Delta *verkleinere* schrittweise die Klasse der ‚naiven' Polyeder zu einer Klasse, die von nicht-Eulerschen Monstern gereinigt sei.

GAMMA: Was ist an dieser Darstellung falsch?

PI: Daß es nicht die Monstersperrer waren, welche die Begriffe *verkürzten* – es waren die Widerleger, die sie *gedehnt* haben.

DELTA: Hört, hört!

PI: Gehen wir zurück in die Zeit der ersten Erforscher unseres Themas. Sie waren bezaubert von der wunderbaren Symmetrie der *regulären* Polyeder: sie glaubten, die fünf regulären Körper enthielten das Geheimnis des Kosmos.[149] Im Laufe der Zeit wurde die Descartes-Euler-Vermutung aufgestellt, und der Begriff des Polyeders umfaßte sämtliche Arten konvexer Polyeder und sogar ein paar konkave Polyeder. Aber mit Sicherheit umfaßte er keine Polyeder, die nicht einfach waren oder Polyeder mit ringförmigen Flächen. Für die Polyeder, an die sie dachten, *war* die Vermutung, so wie sie dastand, wahr und der Beweis fehlerlos.[150]

148 siehe S. 34f.

149 vgl. Lhuilier [1812–13*a*], S. 233.

150 Die Abb. 6 in Eulers [1758*a*] ist das erste konkave Polyeder, das jemals in einem geometrischen Text erscheint. Legendre spricht in seinem [1809] über konvexe und konkave Polyeder. Aber vor Lhuilier erwähnte niemand konkave Polyeder, die nicht einfach waren.

Eine interessante Einschränkung muß jedoch hinzugefügt werden. Die erste Klasse von Polyedern, die jemals untersucht wurde, bestand aus den fünf gewöhnlichen regulären Polyedern und den quasi-regulären Polyedern wie Prismen und Pyramiden (vgl. Euklid). Diese Klasse wurde nach der Renaissance nach zwei Richtungen ausgeweitet. Die eine ist im Text angezeigt: sie schließt alle konvexen und einige mäßig gezackte einfache Polyeder ein. Die andere war Keplers Richtung: Er erweiterte die Klasse der regulären Polyeder durch seine Erfindung der regulären Sternpolyeder. Aber Keplers Neuerung geriet in Vergessenheit und wurde erst von Poinsot wiederholt (vgl. Fußnote 26). Euler dachte mit Sicherheit nicht einmal im Traum an Sternpolyeder. Cauchy wußte von ihnen, aber sein Geist war wunderlich unterteilt: sobald er eine interessante Idee über Sternpolyeder hatte, veröffentlichte er sie; doch er mißachtete Sternpolyeder, als er Gegenbeispiele zu seinen allgemeinen Sätzen über Polyeder anführte. Nicht so der junge Poinsot ([1810]) – aber später änderte er seine Ansicht (vgl. Fußnote 49).

Pis Aussage ist also zwar heuristisch richtig (d.h. wahr in einer rationalen Geschichte der Mathematik), aber historisch falsch. (Dies soll uns nicht stören: die wirkliche Geschichte ist häufig nur eine Karikatur ihrer rationalen Rekonstruktionen.)

Dann kamen die Widerlegungsfanatiker. In ihrem kritischen Eifer dehnten sie den Begriff des Polyeders, so daß er auch solche Gegenstände erfaßte, die der beabsichtigten Interpretation fremd waren. Die Vermutung war in dieser ***beabsichtigten Deutung*** wahr, und sie war falsch nur in jener ***unbeabsichtigten Deutung,*** welche die Widerleger eingeschmuggelt hatten. Deren ‚Widerlegung' enthüllte keinen ***Irrtum*** in der ursprünglichen Vermutung, keinen *Fehler* in dem ursprünglichen Beweis: sie offenbarte die Falschheit einer ***neuen*** Vermutung, die niemand zuvor aufgestellt, an die niemand vorher gedacht hatte.

Armer Delta! Wie tapfer verteidigte er doch die ursprüngliche Deutung des Polyeders. Jedes Gegenbeispiel konterte er mit einer neuen Klausel, um den ursprünglichen Begriff zu schützen. ...

GAMMA: Aber war es nicht gerade Delta, der seinen Standpunkt jedesmal veränderte? Wann immer wir ein neues Gegenbeispiel vorbrachten, wechselte er seine Definition gegen eine längere aus, die eine weitere seiner ‚versteckten' Klauseln entfaltete!

PI: Welch eine ungeheuerliche Einschätzung der Monstersperre! Delta *schien* lediglich seinen Standpunkt zu verändern. Du hast ihn fälschlicherweise des Gebrauchs heimlicher terminologischer Epizykel zur Verteidigung einer standhaften Idee angeklagt. Sein Unglück war diese unheilvolle *1. Definition:* ‚Ein Polyeder ist ein fester Körper, dessen Oberfläche aus polygonalen Flächen besteht', deren sich die Widerleger unmittelbar bemächtigten. Aber Legendre wollte mit ihr nur seine naiven Polyeder erfassen; daß sie weit mehr erfaßte, blieb von ihrem Erfinder völlig unbemerkt und war auch vollkommen unbeabsichtigt. Die mathematische Öffentlichkeit war bereit, den ungeheuren Gehalt aufzunehmen, der langsam aus dieser überzeugenden, harmlos aussehenden Definition erwuchs. Deswegen mußte Delta wieder und wieder stottern ‚Ich habe gemeint ...' und endlos seine ‚stillschweigenden' Klauseln deutlich machen: nur weil die naive Vermutung niemals festgehalten worden war und eine einfache aber scheußliche, unbeabsichtigte Definition sie verdrängt hatte. Aber stellt Euch eine andere Situation vor, in der die Definition die beabsichtigte Interpretation von ‚Polyeder' genau bestimmt. Dann wäre es an den Widerlegern gewesen, immer längere ***monstereinschließende Definitionen*** zu erfinden, sagen wir ‚komplexe Polyeder': ‚Ein komplexes Polyeder ist eine Vereinigung (wirklicher) Polyeder, so daß je zwei von ihnen an kongruenten Flächen zusammengelötet sind'. ‚Die Flächen komplexer Polyeder können komplexe Polygone sein, das sind Vereinigungen (wirklicher) Polygone, so daß je zwei von ihnen an kongruenten Kanten zusammengelötet sind'. Dieses ***komplexe Polyeder*** würde dann Alphas und Gammas widerlegungserzeugtem Begriff ***Polyeder*** entsprechen – die erste Definition nimmt Rücksicht auch auf Polyeder, die nicht einfach sind, die zweite auch auf Flächen, die nicht einfach zusammenhängend sind. Die Erfindung neuer Definitionen ist also nicht notwendig die Aufgabe von Monstersperren oder Begriffshütern – sie kann ebenso die Aufgabe von Monstereinschließern oder Begriffdehnern sein.[151]

SIGMA: Begriffe und Definitionen – das heißt beabsichtigte Begriffe und unbeabsichtigte Definitionen – können einander also komische Streiche spielen! Ich habe

151 Ein interessantes Beispiel einer monstereinschließenden Definition ist Poinsot Neudefinition der *Konvexität*, welche die Sternpolyeder in die ehrbare Klasse der konvexen regulären Körper einbringt [1810].

es mir niemals träumen lassen, daß die Begriffsbildung hinter einer unbeabsichtigt weiten Definition zurückbleiben könnte!

PI: Kann sie aber. Die Monstersperrer bleiben nur bei dem ursprünglichen Begriff, während ihn die Begriffsdehner ausweiten; das Merkwürdige dabei ist, daß die Begriffsdehnung sich heimlich vollzieht: niemand wird ihrer gewahr, und da sich jedermanns ‚Koordinantensystem' mit dem sich weitenden Begriff erweitert, werden sie eine Beute der heuristischen Täuschung, die Monstersperre *verkürze* die Begriffe, während sie diese tatsächlich unverändert läßt.

DELTA: Wer also war intellektuell unehrlich? Wer unternahm heimliche Veränderungen in seinem Standpunkt?

GAMMA: Ich gebe zu, daß es falsch war, Delta der heimlichen Verkürzung seines Begriffs des Polyeders anzuklagen: all seine sechs Definitionen bezeichneten denselben guten alten Begriff des Polyeders, den er von seinen Vorvätern ererbt hat. *Er definierte ständig denselben armen Begriff in einem ständig reicher werdenden theoretischen Bezugsrahmen: Monstersperren bildet keine Begriffe, sondern übersetzt lediglich Definitionen.* Der Monstersperre-Satz ist keine Verbesserung der naiven Vermutung.

DELTA: Meinst Du, daß alle meine Definitionen logisch äquivalent sind?

GAMMA: Das hängt von Deiner logische Theorie ab – in bezug auf meine sind sie es gewiß nicht.

DELTA: Dies war keine sehr hilfreiche Antwort, das wirst Du zugeben. Aber sag mir, hast Du die naive Vermutung widerlegt? Du hast sie nur widerlegt, indem Du heimlich ihre ursprüngliche Deutung verdreht hast!

GAMMA: Nun, wir haben sie in einer weitaus schöpferischeren und interessanteren Deutung widerlegt, als Dir jemals träumte. Und dies macht den Unterschied zwischen *Widerlegungen, die nur einen albernen Fehler enthüllen,* und *Widerlegungen, die die Hauptereignisse im Erkenntnisfortschritt sind.* Wenn Du durch unpassendes Zählen ‚Für alle Polyeder gilt $E - K + F = 1$' gefunden hättest, und ich hätte Dich berichtigt, dann würde ich dies keine ‚Widerlegung' nennen.

BETA: Gamma hat recht. Nach Pis Offenbarung könnten wir Bedenken haben, unsere ‚Gegenbeispiele' *logische Gegenbeispiele* zu nennen, weil sie nach allem nicht inkonsistent mit der Vermutung in ihrer beabsichtigten Deutung sind; aber sie sind gewiß *heuristische Gegenbeispiele*, da sie den Erkenntnisfortschritt anspornen. Wenn wir Deltas enge Logik annehmen würden, dann würde die Erkenntnis nicht wachsen. Nehmen wir nun einmal an, daß jemand mit dem engen Begriffsrahmen den Cauchy-Beweis der Euler-Vermutung entdeckt. Er findet heraus, daß sämtliche Schritte seines Gedankenexperimentes leicht mit *jedem* Polyeder ausgeführt werden können. Er hält die ‚Tatsache', daß alle Polyeder einfach und alle Flächen einfach zusammenhängend sind, für offensichtlich, für unbezweifelbar. Niemals kommt es ihm in den Sinn, seine ‚offensichtlichen' Hilfssätze in Bedingung einer verbesserten Vermutung zu wenden und auf diese Weise einen Satz zu bilden – einfach weil der Anstoß durch Gegenbeispiele, die einige ‚trivial wahre' Hilfssätze als falsch aufzeigen, fehlt. Deswegen denkt er, daß der ‚Beweis' die Wahrheit der naiven Vermutung unbezweifelbar begründet, daß seine Gewißheit außer Zweifel steht. Aber diese ‚Gewißheit' ist weit davon entfernt, ein Zeichen des Erfolgs zu sein, sie ist nur ein Merkmal fehlender Einbildungskraft, ein Merkmal begrifflicher Armut. Sie ruft selbstzufriedene Genugtuung hervor und verhindert den Erkenntnisfortschritt.[152]

152 Dies ist in der Tat bei Cauchy der Fall. Es ist unwahrscheinlich, daß Cauchy auch dann, wenn er seine revolutionäre Methode der Ausnahmensperre (vgl. S. 48–50) schon entdeckt hätte, – daß er dann einige Ausnahmen gesucht und auch gefunden hätte. Aber wahrscheinlich stieß er auf des Problem der Ausnahmen erst später, nachdem er sich entschlossen hatte, das Chaos in der Analysis aufzuklären. (Es scheint Lhuilier gewesen zu sein, der es als erster bemerkte und klar erfaßte, daß solches ‚Chaos' nicht auf die Analysis begrenzt war.)
Historiker wie z.B. Steinitz in seinem [1914–31] sagen gewöhnlich, daß Cauchy nach seiner Entdeckung, daß sein Satz nicht allgemeingültig ist, ihn nur für *konvexe* Polyeder aufstellte. Es ist wahr, daß er in seinem Beweis den Ausdruck ‚die konvexe Oberfläche eines Polyeders' ([1813*a*], S. 81) benutzt und daß er in seinem [1813*b*] Eulers Satz unter der allgemeinen Überschrift ‚Sätze über die Winkel fester Körper und über *konvexe Polyeder*' darstellt. Aber wahrscheinlich um diese Überschrift zu neutralisieren legt er besondere Betonung auf die *Allgemein*gültigkeit des Eulerschen Satzes für *jedes* Polyeder (Satz XI, S. 94), während er drei andere Sätze (Satz XIII und seine beiden Folgerungen) ausdrücklich für *konvexe* Polyeder ausspricht (S. 96 und 98).

Woher kommt Cauchys nachlässige Terminologie? Cauchys Begriff des Polyeders fiel *beinahe* mit dem Begriff des konvexen Polyeders zusammen. Aber nicht vollständig: Cauchy wußte von konkaven Polyedern, die durch leichtes Eindrücken einer Seite eines konvexen Polyeders erhalten werden können, doch er erörterte nicht, was nach weiteren belanglosen *Bestätigungen* – nicht *Widerlegungen* – seines Satzes aussah. *(Stelle niemals Bestätigungen mit Gegenbeispielen oder gar ‚Ausnahmen' als Katalysatoren für den Fortschritt der Begriffe auf dieselbe Stufe.)* Dies ist der Grund für Cauchys unüberlegten Gebrauch von ‚konvex': es war ein Ausbleiben der Entdeckung, daß konkave Polyeder Gegenbeispiele abgeben könnten, nicht eine bewußte Anstrengung, diese Gegenbeispiele *auszuschließen*. In genau demselben Paragraph beweist er, daß Eulers Satz eine ‚unmittelbare Folgerung' aus dem Hilfssatz $E - K + F = 1$ für *ebene* polygonale Netzwerke ist und legt dar, daß es ‚für die Gültigkeit des Satzes $E - K + F = 1$ keine Bedeutung hat, ob die Polygone überhaupt in derselben oder in verschiedenen Ebenen liegen, da sich der Satz nur mit der Zahl der Polygone und der Zahl ihrer Bestandteile befaßt' (S. 81). Dieses Argument ist vollkommen richtig in Cauchys engem Begriffsrahmen, aber falsch in einem weiteren, in dem sich ‚Polyeder' auch auf, sagen wir, Bilderrahmen bezieht. Das Argument wurde in der ersten Hälfte des neunzehnten Jahrhunderts häufig wiederholt (z.B. Olivier [1826], S. 230 oder Grunert [1827], S. 367 oder R. Baltzer [1860–62], Bd. II, S. 207). Es wurde von J.C. Becker kritisiert ([1869*a*], S. 68).

Sobald eine Begriffsdehnung eine Aussage widerlegt, scheint diese widerlegte Aussage häufig ein solch elementarer Fehler zu sein, daß man sich nicht vorstellen kann, daß große Mathematiker ihn begangen haben könnten. Dieses wichtige Kennzeichen der begriffsdehnenden Widerlegung erklärt, warum ehrerbietige Historiker für sich selbst einen Irrgarten voller Probleme erschaffen: weil sie nicht verstehen, daß sich Begriffe *entwickeln*. Nachdem er Cauchy mit der Behauptung gerettet hat, er hätte nicht-einfache Polyeder ‚unmöglich übersehen können' und hätte deswegen den Satz ‚*kategorisch*' (!) auf den Bereich der konvexen Polyeder *beschränkt*, muß der ehrerbietige Historiker jetzt erklären, warum Cauchys Grenzlinie so ‚unnötig' eng war. Warum *mißachtete* er nichtkonvexe Eulersche Polyeder? Steinitz' Erklärung ist die folgende: Die *richtige* Formulierung der Euler-Formel geschieht mit Ausdrücken des Zusammenhangs von Oberflächen. Da zu Cauchys Zeit dieser Begriff noch nicht hinreichend ‚klar erfaßt' war, war es ‚der einfachste Ausweg', Konvexität anzunehmen (S. 20). Damit erklärt Steinitz einen Fehler fort, den Cauchy niemals begangen hat.

Andere Historiker gehen in anderer Weise vor. Sie sagen, daß vor dem Punkt, an dem der richtige Begriffsrahmen (d.h. derjenige, den sie kennen) erreicht wurde, nur ein ‚dunkles Zeitalter' war mit ‚seltenen, wenn überhaupt, zuverlässigen' Ergebnissen. Nach Lebesgue ([1923], S. 59–60) ist dieser Punkt in der Theorie der Polyeder Jordans Beweis [1866*a*]; nach Bell ([1945], S. 460) ist es Poincarés Beweis [1895].

8.2 Beweiserzeugte gegen naive Begriffe. Theoretische gegen naive Klassifizierung

PI: Kehren wir zu dem beweiserzeugten Satz zurück: ‚Alle einfachen *Polyeder* mit einfach zusammenhängenden Flächen sind Eulersch.' Diese Formulierung ist irreführend. Sie sollte lauten: ‚Alle einfachen *Gegenstände* mit einfach zusammenhängenden Flächen sind Eulersch.'

GAMMA: Warum denn dies?

PI: Die erste Formulierung weist darauf hin, daß die Klasse der einfachen Polyeder, die in dem Satz auftaucht, eine Teilklasse der Klasse der ‚Polyeder' der naiven Vermutung ist.

SIGMA. Natürlich ist die Klasse der einfachen Polyeder eine Teilklasse der Polyeder! Der Begriff des ‚einfachen Polyeders' *verkleinert* die ursprünglich umfassende Klasse der Polyeder, indem er sie auf jene beschränkt, auf die der erste Hilfssatz unseres Beweises anwendbar ist. Der Begriff des ‚einfachen Polyeders mit einfach zusammenhängenden Flächen' zeigt eine weitere Verkleinerung der ursprünglichen Klasse an. ...

PI: Nein! Die ursprüngliche Klasse der Polyeder enthielt nur solche Polyeder, die einfach und deren Flächen einfach zusammenhängend waren. Omega irrte sich, als er sagte, daß Hilfssatz-Einverleibung den Gehalt vermindere.[153]

OMEGA: Aber schließt denn nicht jede Einverleibung von Hilfssätzen ein Gegenbeispiel aus?

PI: Natürlich tut sie das: aber ein Gegenbeispiel, das von einer Begriffsdehnung hervorgebracht wurde.

OMEGA: Die Hilfssatz-Einverleibung *erhält* also den Gehalt, gerade so wie die Monstersperre?

PI: Nein. Die Hilfssatz-Einverleibung *vermehrt* den Gehalt – die Monstersperre nicht.

OMEGA: Was? Willst Du mich wirklich davon überzeugen, daß die Hilfssatz-Einverleibung nicht nur den Gehalt nicht *verringert*, sondern daß sie ihn sogar *vermehrt*? Daß sie anstatt die Begriffe *zu verkürzen*, sie diese *dehnt*?

PI: Genau. Paß auf. War ein Globus, auf dem eine politische Landkarte gemalt ist, ein Bestandteil der ursprünglichen Klasse der Polyeder?

OMEGA: Gewiß nicht.

PI: Aber nach Cauchys Beweis wurde er einer. Denn Du kannst Cauchys Beweis ohne die geringste Schwierigkeit auf ihn anwenden – wenn er nur keine ringförmigen Länder oder Meere aufweist.[154]

GAMMA Das stimmt! Das Aufblasen des Polyeders zu einem Ball und das Verzerren der Kanten und Flächen wird uns nicht im geringsten bei der Durchführung des Beweises stören – solange nur das Verzerren nicht die *Zahl* der Ecken, Kanten und Flächen verändert.

SIGMA. Ich sehe, worauf Du hinaus willst. Das beweiserzeugte ‚einfache Polyeder' ist dann nicht nur eine Verkürzung, eine Besonderheit, sondern auch eine *Verallgemei-*

153 siehe S. 51.
154 vgl. Fußnote 55 Schluß.

nerung, eine *Ausweitung* des naiven ‚Polyeders'.[155] Die Idee, den Begriff des Polyeders so zu *verallgemeinern*, daß er auch gekrümmte, *gebogene* ‚Polyeder' mit gebogenen Flächen erfaßt, kann vor Cauchys Beweis kaum jemandem in den Sinn gekommen sein; und selbst wenn, dann wäre sie bald als versponnen aufgegeben worden. Jetzt jedoch ist sie eine natürliche Verallgemeinerung, da die Verfahren unseres Beweises für sie ebenso gut gedeutet werden können wie für gewöhnliche naive Polyeder mit geraden Kanten und ebenen Flächen.[156]

PI: Gut. Aber Du mußt einen Schritt weiter gehen. *Beweiserzeugte Begriffe* sind weder ‚Besonderheiten' noch ‚Verallgemeinerungen' von naiven Begriffen. Die Auswirkungen von Beweisen und Widerlegungen auf die naiven Begriffe sind sehr viel revolutionärer als dies: sie *löschen* die entscheidenden naiven Begriffe vollständig *aus* und *ersetzen* sie durch beweiserzeugte Begriffe.[157] Der naive Ausdruck ‚Polyeder' bezeich-

155 Darboux kam dieser Idee in seinem [1874*a*] nahe. Später wurde sie von Poincaré klar formuliert: ‚Mathematik ist die Kunst, verschiedenen Dingen denselben Namen zu geben ... Wenn man die richtige Sprache wählt, ist man überrascht, wenn man erkennt, daß Beweise für einen bekannten Gegenstand unmittelbar auch auf viele neue Gegenstände angewendet werden können, ohne sie im geringsten zu verändern – man kann sogar die Namen beibehalten' ([1908], S. 375). Fréchet nennt dies ‚einen äußerst nützlichen Grundsatz der Verallgemeinerung' und formuliert wie folgt: ‚Wenn die Menge der Eigenschaften einer mathematischen Entität, die in dem Beweis einer Aussage über diese Entität benutzt wird, diese Entität nicht bestimmt, dann kann die Aussage auf eine allgemeinere Entität ausgeweitet werden' ([1928], S. 18). Er stellt heraus, daß solche Verallgemeinerungen nicht trivial sind und ‚sehr große Anstrengungen erfordern können' (*ibid.*).

156 Cauchy bemerkte dies nicht. Sein Beweis unterschied sich von jenem des Lehrers in einem wichtigen Gesichtspunkt: In seinem [1813*a*] hat sich Cauchy das Polyeder *nicht* aus Gummi vorgestellt. Die Neuheit seiner Beweisidee war die Vorstellung des Polyeders als *Oberfläche* und nicht als *fester Körper* wie bei Euklid, Euler und Legendre. Aber er stellte sie sich als *feste* Oberfläche vor. Wenn er eine Fläche entfernte und das verbleibende räumliche polygonale Netzwerk in ein ebenes polygonales Netzwerk abbildete, dann betrachtete er diese Abbildung nicht als *Ausbreiten* welches die Flächen oder Kanten *krümmen* kann. Der erste Mathematiker, der bemerkte, daß Cauchys Beweis auch auf Polyeder mit *gekrümmten Flächen* angewandt werden kann, war Crelle ([1826–27], S. 671–672), aber er beharrte noch sorgfältig auf *geraden Kanten*. Für Cayley jedoch schien es ‚*auf den ersten Blick*' erkennbar, daß ‚die Theorie inhaltlich nicht geändert würde, wenn man gekrümmte Linien als Kanten zuließe' ([1861], S. 425). Dieselbe Bemerkung wurde unabhängig auch in Deutschland von Listing ([1861], S. 99) und in Frankreich von Jordan ([1866*a*], S. 39) getroffen.

157 *Diese Theorie der Begriffsbildung verbindet die Begriffsbildung mit der Methode „Beweise und Widerlegungen"*. Pólya verbindet sie mit der *Beobachtung*: ‚Als die Physiker begannen, von „Elektrizität" zu sprechen oder die Ärzte von „Infektion", waren diese Ausdrücke vage, dunkel, verworren. Ausdrücke wie „elektrische Ladung", „elektrischer Strom", „Fungus-Infektion", „Virus-Infektion", welche die Wissenschaftler heute benützen, sind unvergleichlich klarer und bestimmter. Was liegt auch für ein gewaltiges Ausmaß an Beobachtungen, was liegen für klug ersonnene Experimente zwischen den beiden Terminologien, und auch was für große Entdeckungen! Aufgrund von Induktion hat sich die Terminologie gewandelt, haben sich die Begriffe geklärt. Auch dieser Aspekt des Prozesses, die induktive Begriffsklärung, läßt sich im kleinen Maßstab an geeigneten mathematischen Beispielen erläutern' ([1954/1969], Bd. I, S. 94). Aber sogar die falsche induktivistische Theorie der Begriffsbildung ist dem Versuch vorzuziehen, die Begriffsbildung *autonom* zu machen, die ‚*Abklärung*' oder ‚*Erklärung*' der Begriffe zu einem bloßen *Vorläufer* jeder wissenschaftlichen Erörterung zu machen.

nete, auch nachdem er von Widerlegern gedehnt worden war, etwas kristallähnliches, einen festen Körper mit ‚ebenen' Flächen und geraden Kanten. Die Beweisideen verschlangen diesen naiven Begriff und verdauten ihn vollständig. In den unterschiedlichen beweiserzeugten Sätzen haben wir nichts von diesem naiven Begriff. Er verschwand spurlos. Stattdessen erbrachte jeder Beweis seine kennzeichnenden beweiserzeugten Begriffe, die sich auf Dehnbarkeit, Aufblasbarkeit, Fotografierbarkeit, Projizierbarkeit und ähnliches beziehen. Das alte Problem verschwand und neue erwuchsen. Nach Kolumbus sollte man sich nicht wundern, *wenn man nicht das Problem löst, das ursprünglich zu lösen geplant war.*

SIGMA: Die ‚Theorie der festen Körper', das ursprüngliche ‚naive' Reich der Euler-Vermutung, löst sich also auf, und die neugebildete Vermutung erscheint wieder in der projektiven Geometrie, wenn sie von Gergonne bewiesen wird, in der analytischen Topologie, wenn sie von Cauchy bewiesen wird, in der algebraischen Topologie, wenn sie von Poincaré bewiesen wird...

PI: Ganz richtig. Und jetzt werdet Ihr verstehen, warum ich die Sätze nicht wie Alpha oder Beta formuliert habe als: ‚Alle Gergonne-Polyeder sind Eulersch', ‚Alle Cauchy-Polyeder sind Eulersch' und so weiter, sondern eher als: ‚Alle Gergonne-Objekte sind Eulersch', ‚Alle Cauchy-Objekte sind Eulersch' und so weiter.[158] *Ich finde es also uninteressant, über die Genauigkeit der naiven Begriffe zu streiten oder gar über die Wahrheit oder Falschheit der naiven Vermutungen.*

BETA: Aber sicherlich können wir den Ausdruck ‚Polyeder' für unseren beweiserzeugten Lieblingsausdruck, sagen wir ‚Cauchy-Objekte', beibehalten?

PI: Wenn Ihr mögt – aber denkt daran, *daß Euer Ausdruck nicht länger das bezeichnet, was ursprünglich mit ihm zu bezeichnen geplant war:* daß seine naive Bedeutung verschwunden ist, und daß er jetzt gebraucht wird ...

BETA: ... um einen allgemeineren, verbesserten Begriff zu bezeichnen!

THETA: Nein! Um einen gänzlich anderen, neuen Begriff zu bezeichnen.

SIGMA: Ich halte Eure Ansichten für paradox!

PI: Wenn Du mit paradox ‚eine noch nicht allgemein anerkannte Ansicht'[159] meinst, die möglicherweise mit einer Deiner eingefleischten naiven Ideen unvereinbar ist – gut, Du brauchst dann nur Deine naiven Ideen durch die paradoxen zu ersetzen. Dies kann ein Weg sein, Paradoxa ‚zu lösen'. Aber welche besondere Ansicht von mir hast Du im Auge?

SIGMA: Du erinnerst Dich, daß wir einige Sternpolyeder als Eulersch erkannt haben, während andere nicht Eulersch sind. Wir suchten nach einem Beweis, der tief genug liegt, um zu erklären, warum sowohl gewöhnliche als auch Sternpolyeder Eulersch sind. ...

EPSILON: Ich habe diesen Beweis.[160]

SIGMA: Weiß ich. Aber stellen wir uns um des Arguments willen einmal vor, es gäbe keinen solchen Beweis, und irgendjemand würde zusätzlich zu Cauchys Beweis,

158 siehe S. 60.
159 Hobbes [1656], Animadversions upon the Bishop's Reply No. xxi.
160 siehe Fußnote 113.

daß ‚gewöhnliche' Polyeder Eulersch sind, einen entsprechenden aber vollständig anderen Beweis für Eulersche Sternpolyeder anbieten. Würdest Du, Pi, dann wegen dieser zwei verschiedenen Beweise vorschlagen, das in zwei Teile zu zerspalten, was ehedem als Einheit klassifiziert war? Und würdest Du zwei vollständig verschiedene Dinge unter einem einzigen Namen vereinen, nur weil jemand eine gemeinsame Erklärung für ein paar ihrer Eigenschaften gefunden hat?

PI: Natürlich würde ich das. Gewiß würde ich einen Wal nicht Fisch nennen und ein Radiogerät nicht Lärmkiste (wie es Eingeborene tun könnten), und es bringt mich nicht aus der Fassung, wenn ein Physiker Glas als Flüssigkeit bezeichnet. In der Tat ersetzt der Fortschritt *naive Klassifizierung* durch *theoretische Klassifizierung*, das heißt theorieerzeugte (beweiserzeugte, oder wenn Ihr wollt, erklärungserzeugte) Klassifizierung. Sowohl Vermutungen als auch Begriffe müssen durch das Fegefeuer der Beweise und Widerlegungen hindurch. *Naive Vermutungen und naive Begriffe werden verdrängt durch verbesserte Vermutungen (Sätze) und Begriffe (beweiserzeugte oder theoretische Begriffe), die aus der Methode „Beweise und Widerlegungen" erwachsen.* Und so wie die theoretischen Ideen und Begriffe die naiven Ideen und Begriffe verdrängen, so verdrängt die theoretische Sprache die naive Sprache.[161]

161 Es ist interessant, die schrittweisen Veränderungen von der ziemlich naiven Einteilung der Polyeder zu der hoch theoretischen zu verfolgen. Die erste naive Einteilung, die nicht nur einfache Polyeder erfaßte, kommt von Lhuilier: eine Einteilung nach der Zahl der *Höhlen, Tunnel* und *‚inneren Polygone'* (siehe Fußnote 136).

(*a*) *Höhlen.* Eulers erster Beweis und zufällig auch Lhuiliers eigener ([1812–13*a*], S. 174–177) beruhten auf der Zerlegung des *festen Körpers*, entweder durch aufeinanderfolgendes Abschneiden seiner Ecken oder durch dessen Zerlegung von einem oder von mehreren Punkten im Innern aus in Pyramiden. Cauchys Beweisidee jedoch – von der Lhuilier nichts wußte – beruhte auf der Zerlegung der *Oberflächen* des Polyeders. Als die Theorie der polyedrischen Oberflächen schließlich die Theorie der polyedrischen festen Körper verdrängte, wurden die Höhlen uninteressant: *ein* ‚Polyeder mit Höhlen' verwandelt sich in eine ganze *Klasse* von Polyedern. Damit wurde unsere alte monstersperrende *Definition 2* zu einer beweiserzeugten, theoretischen Definition, und der taxonomische Begriff der ‚Höhle' verschwand aus dem Mittelpunkt des Fortschrittes.

(*b*) *Tunnel.* Bereits Listing wies darauf hin, wie unbefriedigend dieser Begriff ist (siehe Fußnote 136). Seine Ersetzung kam nicht aus irgendeiner ‚Erklärung' des ‚vagen' Begriffs des Tunnels, wie ein Anhänger Carnaps versucht sein könnte zu erwarten, sondern aus dem Versuch, Lhuiliers naive Vermutung über die Euler-Charakteristik von Polyedern mit Tunneln zu beweisen und zu widerlegen. Im Verlauf dieses Prozesses verschwand der Begriff des Polyeders mit n Tunneln und der beweiserzeugte ‚mehrfach Zusammenhang' (was wir ‚n-sphärisch' genannt haben) nahm seinen Platz ein. In einigen Arbeiten finden wir, daß der naive Ausdruck für den neuen beweiserzeugten Begriff beibehalten wurde: Hoppe definierte die Zahl der ‚Tunnel' durch die Zahl der Schnitte, die das Polyeder zusammenhängend lassen ([1879], S. 102). Für Ernst Steinitz ist der Begriff des Tunnels schon so theoriegeschwängert, daß er unfähig ist, irgendeinen ‚wesentlichen' Unterschied zwischen Lhuiliers naiver Einteilung nach der Zahl der Tunnel und der beweiserzeugten Einteilung nach dem mehrfachen Zusammenhang zu finden; deswegen betrachtet er Listings Kritik der Lhuilierschen Einteilung auch als ‚größten Teils ungerechtfertigt' ([1914–31], S. 22).

(*c*) *‚Innere Polygone'.* Dieser naive Begriff wurde ebenfalls bald ersetzt, zuerst durch ringförmige, dann auch durch mehrfach zusammenhängende Flächen (vgl. auch Fußnote 136), (*ersetzt*, nicht ‚erklärt', denn ‚ringförmige Fläche' ist gewiß keine Erklärung von ‚inneres Polygon'). Als

OMEGA: Am Ende gelangen wir von der naiven, zufälligen, bloß nominalen Klassifizierung zu der endgültigen, wahren, wirklichen Klassifizierung, zur vollkommenen Sprache![162]

8.3 Neudurchdenken der logischen und der heuristischen Widerlegungen

PI: Ich möchte ein paar Punkte wiederaufnehmen, die im Zusammenhang mit dem deduktiven Mutmaßen aufgetaucht sind. Nehmen wir zuerst das Problem der heuristischen gegenüber den logischen Gegenbeispielen auf, wie es in der Diskussion zwischen Alpha und Theta zur Sprache kam.

Meine Darstellung hat, denke ich, gezeigt, daß sogar die sogenannten ‚logischen' Gegenbeispiele heuristische waren. In der ursprünglichen beabsichtigten Deutung gibt es keine Unvereinbarkeit zwischen

(*a*) Alle Polyeder sind Eulersch

und

(*b*) Der Bilderrahmen ist nicht Eulersch.

Wenn wir uns an die stillschweigenden semantischen Regeln unserer ursprünglichen Sprache halten, dann sind unsere Gegenbeispiele keine Gegenbeispiele. Sie werden nur durch einen Wechsel unserer Sprachregeln durch die Begriffsdehnung in logische Gegenbeispiele verwandelt.

GAMMA: Meinst Du, daß *sämtliche* interessanten Widerlegungen heuristische sind?

PI: Genau. Du kannst nicht Widerlegungen und Beweise auf der einen Seite trennen von Veränderungen im begrifflichen, taxonomischen, linguistischen Rahmen auf der anderen Seite. Wenn ein ‚Gegenbeispiel' vorgestellt wird, dann hast Du gewöhnlich eine Wahl: Entweder lehnst Du es ab, Dich mit ihm herumzuplagen, weil es überhaupt kein Gegenbeispiel in Deiner *gegebenen* Sprache L_1 ist, oder Du stimmst einer Veränderung Deiner Sprache durch Begriffsdehnung zu und erkennst das Gegenbeispiel in Deiner neuen Sprache L_2 an. ...

jedoch die Theorie der polyedrischen Oberflächen einerseits durch die topologische Theorie der Oberflächen und andererseits durch die Graphentheorie verdrängt worden war, verlor das Problem, wie mehrfach zusammenhängende Flächen die Euler-Charakteristik eines Polyeders beeinflussen, vollständig an Interesse.

Damit blieb von den drei Schlüsselbegriffen der ersten naiven Einteilung nur einer übrig, und auch dieser nur in einer kaum noch erkennbaren Gestalt – die verallgemeinerte Eulersche Formel wurde vorläufig auf $E - K + F = 2n$ zurückgeführt. (Zur weiteren Entwicklung vgl. Fußnote 156.)

162 Was die naive Einteilung angeht, so kommen die Nominalisten der Wahrheit nahe, wenn sie behaupten, das einzige, was die Polyeder (oder, um Wittgensteins Lieblingsbeispiel zu nehmen, die Spiele) gemeinsam haben, sei ihr Name. Aber nach ein paar Jahrhunderten an Beweisen und Widerlegungen, in denen sich die Theorie der Polyeder (oder, sagen wir, die Theorie der Spiele) entwickelt und die theoretische Einteilung die naive Einteilung ersetzt, neigt sich die Waage zu Gunsten des Realisten. Das Universalienproblem sollte unter dem Gesichtspunkt der Tatsache neu betrachtet werden, daß sich mit dem Fortschritt der Erkenntnis auch die Sprache verändert.

ZETA: ... und *erklärst* es in L_3!

PI: In Übereinstimmung mit der überlieferten Lehre von der unveränderlichen Vernunft mußt Du die erste Wahl treffen. Die Wissenschaft lehrt Dich die zweite.

GAMMA: Das heißt also, wir können zwei Aussagen haben, die in L_1 vereinbar sind, aber wir schalten auf L_2 um, wo sie unvereinbar sind. Oder wir können zwei Aussagen haben, die in L_1 unvereinbar sind, aber wir erhalten auf L_2 um, wo sie vereinbar sind. Wenn die Erkenntnis wächst, verändern sich die Sprachen. ‚Jede schöpferische Zeitspanne ist zugleich eine Zeitspanne, in der sich die Sprache verändert.'[163] Der Erkenntnisfortschritt kann in keiner vorgegebenen Sprache nachgebildet werden.

PI. Das stimmt. Die Heuristik beschäftigt sich mit Sprachveränderungen, während sich die Logik mit Sprachstillstand beschäftigt.

8.4 Theoretisches gegen naives Begriffsdehnen. Stetiger gegen kritischen Fortschritt

GAMMA: Du hast versprochen, auf die Frage zurückzukommen, ob deduktives Mutmaßen ein stetiges Modell für den Erkenntnisfortschritt abgibt oder nicht.

PI: Laß mich zunächst einige der zahlreichen ***historischen*** Formen skizzieren, die dieses ***heuristische*** Modell annehmen kann.

Das *erste Hauptmodell* besteht darin, daß das naive Begriffsdehnen die Theorie weit überholt und ein unermeßliches Chaos von Gegenbeispielen erbringt: unsere naiven Begriffe lösen sich auf und werden durch keine theoretischen Begriffe ersetzt. In diesem Fall kann deduktives Mutmaßen – schrittweise – den Überhang an Gegenbeispielen aufarbeiten. Dies ist, wenn Du willst, ein ‚verallgemeinerndes' Modell – aber vergiß nicht, daß es mit Widerlegungen beginnt, daß seine Stetigkeit die schrittweise Erklärung durch eine fortschreitende Theorie der heuristischen Widerlegungen ihrer ersten Fassung ist.

GAMMA: Oder: ‚stetiger' Fortschritt zeigt lediglich an, daß noch eine kilometerlange Schlange von Widerlegungen wartet!

PI: Das stimmt. Es kann aber auch geschehen, daß jede einzelne Widerlegung oder Ausdehnung der naiven Begriffe ***unmittelbar*** von einer Ausdehnung der Theorie (und theoretischer Begriffe) gefolgt wird, die das Gegenbeispiel erklärt; in diesem Fall

163 Félix [1957], S. 10. Nach Ansicht der logischen Positivisten ist es die ***ausschließliche*** Aufgabe der Philosophie, ‚formalisierte' Sprachen zu konstruieren, in denen künstlich erstarrte Entwicklungsstufen der Wissenschaft ausgedrückt werden (siehe unser Carnap-Zitat auf S. XI). Aber solche Untersuchungen werden kaum auf den Weg gebracht, bevor der rasche Fortschritt der Wissenschaft das alte ‚Sprachsystem' verdrängt. Die Wissenschaft lehrt uns, keinen begrifflich-linguistischen Rahmen als endgültig anzuerkennen, damit er sich nicht in ein begriffliches Gefängnis verwandelt – Sprachanalytiker haben ein erworbenes Interesse daran, diesen Prozeß mindestens zu verlangsamen, um ihre linguistische Therapie zu rechtfertigen, das heißt um zu zeigen, daß sie eine ganz wichtige Rückwirkung auf und einen Wert für die Wissenschaft hat und nicht zu einer ‚gänzlich vertrockneten Kleinkrämerei' (Einstein [1953]) entartet. Eine ähnliche Krik des logischen Positivismus äußerte Popper: siehe sein [1934/1971], S. 90, Fußnote *3.

macht die ‚Stetigkeit' Platz für ein aufregendes Wechselspiel zwischen begriffsdehnenden Widerlegungen und immer machtvolleren Theorien, zwischen *naiver Begriffsdehnung* und erklärender *theoretischer Begriffsdehnung.*

SIGMA: Zwei zufällige historische Variationen desselben heuristischen Themas!

PI. Nun, es gibt keinen wirklichen großen Unterschied zwischen ihnen. Beidesmal *liegt die Macht der Theorie in ihrer Fähigkeit, ihre Widerlegungen im Verlauf ihres Fortschrittes zu erklären.* Aber es gibt da noch ein *zweites Hauptmodell* des deduktiven Mutmaßens. ...

SIGMA: Noch eine weitere zufällige Variation?

PI: Ja, wenn Du willst. In dieser Variation aber *erklärt* die fortschreitende Theorie nicht nur ihre Widerlegungen, sondern *bringt sie auch hervor.*

SIGMA: Wie bitte?

PI: In diesem Fall holt der theoretische Fortschritt die naive Begriffsdehnung ein – ja, in der Tat beseitigt er diese. Beispielsweise beginnt man mit, sagen wir, Cauchys Satz – ohne ein einziges Gegenbeispiel am Horizont. Dann überprüft man den Satz, indem man das Polyeder auf alle möglichen Arten verformt: In zwei Teile schneiden, pyramidenförmige Spitzen abschneiden, verbiegen, verdrehen, aufblasen ... Einige dieser Prüfideen werden zu Beweisideen führen[164] (indem sie zu etwas als wahr Bekanntem führen und man dann den umgekehrten Weg verfolgt – wie in dem Pappusschen Analyse-Synthese-Modell), aber einige – wie Zetas ‚Doppel-Klebe-Prüfung' – werden nicht zu etwas schon Bekanntem zurückführen, sondern zu einer wirklichen Neuheit, zu einer heuristischen Widerlegung der überprüften Aussage – *nicht durch Ausdehnen eines naiven Begriffes, sondern durch Ausdehnen des theoretischen Bezugrahmens.* Diese Art der Widerlegung ist selbsterlärend. ...

IOTA: Wie dialektisch! Überprüfungen verwandeln sich in Beweise, Gegenbeispiele werden durch die bloße Methode ihrer Konstruktion zu Beispielen ...

PI: Wieso dialektisch? Die Überprüfung der einen Aussage verwandelt sich in den Beweis einer *anderen*, tieferliegenden Aussage, Gegenbeispiele zur ersten in Beispiele zur zweiten. Warum sollen wir Verwirrung Dialektik nennen? Aber ich will zum Kern meiner Aussage zurückkehren: Ich denke nicht, daß meine zweite Hauptmethode des deduktiven Mutmaßens als stetiger Erkenntnisfortschritt angesehen werden kann – so wie es Alpha tun würde.

ALPHA: Natürlich kann sie das. Vergleiche Deine Methode mit Omegas Idee, eine Beweisidee durch eine radikal verschiedene, tieferliegende zu ersetzen. Beide Methoden vermehren den Gehalt, aber während man bei Omegas Methode einige Schritte des Beweises, die nur in einem engen Bereich anwendbar sind, durch solche *ersetzt*, die in einem weiteren Bereich anwendbar sind, oder radikaler: den gesamten Beweis durch einen ersetzt, der in einem weiteren Bereich anwendbar ist – währenddessen *dehnt* deduktives Mutmaßen den vorgelegten Beweis durch Hinzufügen weiterer Schritte, die seine Anwendbarkeit erweitern, *aus.* Ist dies keine Stetigkeit?

164 Pólya trennt zwischen ‚einfachen' und ‚strengen' Proben. ‚Strenge' Proben können ‚die erste Andeutung eines Beweises' liefern ([1954/1969], Bd. I, S. 69–74).

SIGMA: Das stimmt! Wir leiten aus dem Satz eine Kette von immer erweiterten Sätzen ab! Aus den besonderen Fällen die allgemeineren Fälle! Verallgemeinerung durch Deduktion![165]

PI. Aber angesichts der zahlreichen Gegenbeispiele erkennst Du allmählich, daß *jede* Zunahme an Gehalt, *jedem* tieferliegenden Beweis heuristische Widerlegungen der vorhergehenden ärmeren Sätze folgen oder davon erzeugt werden. ...

ALPHA: Theta dehnte ‚Gegenbeispiel' so, daß damit auch heuristische Gegenbeispiele erfaßt werden. Du dehnst diesen Begriff jetzt gar so weit, daß er auch solche heuristischen Gegenbeispiele erfaßt, die niemals wirklich vorkommen. Du behauptest, daß Dein ‚zweites Modell' voller Gegenbeispiele sich auf die Ausdehnung des Begriffs des Gegenbeispiels zu solchen Gegenbeispielen mit der Überlebenszeit Null gründet, deren Entdeckung mit ihrer Erklärung zusammenfällt! Warum soll jedoch jegliche intellektuelle Aktivität, jeder Kampf um vermehrten Gehalt in einem einheitlichen theoretischen Bezugsrahmen ‚kritisch' sein? Deine dogmatische ‚kritische Haltung' hält den Streitpunkt im Unklaren!

LEHRER: Der Streitpunkt zwischen Dir und Pi ist sicherlich unklar – denn Dein ‚stetiger Fortschritt' und Pis ‚kritischer Fortschritt' sind vollkommen miteinander vereinbar. Ich interessiere mich mehr für die *Begrenzungen* des deduktiven Mutmaßens oder der ‚stetigen Kritik', wenn es die überhaupt gibt.

8.5 Die Grenzen der Gehaltsvermehrung. Theoretische gegen naive Widerlegungen

PI: Ich denke, früher oder später wird der ‚stetige' Fortschritt zwangsläufig einen toten Punkt erreichen, einen *Sättigungspunkt* der Theorie.

GAMMA: Aber ich kann doch bestimmt immer einige der Begriffe dehnen!

PI Natürlich. *Naive* Begriffsdehnung kann weiter gehen – aber die theoretische Begriffsdehnung hat Grenzen! Die Widerlegungen durch naives Begriffsdehnen sind nur die Peitschen, die uns dazu antreiben, unser theoretisches Begriffsdehnen voranzutreiben. Somit gibt es zwei Arten von Widerlegungen. Wir *stolpern* über die erste Art durch zufälliges Zusammentreffen oder Glück oder durch eine beliebige Ausdehnung eines Begriffes. Sie sind wie Wunder, ihr ‚anormales' Verhalten ist ungeklärt; wir erkennen sie als *bona fide* Gegenbeispiele nur deswegen an, weil uns die Anerkennung begriffsdehnender Kritik geläufig ist. Ich werde sie *naive* Gegenbeispiele oder *Launen* nennen. Dann gibt es da die *theoretischen Gegenbeispiele:* ein solches ist entweder ursprünglich hervorgerufen durch Beweisdehnung, oder aber es ist eine Laune, an die ein gedehnter Beweis heranreicht, der sie erklärt und dadurch in den Rang eines theoretischen Gegenbeispieles erhebt. Launen müssen mit großem Argwohn betrachtet werden: sie könnten keine eigentlichen Gegenbeispiele sein, sondern Beispiele einer ganz anderen Theorie – wenn nicht glatte Fehler.

165 In der *inhaltlichen* Logik ist gar nichts einzuwenden gegen ‚die Tatsache ..., die in der Mathematik so geläufig ist und doch so überraschend für den Anfänger oder den sich vorgerückt dünkenden Philosophen, nämlich daß der allgemeine Fall logisch einem Spezialfall äquivalent sein kann' (Pólya [1954/1969], Bd. I, S. 40). Vgl. auch Poincaré [1902], S. 31–33.

SIGMA: Aber was sollen wir tun, wenn wir steckenbleiben? Wenn wir unsere naiven Gegenbeispiele nicht durch Ausdehnen unseres ursprünglichen Beweises in theoretische verwandeln können?

PI: Wir können wieder und wieder erforschen, ob unsere Theorie nicht doch noch eine verborgene Kraft zum Fortschritt hat. Manchmal jedoch haben wir gute Gründe aufzugeben. Beispielsweise können wir, wie Theta richtig herausgestellt hat, von unserem deduktiven Mutmaßen, das mit einer Ecke beginnt, schlechterdings nicht erwarten, daß es uns den eckenlosen Zylinder erklärt.

ALPHA: Nach alledem war der Zylinder also kein Monster, sondern eine Laune!

THETA: Aber Launen sollten nicht heruntergespielt werden! Sie sind die *wirklichen* Widerlegungen: sie können in kein Muster der stetigen ‚Verallgemeinerungen' eingepaßt werden und können uns tatsächlich zwingen, unseren theoretischen Bezugsrahmen zu revolutionieren. ...[166]

OMEGA: Gut! Man kann zu einem *relativen Sättigungspunkt* einer *bestimmten* Linie des deduktiven Mutmaßens gelangen – aber dann findet man eine revolutionäre neue, tieferliegende Beweisidee mit einer größeren erklärenden Kraft. Zum Schluß kommt man noch zu einem *endgültigen* Beweis – ohne Grenze, ohne Sättigungspunkt, ohne Launen, mit denen man ihn widerlegen kann!

PI: Wie bitte? Eine einzige, einheitliche Theorie, die *sämtliche* Erscheinungen des Universums erklärt? Niemals! Früher oder später werden wir uns so etwas wie einem *vollkommenen Sättigungspunkt* nähern.

GAMMA: Mir ist es wirklich gleichgültig, ob wir ihn erreichen oder nicht. Wenn ein Gegenbeispiel durch eine billige, *triviale* Ausweitung des Beweises erklärt werden könnte, würde ich es bereits als eine Laune betrachten. Ich wiederhole: Ich sehe wirklich keine Möglichkeit, ‚Polyeder' soweit zu verallgemeinern, daß es auch ein Polyeder mit Höhlen einschließt: dies ist nicht ein Polyeder, sondern eine Klasse von Polyedern. Ich würde auch die ‚mehrfach zusammenhängenden Flächen' vernachlässigen – warum ziehen wir nicht die fehlenden Diagonalen? Und was jene Verallgemeinerung anbetrifft, die auch Zwillingstetraeder einschließt – da würde ich nach meinem Gewehr greifen: sie dient nur dazu, verwickelt, aufgeblasene Formeln aufzustellen – für nichts und wieder nichts.

RHO: Am Ende entdeckst Du gar meine Methode der Monsteranpassung wieder![167] Sie bewahrt Dich vor oberflächlicher Verallgemeinerung. Omega hätte Gehalt nicht

166 Cayley [1861] und Listing [1861] nahmen es ernst mit dem Dehnen der Grundbegriffe der Theorie der Polyeder. Cayley definierte *Kante* als ‚der Weg von einer Spitze zu sich selbst oder zu einer anderen Spitze', deren Entartung zu eckenlosen geschlossenen Kurven er jedoch nicht zuließ, sondern diese ‚Umrisse' nannte (S. 426). Listing benutzte einen einzigen Ausdruck für Kanten, gleichgültig ob sie zwei, eine oder keine Ecke hatten: ‚*Linien*' (S. 104). Beide bemerkten daß eine vollständig neue Theorie notwendig war, um die ‚Launen' zu erklären, die sie mit ihrem liberalen Begriffsrahmen einbürgerten – Cayley erfand die ‚*Theorie der Teilungen eines Hofes*', Listing, einer der großen Bahnbrecher der modernen Topologie, die ‚*Zählung räumlicher Gesamtheiten*'.

167 siehe S. 25f und S. 32f.

‚Tiefe' nennen sollen; *nicht jede Vermehrung im Gehalt ist auch eine Vermehrung in der Tiefe:* denkt an (6) und (7)![168]

ALPHA: Du würdest meine Reihe also bei (5) anhalten?

GAMMA: Ja. (6) und (7) sind kein Fortschritt, sondern Entartung! Anstatt weiter zu (6) und (7) zu gehen, würde ich lieber ein *aufregendes* neues Gegenbeispiel finden und erklären![169]

ALPHA: Du könntest am Ende recht haben. Aber wer entscheidet, *wo* anzuhalten ist? Tiefe ist lediglich Geschmackssache.

GAMMA: Warum sollen wir keine mathematische Kritik haben, gerade so, wie wir literarische Kritik haben, warum sollen wir nicht mathematischen Geschmack durch öffentliche Kritik entwickeln? Wir können damit sogar die Flutwelle der aufgeblasenen Trivialitäten in der mathematischen Literatur eindämmen.[170]

168 Eine ganze Reihe von Mathematikern ist unfähig, das Triviale vom Nichttrivialen zu unterscheiden. Dies ist besonders peinlich, wenn sich ein fehlendes Gefühl für Wichtigkeit mit der Illusion verbindet, man könne eine *vollkommene* Formel konstruieren, die sämtliche denkbaren Fälle abdeckt (vgl. Fußnote 137). Solche Mathematiker können jahrelang an der ‚letzten' Verallgemeinerung einer Formel arbeiten und dabei enden, daß sie sie um ein paar triviale Verbesserungen erweitern. Der ausgezeichnete Mathematiker J. C. Becker gibt ein ergötzliches Beispiel: Nach der Arbeit vieler Jahre legte er die Formel $E - K + F = 4 - 2n + q$ vor, wobei n die Zahl der Schnitte ist, die zur Aufteilung der Oberfläche des Polyeders in einfach zusammenhängende Flächen, für die $E - K + F = 1$, notwendig sind, und q die Zahl der Diagonalen, die man hinzufügen muß, um sämtliche Flächen zu einfach zusammenhängenden zu machen ([1869*a*]), S. 72). Er war sehr stolz auf diese Heldentat, die – so behauptet er – die Arbeiten seiner Vorgänger ‚in ein ganz neues Licht' stellt und sogar ‚zu einem Abschluß bringt', ‚ein Gegenstand, mit dem sich Männer wie Descartes, Euler, Cauchy, Gergonne, Legendre, Grunert und von Staudt befaßten', bevor er kam (S. 65). Doch drei Nahmen fehlen auf dieser Liste: Lhuilier, Jordan und Listing. Als man ihm von Lhuilier erzählte, veröffentlichte er eine betrübte Notiz, in der er zugab, daß Lhuilier all dies mehr als fünfzig Jahre zuvor wußte. Was Jordan anbetrifft, so interessierte er sich nicht für ringförmige Flächen, aber zufällig fand er Interesse an offenen Polyedern mit Grenzen, so daß in seiner Formel m, die Zahl der Grenzen, zusätzlich zu n erscheint ([1866*b*], S. 86). So vereinte Becker – in einer neuen Arbeit [1869*b*] – Lhuilier und Jordans Formeln zu $E - K + F = 2 - 2n + q + m$ (S. 343). Aber in seiner Verlegenheit handelte er zu überstürzt und hatte Listings lange Arbeit noch nicht verdaut. So schloß er sein [1869*b*] mit einem betrübten ‚Eine noch weiter gehende Verallgemeinerung dieses Satzes ist der oben erwähnte „Census räumlicher Complexe" von J. B. Listing.' (Nebenbei, später versuchte er, seine Formel auch auf Sternpolyeder auszudehnen ([1874]; vgl. Fußnote 49).)

169 Einige Leute mögen philisterhafte Ideen über *ein Gesetz des schwindenden Ertrags bei Widerlegungen* aufrechterhalten. Gamma jedoch tut dies gewiß nicht. Wir werden keine *einseitigen* Polyeder (Möbius [1865]) und auch keine *n-dimensionalen* Polyeder (Schläfli [1852]) erörtern. Dies würde jedoch Gammas Erwartung bekräftigen, daß völlig unerwartete begriffsdehnende Widerlegungen der gesamten Theorie stets einen neuen – möglicherweise revolutionären – Stoß versetzen.

170 Pólya stellt heraus, daß seichte, billige Verallgemeinerung ‚heute mehr Mode (ist) als früher. Sie verwässert eine kleine Idee mit einer großen Terminologie. Der Autor einer solchen Verallgemeinerung zieht es gewöhnlich vor, selbst diese kleine Idee von jemand anderem zu borgen, unterläßt es, eigene Bemerkungen hinzuzufügen, und vermeidet es, irgendwelche Probleme zu lösen, außer solchen, die sich aus den Schwierigkeiten seiner eigenen Terminologie ergeben.

SIGMA: Wenn Du bei (5) anhältst und die Theorie der Polyeder in eine Theorie der in Dreiecke zerlegten Flächen mit *n* Henkeln verwandelst, wie kannst Du dann im Bedarfsfall die trivialen Unregelmäßigkeiten, wie sie in (6) und (7) erklärt sind, behandeln?

MY: Kinderspiel!

THETA: Richtig. Dann halten wir für den Augenblick bei (5) an. *Aber können wir überhaupt anhalten*? Eine Begriffsdehnung könnte (5) widerlegen! Wir können das Dehnen eines Begriffes mißachten, wenn es zu einem Gegenbeispiel führt, das die Gehaltsarmut unseres Satzes aufzeigt. Aber wenn das Dehnen zu einem Gegenbeispiel führt, das seine schlichte Falschheit aufzeigt, was dann? Wir können es ablehnen, unsere gehaltsvermehrende *4. Regel* oder *5. Regel* anzuwenden, um eine Laune zu erklären, aber wir müssen unsere gehaltserhaltende *2. Regel* anwenden, um eine Widerlegung durch eine Laune abzuwehren.

GAMMA: Das ist es! Wir können billige ‚*Verallgemeinerungen*' aufgeben, aber wir können kaum ‚billige' *Widerlegungen* aufgeben.

SIGMA: Warum bilden wir keine monstersperrende Definition von ‚Polyeder' und fügen für jede Laune eine neue Klausel hinzu?

THETA: In beiden Fällen sind wir wieder bei unserem alten Alptraum, der schlechten Undendlichkeit, angelangt.

ALPHA: Während Du den Gehalt vermehrst, entwickelst Du Ideen, treibst Du Mathematik; danach klärst Du die Begriffe, treibst Linguistik. Warum nicht alles zusammen anhalten, wenn man aufhört, den Gehalt zu vermehren? Warum sich in schlechten Unendlichkeiten fangen lassen?

MY: Nicht wieder Mathematik gegen Linguistik! Niemals zieht die Erkenntnis Nutzen aus solchen Streitigkeiten.

GAMMA: Der Ausdruck ‚niemals' verwandelt sich bald in ‚bald'. Ich bin dafür, unsere alte Erörterung wieder aufzunehmen.

MY: Aber wir waren doch bereits in einer Sackgasse gelandet! Oder hat irgendjemand noch etwas Neues zu sagen?

KAPPA: Ich denke schon.

Es wäre leicht, Beispiele anzuführen, aber ich will niemanden vor den Kopf stoßen' ([1954/1969], Bd. I, S. 59). Auch ein weiterer der größten Mathematiker unseres Jahrhunderts, John von Neumann, warnt vor dieser ‚Gefahr der Entartung', aber er hielt sie für nicht so groß, ‚wenn das Gebiet unter dem Einfluß von Leuten mit einem außergewöhnlich gut entwickelten Geschmack bleibt' ([1947], S. 196). Man fragt sich jedoch, ob dieser ‚Einfluß von Leuten mit einem außergewöhnlich gut entwickelten Geschmack' ausreichen wird, die Mathematiker in unserem Zeitalter des ‚Veröffentliche oder stirb!' [engl.: *publish or perish*] zu retten.

9 Wie Kritik mathematische Wahrheit in logische Wahrheit verwandeln kann

9.1 Unbegrenzte Begriffsdehnung zerstört Bedeutung und Wahrheit

KAPPA: Alpha hat bereits gesagt, daß unsere ‚alte Methode' zu schlechter Unendlichkeit führt.[171] Gamma und Lambda antworteten mit der Hoffnung, daß der Strom der Widerlegungen versiegt[172]: aber jetzt, da wir den Mechanismus des Erfolgs durch Widerlegung verstehen – Begriffsdehnung –, wissen wir, daß dies eine vergebliche Hoffnung war. Für jede Aussage gibt es stets eine hinreichend enge Deutung ihrer Ausdrücke, so daß sie sich als wahr herausstellt, und eine hinreichend weite Deutung so daß sie sich als falsch herausstellt. Welche Deutung beabsichtigt ist und welche nicht, das hängt eben von unseren Absichten ab. Die erste Deutung kann die *dogmatische, bestätigende oder rechtfertigende Deutung* genannt werden, die zweite die *skeptische, kritische oder widerlegende Deutung* Alpha nannte die erste eine konventionalistische Strategie[173] – aber jetzt sehen wir, daß auch die zweite eine solche ist. Ihr habt allesamt Deltas dogmatische Deutung der naiven Vermutung bespöttelt[174] und danach Alphas dogmatische Deutung des Satzes[175]. Aber die Begriffsdehnung wird *jede* Aussage widerlegen und keine einzige wahre Aussage übrig lassen.

GAMMA: Einen Moment. Es ist wahr, wir haben ‚Polyeder' gedehnt, zerrissen und fortgeworfen: wie Pi herausgestellt hat, spielt der naive Begriff ‚Polyeder' in dem Satz keine Rolle mehr.

KAPPA: Aber nun willst Du damit beginnen, einen Ausdruck in dem Satz zu dehnen, einen theoretischen Ausdruck, nicht wahr? Du selbst hast Dich entschieden, ‚einfach zusammenhängende Fläche' zu dehnen, so daß sie die Kreisflächen und den Mantel des Zylinders einschließt[176]. Du selbst hast angedeutet, daß es eine Angelegenheit der intellektuellen Redlichkeit ist, seinen Kopf hinzuhalten, um den ehrbaren Rang der Widerlegbarkeit zu erlangen, d.h. um die widerlegende Deutung zu ermöglichen. Aber wegen der Begriffsdehnung bedeutet Widerlegbarkeit Widerlegung. Damit schlitterst Du auf den unendlichen Abhang, wo *jeder* Satz widerlegt und ersetzt wird durch einen ‚strengeren' – durch einen, dessen Falschheit noch ‚verhüllt' ist! Aber *niemals wirst Du der Falschheit entrinnen.*

SIGMA: Was ist, wenn wir an einem gewissen Punkt aufhören, die rechtfertigenden Deutungen annehmen und uns weder von der Wahrheit noch von der besonderen linguistischen Form, in der die Wahrheit ausgedrückt wurde, abbringen lassen?

KAPPA: Dann wirst Du begriffsdehnende Gegenbeispiele mit monstersperrenden Definitionen abwehren müssen. Damit wirst Du auf einen anderen unendlichen Abhang

171 siehe S. 46f.
172 siehe S. 47.
173 In der Tat hat Alpha diesen Popperschen Ausdruck nicht ausdrücklich gebraucht; siehe S. 16.
174 siehe S. 9–18.
175 siehe S. 36–48.
176 siehe S. 37–41.

schlittern: Du wirst gezwungen, von jeder ‚besonderen linguistischen Form‘ Deines wahren Satzes zugeben zu müssen, daß sie nicht genau genug war, und Du wirst gezwungen, ihr immer ‚strengere‘ Definitionen einzuverleiben, die in Ausdrücken abgefaßt sind, deren Unbestimmtheit noch nicht enthüllt worden ist! Aber *niemals wirst Du der Unbestimmtheit entrinnen**[22].

THETA [*beiseite*]: Was ist falsch an einer Heuristik, bei der Unbestimmtheit der Preis für Fortschritt ist?

ALPHA: Ich habe es Euch schon gesagt: Genaue Begriffe und unerschütterliche Wahrheiten wohnen nicht in der Sprache, sondern nur im Denken!

GAMMA: Ich möchte Dich herausfordern, Kappa. Nimm den Satz in der Form, die wir ihm nach Berücksichtigung des Zylinders gegeben haben: ‚Für alle einfachen Objekte mit einfach zusammenhängenden Flächen, bei denen die Kanten der Flächen in Ecken enden, gilt $E - K + F = 2$. ‚Wie würdest Du *dies* mit der Methode der Begriffsdehnung widerlegen?

KAPPA: Zunächst gehe ich zurück auf die definierenden Ausdrücke und entziffere die Aussage vollständig. Dann entscheide ich, welchen Begriff ich dehnen werde. Beispielsweise steht ‚einfach‘ für ‚kann nach Entfernung einer Fläche in einer Ebene ausgebreitet werden‘. Ich werde ‚ausbreiten‘ dehnen*[24]. Nimm den bereits erörterten Zwillingstetraeder – das Paar mit einer gemeinsamen *Kante* (Abb. 6a). Es ist einfach, seine Flächen sind einfach zusammenhängend, aber es gilt $E - K + F = 3$. Unser Satz ist also falsch.

GAMMA: Aber dieses Zwillingstetraeder ist *nicht* einfach!

KAPPA: Natürlich ist es einfach. Nachdem ich eine Fläche entfernt habe, kann ich es in einer Ebene ausbreiten. Ich muß nur aufpassen, wenn ich zu der kritischen Kante komme, damit ich sie nicht zerreiße, wenn ich das zweite Tetraeder entlang dieser Kante öffne.

GAMMA: Das ist aber kein Ausbreiten! Du *zerreißt*– oder *spaltest* – die Kante in zwei Kanten! Gewißlich kannst Du nicht einen Punkt auf zwei abbilden: *Ausbreiten ist eine injektive, in beiden Richtungen stetige Abbildung*!

*22 *A.d.H.*: Kappas Behauptung, man könne der Unbestimmtheit niemals entrinnen, ist richtig (*einige* Ausdrücke sind zwangsläufig ursprünglich). Aber er irrt sich mit der Ansicht, dies bedeutet, daß man durch ‚Begriffsdehnung‘ stets Gegenbeispiele erfinden könne. Nach Definition ist ein gültiger Beweis einer, zu dem man niemals ein Gegenbeispiel erfindet, *wie auch immer man die beschreibenden Ausdrücke deutet* – d.h. Gültigkeit hängt nicht an der Bedeutung der beschreibenden Ausdrücke, die also nach Belieben gedehnt werden können. Dies stellt Lakatos selbst heraus, S. 95f und (deutlicher noch) Kapitel 2, S. 115f.*[23]

*23 *A.d.Ü.*: Kappa wollte sicherlich eine Aussage über die inhaltliche Mathematik treffen – ein in dem eben bestimmten Sinne ‚gültiger Beweis‘ (besser wäre es, dies eine ‚Tautologie‘ zu nennen) hat jedoch keinerlei Inhalt (sonst könnte er widerlegt werden); mir scheint, Kappa irrt sich hier nicht.

*24 *A.d.Ü.*: Lakatos gebraucht den Begriff to *stretch* hier in verschiedenen Bedeutungen, die sich im Deutschen leider nur durch unterschiedliche Wort wiedergeben lassen, nämlich 1. im Sinne von (einen Gegenstand in einer Ebene) *ausbreiten*, 2. im Sinne von (eine Grenze) *verbreitern* oder *ausweiten* und 3. im Sinne von (einen Begriff) *dehnen* oder *erweitern*. Der Originaltext klingt an dieser Stelle also viel geschmeidiger: *I shall stretch ‚stretching‘*.

KAPPA: Die *Def. 9?* Es tut mir leid, daß diese enge, dogmatische Deutung von ‚ausbreiten' ***meinem*** Alltagsverstand nicht gefällt. Beispielsweise kann ich mir sehr gut vorstellen, wie man ein Quadrat (Abb. 24a) in zwei ineinandergesetzte Quadrate ausdehnen kann, indem man die Grenzlinien verbreitert*25 (Abb. 24b). Würdest Du dieses Ausbreiten ein Zerreißen oder Zerspalten nennen, nur weil es keine ‚injektive, in beiden Richtungen stetige Abbildung' ist? Nebenbei wundere ich mich, warum Du Ausbreiten nicht als eine Verformung definiert hast, die E, K und F unverändert läßt – damit wärst Du fertig?

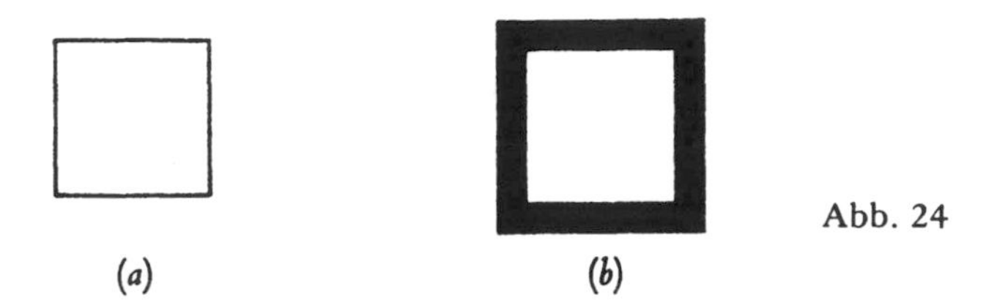

Abb. 24

GAMMA: In Ordnung, Du gewinnst wieder. Entweder muß ich Deiner widerlegenden Deutung von ‚Ausbreiten' zustimmen und meinen Beweis ausdehnen oder einen tieferliegenden finden oder einen Hilfssatz einverleiben – oder aber ich muß eine neue monstersperrende Definition einführen. Doch in all diesen Fällen werde ich meine definierenden Ausdrücke klarer und klarer fassen. Warum sollte ich nicht zu einem Punkt gelangen, an dem es nur eine einzige Deutung gibt, wie in dem Fall $2 + 2 = 4$? An der Bedeutung dieser Ausdrücke ist nichts dehnbar, und an der Wahrheit dieser Aussage, die für immer in dem natürlichen Licht der Vernunft erstrahlt, ist nichts widerlegbar.

KAPPA: Zwielicht!

GAMMA: Dehn doch, wenn Du kannst.

KAPPA: Aber das ist ein Kinderspiel! In manchen Fällen macht zwei und zwei fünf. Nimm an, wir bestellen eine Lieferung von zwei Artikeln, von denen jeder zwei Pfund wiegt, sie werden in einer Kiste geliefert, die ein Pfund wiegt; in diesem Bündel werden dann zwei Pfund und zwei Pfund fünf Pund machen!

GAMMA: Aber Du erhältst fünf Pfund, indem Du ***drei*** Gewichte addierst, 2 und 2 und 1!

KAPPA: Es ist wahr, unser Verfahren ‚2 und 2 macht 5' ist keine Addition in dem ursprünglich beabsichtigten Sinn. Aber wir können dem Ergebnis durch ein einfaches Ausdehnen der Bedeutung der Addition zur Geltung verhelfen. Naive Addition ist ein ganz besonderer Fall des Bündelns, bei dem das Gewicht des Verpackungsmaterials null ist. Diesen Hilfssatz müssen wir als eine Bedingung in unsere Vermutung einfügen: unsere verbesserte Vermutung wird lauten: ‚$2 + 2 = 4$ gilt für „gewichtslose" Addition'.[177] Die gesamte Geschichte der Algebra ist eine Aufeinanderfolge solcher Begriffs- und Beweisdehnungen.

*25 *A. d. Ü.*: beachte Fußnote *24!

177 vergleiche Félix [1957], S. 9.

GAMMA: Ich denke, Du faßt ‚Ausbreiten' ein bißchen weit. Das nächste Mal wirst Du ‚plus' als ‚mal' deuten und dies als eine Widerlegung ansehen! Oder Du wirst in ‚Alle Polyeder sind Polyeder' ‚alle' als ‚keine' deuten! Du dehnst den Begriff der Begriffsdehnung! Wir müssen Widerlegung durch *rationales Dehnen* von ‚Widerlegung' durch *irrationales Dehnen* abgrenzen. Wir können es Dir nicht erlauben, jeden beliebigen Ausdruck ganz nach Belieben zu dehnen.

Wir müssen den Begriff des Gegenbeispiels in kristallklaren Ausdrücken fassen!

DELTA: Sogar Gamma hat sich in einen Monstersperrer verwandelt: er verlangt jetzt eine monstersperrende Definition der begriffsdehnenden Widerlegung. *Nach alledem hängt die Rationalität an unelastischen, genauen Begriffen!*[178]

KAPPA: *Aber solche Begriffe gibt es nicht! Warum geben wir nicht zu, daß unsere Fähigkeit, im einzelnen anzugeben, was wir meinen, gleich null ist, so daß auch unsere Fähigkeit, Beweise zu führen, gleich null ist?* Wer eine bedeutungsvolle Mathematik wünscht, muß der Gewißheit entraten. Wer Gewißheit wünscht, muß die Bedeutung beiseiteschieben. Man kann nicht beides zugleich haben. *Geschwätz ist vor Widerlegungen sicher, bedeutungsvolle Aussagen sind durch Begriffsdehnung widerlegbar.*

GAMMA: Dann können also auch Deine letzten Aussagen widerlegt werden – und Du weiß das. ‚Die Skeptiker sind keine Sekte von Leuten, die von dem überzeugt sind, was sie sagen, sondern eine Sekte von Lügnern.'[179]

KAPPA: Flüche: die letzte Zuflucht der Vernunft!

9.2 Gemäßigte Begriffsdehnung kann mathematische Wahrheit in logische Wahrheit verwandeln

THETA: Ich finde es richtig, daß Gamma eine Abgrenzung der rationalen von der irrationalen Begriffsdehnung für erforderlich hält. Denn die Begriffsdehnung hat eine lange Entwicklung durchgemacht und sich von einer gemäßigten, rationalen Tätigkeit in eine radikale, irrationale verwandelt.

Ursprünglich konzentrierte sich die Kritik ausschließlich auf die *geringfüge* Dehnung *eines bestimmten* Begriffes. Sie mußte *geringfügig* sein, damit wir sie nicht bemerken, sobald ihre wirkliche – dehnende – Beschaffenheit entdeckt würde, könnte ihr die Anerkennung als rechtmäßige Kritik versagt werden. Sie konzentriert sich auf einen bestimmten Begriff wie in dem Fall unserer ziemlich unscharfen allgemeinen Aussagen. *‚Alle A sind B'*. Kritik bedeutet das Auffinden eines geringfügig gedehnten *A*' (in unserem Fall *Polyeder*), das kein *B* (in unserem Fall *Eulersch*) ist.

Aber Kappa hat dies nach zwei Richtungen verschärft. Erstens will er *mehr als einen* wesentlichen Bestandteil der angegriffenen Aussage der begriffsdehnenden Kritik unterwerfen. Zweitens will er die Begriffsdehnung von einer verstohlenen und ziem-

178 Gammas Forderung nach einer kristallklaren Definition von ‚Gegenbeispiel' läuft auf eine Forderung nach kristallklaren, unelastischen Begriffen in der Metasprache als eine Bedingung rationaler Diskussion hinaus.

179 Arnauld und Nicole [1724], S. xx–xxi.

lich bescheidenen in eine *offene Entstellung* des Begriffs verwandeln, wie etwa die Entstellung von ‚alle' zu ‚keine'. Hier wird jede sinnvolle Übersetzung der angegriffenen Ausdrücke, die den Satz als falsch erweisen, als Widerlegung anerkannt. Ich würde dann sagen: *Wenn eine Aussage in bezug auf ihre wesentlichen Bestandteile a, b, ... nicht widerlegt werden kann, dann ist sie logisch wahr in bezug auf diese Bestandteile.*[180] Solch eine Aussage ist das Endergebnis eines langen kritisch-spekulativen Prozesses, in dessen Verlauf die Bedeutungslast gewisser Ausdrücke vollständig auf die verbleibenden Ausdrücke und auf die Form des Satzes verlagert wird.

Kappa sagt jetzt lediglich, daß es keine Aussagen gibt, die logisch wahr in bezug auf *alle* ihre Bestandteile sind. Aber es kann logisch wahre Aussagen in bezug auf *gewisse* ihrer Bestandteile geben, so daß ein Strom neuer Widerlegungen nur dann einsetzen kann, wenn neue dehnbare Bestandteile hinzugefügt werden. Wenn wir diesen Weg zu Ende gehen, enden wir im Irrationalismus — aber das ist nicht erforderlich. Wo also sollen wir die Grenzlinie ziehen? Wir können sehr wohl die Begriffsdehnung nur für eine wohlbestimmte Teilmenge der Bestandteile zulassen, die zu den Hauptzielen der Kritik werden. Die logische Wahrheit wird nicht von deren Bedeutung abhängen.

SIGMA: Nach alledem übernehmen wir also Kappas Standpunkt: Wir machen die Wahrheit von der Bedeutung zumindest *einiger* Ausdrücke unabhängig!

THETA. Das stimmt. Aber wenn wir Kappas Skeptizismus schlagen und seinen schlechten Unendlichkeiten entkommen wollen, dann müssen wir die Begriffsdehnung gewiß an jenem Punkt anhalten, an dem sie aufhört, ein Werkzeug des Fortschrittes zu sein, und ein Werkzeug der Zerstörung wird: wir werden herausfinden müssen, die Behandlung welcher Ausdrücke nur auf Kosten der Zerstörung grundlegender Prinzipien der Rationalität gedehnt werden kann.[181]

KAPPA: Können wir die Begriffe in Deiner Theorie der kritischen Rationalität dehnen? Oder wird sie offenkundig wahr sein, formuliert in undehnbaren, genauen Ausdrücken, die nicht definiert zu werden brauchen? Wird Deine Theorie der Kritik

180 Dies ist eine leicht umgeschriebene Fassung von Bolzanos Definition der logischen Wahrheit ([1837], § 147). Aus welchem Grund Bolzano diese Definition um 1830 vorschlug ist eine aufregende Frage, besonders, weil sein Werk den Begriff des Modells vorwegnahm, eine der größten Neuerungen in der mathematischen Philosophie des neunzehnten Jahrhunderts.

181 Die mathematische Kritik des neunzehnten Jahrhunderts dehnte die Begriffe mehr und mehr und verschob die Bedeutungslast von mehr und mehr Ausdrücken auf die *logische Form* der Aussagen und auf die Bedeutung einiger weniger (bis dahin) ungedehnter Ausdrücke. In den Jahren um 1930 schien sich dieser Prozeß zu verlangsamen, und die Grenzlinie zwischen undehnbaren (‚logischen') Ausdrücken und dehnbaren (‚beschreibenden') Ausdrücken schien dauerhaft zu werden. Eine Liste mit einer kleinen Zahl logischer Ausdrücke wurde weithin als verbindlich anerkannt, so daß eine allgemeine Definition der logischen Wahrheit möglich wurde; logische Wahrheit galt nicht länger ‚in bezug auf' eine *Ad-hoc*-Liste von Bestandteilen. (Vgl. Tarski [1935].) Tarski war jedoch verwirrt über diese Grenze und fragte sich nach allem, ob er zu einem relativierten Begriff von Gegenbeispiel und folglich auch der logischen Wahrheit zurückkehren müsse (S. 420) — wie Bolzano, von dem Tarski übrigens keine Kenntnis hatte. Das interessanteste Ergebnis in dieser Richtung war Poppers [1947], woraus folgt, daß man keine weiteren logischen Konstanten aufgeben kann, ohne einige Grundprinzipien rationaler Diskussion aufzugeben.

in einen ‚Rückzug zur Verbindlichkeit' münden: ist alles kritisierbar außer Deiner Theorie der Kritik, Deiner ‚Metatheorie'?[182]

OMEGA [*zu Epsilon*]: Ich mag diesen Übergang von der Wahrheit zur Rationalität nicht. *Wessen* Rationalität? Ich wittere konventionalistische Infiltration.

BETA: Was habt Ihr denn? Ich verstehe Thetas ‚gemäßigtes Muster' der Begriffsdehnung. Ich verstehe auch, daß die Begriffsdehnung mehr als nur einen Ausdruck angreifen kann: wir sahen dies, als Kappa ‚ausbreiten' dehnte oder als Gamma ‚alle' dehnte. ...

SIGMA: Aber Gamma hat doch ‚einfach zusammenhängend' gedehnt!

BETA: Keineswegs. ‚Einfach zusammenhängend' ist ja eine Abkürzung – er dehnte nur den Ausdruck ‚alle', der unter den definierenden Ausdrücken auftaucht.[183]

THETA: Kommen wir zum Thema zurück. Ihr seid unglücklich über die ‚offene' radikale Begriffsdehnung?

BETA: Ja. Kein Mensch würde diese letzte Art als eigentliche Widerlegung anerkennen! Ich gebe gerne zu, daß jene gemäßigte Richtung der Begriffsdehnung in der heuristischen Kritik, die Pi aufdeckte, ein ganz wichtiger Träger des mathematischen Fortschrittes ist. Aber die Mathematiker werden niemals diese letzte wilde Form der Widerlegung anerkennen!

LEHRER: Du irrst Dich, Beta. Sie *haben* sie anerkannt, und ihre Anerkennung war ein Wendepunkt in der Geschichte der Mathematik. *Diese Revolution in der mathematischen Kritik veränderte den Begriff der mathematischen Wahrheit, veränderte die Maßstäbe des mathematischen Beweises, veränderte die Muster des mathematischen Fortschrittes!*[184] Aber laßt uns jetzt unsere gegenwärtige Erörterung beenden – wir werden dieses neue Stadium ein andermal erörtern.

SIGMA: Aber dann ist ja nichts entschieden. Wir können unmöglich *jetzt* aufhören.

LEHRER: Ich kann es Dir nachfühlen. Dieses letzte Stadium wird entscheidende Rückwirkungen auf unsere Erörterung haben.[185] Aber eine wissenschaftliche Untersuchung ‚beginnt und endet bei Problemen'.[186] [*Verläßt das Klassenzimmer.*]

BETA: Aber am Anfang hatte ich doch gar keine Probleme! Und jetzt habe ich nichts *außer* Problemen!

182 ‚Zurück zur Verbindlichkeit!' ist Bartleys Formulierung [1962]. Er untersucht das Problem, ob eine rationale Verteidigung des Kritischen Rationalismus möglich ist, hauptsächlich in bezug auf *religiöses* Wissen – aber die Problemmuster sind sehr stark die gleichen wie in bezug auf *mathematisches* Wissen.

183 Siehe S. 37–41, Gamma wollte in der Tat einige Bedeutungslast von ‚alle' abwälzen, so daß es nicht länger für nichtleere Klassen gelte. Das mäßige Dehnen von ‚alle' durch Entfernen des ‚Existenz-Gesichtspunkts' aus seiner Bedeutung, wodurch die leere Menge aus einem Monster in eine gewöhnliche *bürgerliche* Menge verwandelt wurde, war ein wichtiges Ereignis – verbunden nicht nur mit der Booleschen mengentheoretischen Neuinterpretation der Aristotelischen Logik, sondern auch mit dem Auftauchen des Begriffs der leeren Erfüllung in der mathematischen Diskussion.

184 Die Begriffe Kritik, Gegenbeispiel, Folgerung, Wahrheit und Beweis sind untrennbar; wenn sie sie ändern, dann *ändert sich zuallererst der Begriff der Kritik*, und die anderen Änderungen folgen nach.

185 Vgl. Lakatos [1962].

186 Popper [1963*b*], S. 968.

Kapitel 2

Einleitung der Herausgeber

Auf Poincarés Beweis der Descartes-Euler-Vermutung wurde bereits in Kapitel 1 verwiesen[187]. Lakatos leitete in seiner Doktorarbeit seine eingehende Betrachtung dieses Beweises mit einer Erörterung jener Argumente ein, die für und gegen den ‚Euklidischen' Zugang zur Mathematik sprechen. Teile dieser Erörterung übernahm Lakatos in Kapitel 1 (siehe z. B. S. 44–50), und andere schrieb er neu als Teile seines Aufsatzes ‚Infinite Regress and the Foundations of Mathematics' (Lakatos [1962]). Deswegen lassen wir diese einleitende Erörterung an dieser Stelle fort.

Das Euklidische Programm besteht in dem Versuch, die Mathematik mit unbezweifelbar wahren Axiomen auszustatten, die in vollkommenen klaren Ausdrücken formuliert sind. Der Anwalt dieses Programms ist Epsilon. Seine Philosophie wird herausgefordert, aber der Lehrer bemerkt, daß die offenkundigste und direkteste Herausforderung Epsilons darin besteht, von ihm einen Beweis der Descartes-Euler-Vermutung zu verlangen, der Euklidischen Maßstäben genügt. Epsilon nimmt die Herausforderung an.

1 Übersetzung der Vermutung in die ‚wohlbekannte' Sprache der Linearen Algebra. Das Problem der Übersetzung

EPSILON: Ich nehme die Herausforderung an. Ich werde beweisen, daß alle einfach-zusammenhängenden Polyeder mit einfach-zusammenhängenden Flächen Eulersch sind.

LEHRER: Ja, ich habe diesen Satz in einer der vorangegangenen Stunden aufgestellt.[188]

EPSILON: Wie ich schon dargelegt habe, muß ich zuerst die Wahrheit finden, damit ich sie dann beweisen kann. Nun habe ich nichts gegen die Verwendung Eurer Methode „Beweise und Widerlegungen" als eine Methode zur Entdeckung der Wahrheit, aber dort, wo Ihr aufhört, da fange ich an. Wo Ihr mit dem Verbessern aufhört, da beginne ich mit dem Beweisen.[189, *26]

187 siehe die Seiten 59 und 83.

188 siehe oben S. 30.

189 Epsilon ist wahrscheinlich der allererste Verfechter des Euklidischen Programms, der den heuristischen Wert des Beweisverfahrens zu schätzen weiß. Bis zum siebzehnten Jahrhundert billigten die Verfechter des Euklidischen Programms die Platonische Methode der Analyse als heuristische Methode; später ersetzten sie sie durch einen glücklichen Einfall und/oder einen Geistesblitz.

*26 *A. d. Ü.*: Die griffige Formulierung im Original lautet: ‚*Where you stop improving, I start proving.*'

ALPHA: Aber dieser lange Satz steckt voller dehnbarer Begriffe. Ich glaube nicht, daß es uns schwerfallen wird, ihn zu widerlegen.

EPSILON: Es wird Dir unmöglich sein, ihn zu widerlegen. Ich werde die Bedeutung jedes einzelnen Ausdrucks festlegen.

LEHRER: Jetzt aber los.

EPSILON: Vor allen Dingen werde ich nur die klarstmöglichen Begriffe verwenden. Möglicherweise werden wir eines Tage dazu in der Lage sein, unser vollkommenes Wissen so auszuweiten, daß es auch optische Kameras, Papier und Schere, Gummibälle und Pumpen umfaßt, aber *jetzt* sollten wir diese Dinge vergessen. *Endgültigkeit* kann sicherlich nicht durch Verwendung all dieser verschiedenen Werkzeuge erreicht werden. Unsere früheren Mißerfolge gründen meiner Ansicht nach in der Tatsache, daß wir uns solcher Methoden bedienten, die der einfachen, reinen Natur der Polyeder fremd sind. Die übermäßige Vorstellungskraft, die all diese Werkzeuge in Bewegung setzte, ist vollkommen fehlgeleitet. Sie brachte äußerliche, fremde, zufällige Elemente herein, die nicht zum Wesen der Polyeder gehören, und so ist es kein Wunder, daß sie bei einigen Polyedern versagt. Um einen vollkommenen Beweis zu erhalten, muß man den Bereich der verwendeten Werkzeuge beschränken.[190] Und zwar deswegen, weil diese übermäßige Vorstellungskraft es uns zu schwer macht, *Sicherheit* zu erreichen. Die Wahrheit solcher Hilfssätze, die sich um die Eigenschaften von Linsen, Gummi und so weiter drehen, ist nur schwer zu verbürgen. Wir sollten Scheren, Pumpen, Kameras und ähnliches fahren lassen, denn ‚um eine Frage zu verstehen, müssen wir sie von allem Überflüssigen loslösen und sie so einfach wie möglich wiedergeben‘[191]. Ich läutere meinen Satz[192] und meinen Beweis und beschränke mich auf die einfachsten und leichtesten Dinge[193]: nämlich auf Ecken, Kanten und Flächen. Ich werde *diese* Ausdrücke nicht definieren, weil es über deren Bedeutung sicherlich keine Meinungsverschiedenheit geben kann. Ich werde jeden Ausdruck, der auch nur im mindesten unklar ist, in wohlbekannten ‚einfachen‘ Ausdrücken definieren.[194]

Nun ist es klar, daß keiner der besonderen Hilfssätze in irgendeinem der Beweise offensichtlich wahr war; das waren ja solche Vermutungen wie ‚Alle Polyeder können zu einer Kugel aufgeblasen werden‘ und so weiter. Aber jetzt ‚verlange ich, daß keine Ver-

190 In der Beweisanalyse gibt es keine Beschränkung für die ‚Werkzeuge‘. Wir können jeden Hilfssatz, jeden Begriff verwenden. Dies gilt für jede fortschreitende, inhaltliche Theorie, bei der Problemlösen ein Freistilringen ist. Bei einer formalisierten Theorie sind die Werkzeuge in der Satzlehre der Theorie vollständig vorgeschrieben. Im Idealfall (wenn es ein Entscheidungsverfahren gibt) ist das Problemlösen hier ein Ritual.

191 Dies sind Descartes Worte in seinem [1628], Regel XIII.

192 Man sollte nicht vergessen, daß während die Beweisanalyse mit einem Satz *schließt*, der Euklidische Beweis damit *beginnt*. In der Euklidischen Methodenlehre gibt es gar keine Vermutungen, sondern nur Sätze.

193 Descartes [1628], Regel IX.

194 Pascals Regeln für Definitionen ([1655/1974], S. 86): ‚1. Keines der Dinge zu definieren versuchen, die von sich selbst her so bekannt sind, daß man keine noch klareren Ausdrücke hat, um sie zu erklären. 2. Keinen der etwas dunklen oder mehrdeutigen Ausdrücke ohne Definition zulassen. 3. In der Definition der Ausdrücke nur vollkommen bekannte oder schon erklärte Wörter verwenden.‘

mutungen irgendwelcher Art in den Urteilen zugelassen werden, die wir über die Wahrheit der Dinge fällen'[195]. Ich werde die Vermutung in Hilfssätze zerlegen, die nicht länger Hilfssätze sind, sondern ‚Intuitionen', das sind ‚unzweifelhafte Begriffe eines lauteren und aufmerksamen Geistes, die im reinen Licht der Vernunft geboren werden'[196]. Beispiele solcher ‚Intuitionen' sind: *alle Polyeder haben Flächen*; *alle Flächen haben Kanten*; *alle Kanten haben Ecken.* Ich werde nicht solche Fragen aufwerfen, ob ein Polyeder ein fester Körper oder eine Oberfläche ist. Dies sind vage Vorstellungen und für unsere Aufgabe jedenfalls überflüssig. Für mich besteht ein Polyeder aus drei Mengen: der Menge von E Ecken (ich werde sie $p_1^0, p_2^0, \ldots, p_E^0$ nennen), der Menge von K Kanten (ich werde sie $p_1^1, p_2^1, \ldots, p_K^1$ nennen) und der Menge von F Flächen (ich werde sie $p_1^2, p_2^2, \ldots, p_F^2$ nennen). Um ein Polyeder zu kennzeichnen benötigen wir noch eine Art Tafel, die uns sagt, welche Ecke zu welcher Kante gehört, und welche Kante zu welcher Fläche. Ich werde diese Tafeln ‚Inzidenz-Matrizen' nennen.

GAMMA: Ich bin ein bißchen verwirrt über Deine Definition des Polyeders. Zunächst einmal: da Du Dich überhaupt damit abplagst, den Begriff eines Polyeders zu definieren, schließe ich, daß Du ihn nicht als wohlbekannt betrachtest. Aber woher nimmst Du dann Deine Definition? Du hast den unklaren Begriff des Polyeders in den ‚wohlbekannten' Begriff der Fläche, Kante und Ecke definiert. Aber Deiner Definition – nämlich daß das Polyeder eine Menge von Ecken plus eine Menge von Kanten plus eine Menge von Flächen plus einige Inzidenz-Matrizen ist – mißlingt es offenkundig, den intuitiven Begriff des Polyeders einzufangen. Aus ihr folgt beispielsweise, daß jedes Polygon ein Polyeder ist, ebenso wie etwa ein Polygon mit einer frei aus ihm herausragenden Kante. Du mußt jetzt zwischen zwei Wegen wählen. Du kannst sagen: ‚Der Mathematiker befaßt sich nicht mit der landläufigen Bedeutung seiner technischen Ausdrücke ... Die mathematische Definition *schafft* den mathematischen Sinn'[197]. In diesem Fall heißt den Begriff eines Polyeders definieren soviel wie den alten Begriff gänzlich aufgeben und ihn durch einen neuen Begriff ersetzen. Aber dann ist jedwede Ähnlichkeit zwischen Deinem ‚Polyeder' und irgendeinem echten Polyeder rein zufällig, und Du wirst nicht das geringste sichere Wissen über echte Polyeder erlangen, indem Du Deine Schein-Polyeder untersuchst. Der andere Weg besteht darin, auf der Idee zu beharren, daß eine Definition eine Abklärung ist, daß sie die wesentlichen Merkmale offenlegt, daß sie eine Übersetzung oder eine bedeutungserhaltende Umformung eines Ausdruckes für eine klarere Sprache ist. In diesem Fall sind Deine Definitionen Vermutungen, und sie können richtig oder falsch sein. Wie kommst Du zu einer mit Sicherheit richtigen Übersetzung unbestimmter Ausdrücke in wohlbestimmte?

EPSILON: Ich gebe zu, daß Du mich mit dieser Kritik überrumpelt hast. Ich dachte, Du würdest die absolute Wahrheit meiner Axiome bezweifeln, ich dachte, Du würdes fragen, wie solche *a priori* synthetischen Urteile möglich sind, und ich habe einige Gegenargumente vorbereitet; aber einen Angriff auf der Ebene der Definitionen habe ich nicht erwartet. Aber ich denke, meine Antwort lautet: Ich erhalte meine Definitionen gerade

195 Descartes [1628], Anmerkungen zu Regel III.
196 *Ibid.*
197 Pólya [1945/1949], S. 84.

so wie meine Axiome durch Intuition. Sie stehen wirklich im gleichen Rang: Du kannst meine Definitionen als ergänzende Axiome[198] nehmen, oder Du kannst meine Axiome als implizite Definitionen betrachten[199]. Sie erfassen das Wesen der infrage stehenden Ausdrücke.

LEHRER: Genug der Philosophie: Zeig und den Beweis. Mir gefällt Deine Philosophie nicht, aber vielleicht gefällt mir Dein Beweis.

EPSILON: In Ordnung. Ich werde zunächst den zu beweisenden Satz in meinen vollkommen einfachen und klaren Begriffsrahmen übersetzen. Meine besonderen undefinierten Ausdrücke werden Ecken, Kanten, Flächen und Polyeder sein. Ich werde sie manchmal als null-, ein-, zwei- und dreidimensionale Polytope[200] bezeichnen oder kurz als 0-Polytope, 1-Polytope, 2-Polytope und 3-Polytope.

ALPHA: Aber vor zehn Minuten hast Du Polyeder in Ausdrücken von Ecken, Kanten und Flächen definiert!

EPSILON: Ich habe mich geirrt. Diese ‚Definition' war übereilt und töricht. Ich habe mein Urteil in albernem Übereifer gefällt. Richtige Intuition, richtige Deutung reift langsam, und die Läuterung der Seele von Vermutungen erfordert Zeit.[201]

BETA: Vor einem Augenblick hast Du einige Deiner Axiome erwähnt wie: Flächen *haben* Kanten, oder zu jeder Fläche *gehören* Kanten – ‚gehören zu': ist dies ein weiterer einfacher Ausdruck?

EPSILON: Nein. Ich benenne nur die *eigentümlichen* Ausdrücke der infrage stehenden Theorie, in diesem Fall der Theorie der Polyeder, nicht jedoch die logischen, mengentheoretischen, arithmetischen der zugrunde liegenden Theorie, die ich als vollkommen bekannt annehme. Aber laßt mich jetzt zu dem Ausdruck ‚einfach-zusammenhängend' kommen, der sicherlich nicht vollständig klar ist. Ich werde zuerst einfach-zusammenhängend für Polyeder definieren und dann einfach-zusammenhängend für Flächen. Ich nehme zuerst einfach-zusammenhängend für Polyeder. Tatsächlich ist dies die Abkürzung für einen langen Ausdruck: Ein Polyeder heißt einfach-zusammenhängend, (1) wenn alle geschlossenen schleifenfreien Kantensysteme eine Innenseite und eine Außenseite besitzen und (2) wenn es nur ein einziges geschlossenes schleifenfreies Flächensystem gibt – das die Innenseite von der Außenseite dieses Polyeders trennt. Nun steckt diese Definition voller ziemlich unbestimmter Ausdrücke wie ‚geschlossen', ‚Innenseite', ‚Außenseite' und so weiter. Aber ich werde sie allesamt in wohlbekannten Ausdrücken definieren.

198 ‚Die Definition als eine unbeweisbare Aussage von wesentlicher Natur' (Aristoteles, *Analytica Posteriora, 94a*).

199 Gergonne [1818].

200 Daß diese Ausdrücke unter einen einzigen allgemeinen abstrakten Ausdruck gefaßt werden können, wurde von Schläfli ([1852]) entdeckt. Er nannte sie ‚Polyscheme'. Listing [1861] nannte sie Curien. Aber es war Schläfli, der die Verallgemeinerung auf mehr als drei Dimensionen erstreckte.

201 ‚Die Schlußfolgerungen der menschlichen Vernunft, wie sie gewöhnlich auf Naturgegenstände angewandt werden, nenne ich um der Unterscheidung willen *Vorwegnahmen der Natur* (weil sie unbesonnen oder vorschnell sind). Jene aber, welche die Vernunft in einem richtigen und methodischen Verfahren aus den Tatsachen herausholt, nenne ich *Deutung der Natur*' (Bacon [1620], XXVI).

GAMMA: Du hast die mechanischen Ausdrücke – aufpumpen, schneiden – als unzuverlässig zum Teufel gejagt; jetzt wirfst Du die geometrischen Ausdrücke – wie geschlossen – über Bord. Ich glaube, Du übertreibst Deinen Läuterungseifer. ‚Ein geschlossenes Kantensystem' ist ein vollkommen klarer Begriff und braucht nicht definiert zu werden.

EPSILON: Nein, Du irrst Dich. Würdest Du ein Sternpolyeder ein geschlossenes Kantensystem nennen? Vielleicht würdest Du, weil es kein freies Ende hat. Aber es ‚umschließt' keine wohldefinierte Fläche, und mancher könnte unter einem ‚geschossenen Kantensystem' ein Kantensystem verstehen, das dies tut. So mußt Du in der einen oder andern Richtung einen Entschluß fassen und sagen, wofür Du Dich entschieden hast.

GAMMA: Ein Sternpolyeder mag nicht berandet sein, aber es ist offenkundig *geschlossen*.

EPSILON: Ich halte es für geschlossen und auch für berandet. Unsere Meinungsverschiedenheit ist zwar sehr vielsagend, aber ich werde Dich schon noch überzeugen. Ich möchte gern wissen, ob Du ein Heptaeder für ein geschlossenes Flächensystem hältst, das berandet ist, oder nicht.

GAMMA: Ich habe noch niemals etwas von Deinem Heptaeder gehört.

EPSILON: Es gehört zu einer ziemlich interessanten Sorte von Polyedern, denn es hat nur eine einzige Seite. Es gibt keinen geometrischen Körper, den es umschließt, und es teilt den Raum nicht in zwei Teile, eine Innenseite und eine Außenseite. Du, Alpha, der Du von Deiner ‚klaren' geometrischen Intuition geleitet wirst, Du sagtest doch vorhin, daß ein geschlossenes Flächensystem dann berandet, ‚wenn es der Rand zwischen der Innenseite des Polyeders und der Außenseite des Polyeders ist'. Ich bin neugierig, ob Deiner Ansicht nach die Oberfläche des Heptaeders nichts berandet. Oder wird Deine Bekanntmachung mit dem Heptaeder Deinen Begriff der ‚berandenden' Systeme verändern? In diesem Fall aber erlaube ich mir die bescheidende Frage: Können *vollkommen* bekannte Begriffe durch Erfahrung verändert werden? Niemals! Deswegen sind ‚geschlossen', ‚berandet' nicht wohlbekannt. Deswegen bin ich dabei, diese Begriffe zu definieren.

THETA: Zeichne dieses Heptaeder, ich bin gespannt, wie es aussieht!

EPSILON: Sofort. Ich beginne mit einem gewöhnlichen bekannten Oktaeder (siehe Abb. 25). Nun füge ich drei Quadrate in den Ebenen hinzu, die von den Diagonalen aufgespannt werden, beispielsweise $A\ B\ C\ D$ (Abb. 26).

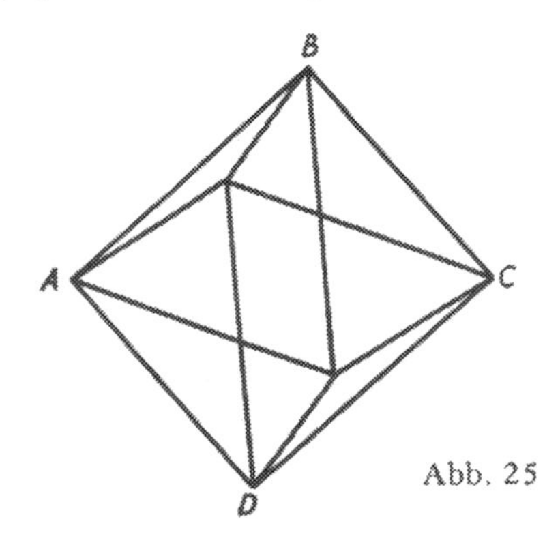

Abb. 25

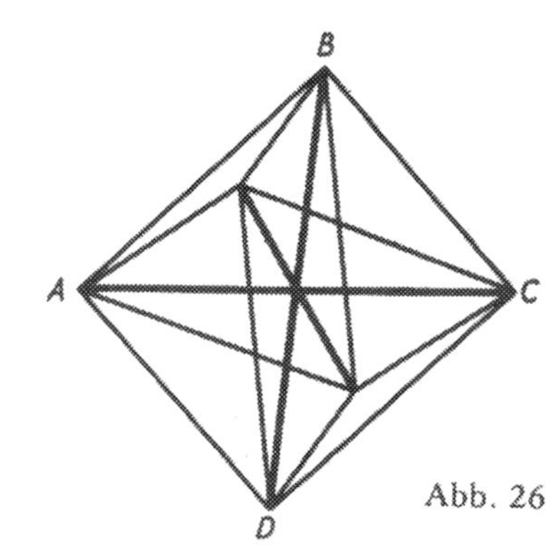

Abb. 26

DELTA: Von einem anständigen Polyeder erwarte ich, daß sich an den Kanten nur zwei Flächen treffen – hier haben wir drei!

EPSILON: Warte ab. Wir werden jetzt vier Dreiecke entfernen, um diese Forderung zu erfüllen: Von der vordern Hälfte der Figur entferne ich das Dreieck links oben und das Dreieck rechts unten, von der hinteren Hälfte entferne ich das Dreieck links unten und das Dreieck rechts oben. Dann bleiben nur noch die vier in dem Diagramm (Abb. 27) schattierten Dreiecke übrig. Wir haben also eine Figur erhalten, die aus vier Dreiecken und drei Quadraten besteht. Dies ist das Heptaeder.[203] Seine Kanten und Ecken sind die Original-Kanten und -Ecken des Oktaeders. Die Diagonalen des Oktaeders sind keine Kanten unserer Figur, aber es sind Linien, an denen sie sich selbst durchdringt. In lege geometrischer Intuition nicht so viel Bedeutung bei, ich bin nicht sehr interessiert an der Tatsache, daß mein Polyeder leider so unbequem in den dreidimensionalen Raum eingebettet ist. Dieser Sachverhalt wird von den Inzidenz-Matrizen meines Heptaeders nicht herausgestellt. (Übrigens kann das Heptaeder hervorragend ohne jegliche Selbstdurchdringung in den fünfdimensionalen Raum eingebettet werden.)[204]

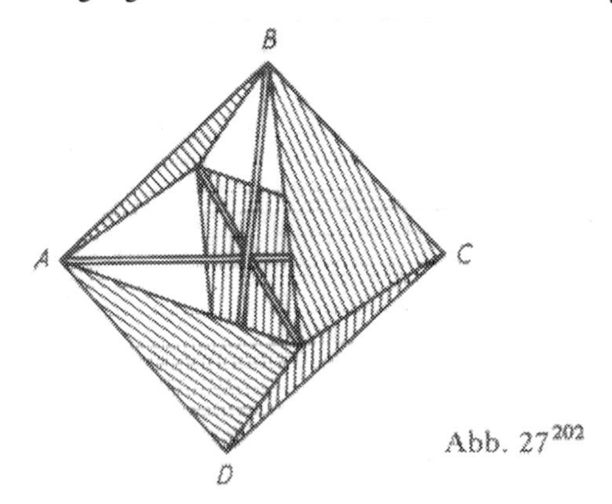

Abb. 27[202]

Jetzt die Frage: Berandet die Oberfläche des Heptaeders? Die Antwort ist ‚nein', wenn Du eine Oberfläche genau dann als ‚berandend' definierst, wenn sie der Rand des Polyeders in dem Sinne ist, daß sie seine Innenseite von seiner Außenseite trennt. Andererseits ist die Antwort ‚ja', wenn Du eine Oberfläche genau dann als ‚berandend' definierst, wenn sie der Rand des Polyeders in dem Sinne ist, daß sie alle seine Flächen enthält. Du siehst also, man muß ‚beranden' *definieren*, man muß definieren, was man unter ‚Rand' verstehen will. Diese Begriffe scheinen einen Anstrich von Vertrautheit zu haben, bevor man mit der Untersuchung der Reichhaltigkeit polyedrischer Formen beginnt, aber im Verlauf einer solchen Untersuchung zerbrechen die ursprünglichen groben Begriffe und zeigen eine Feinstruktur, und deswegen mußt Du Deine Begriffe sorgfältig definieren, so daß es klar ist, in welchem Sinne Du sie gebrauchst.

202 Abbildung 27 ist nach Hilbert und Cohn-Vossen [1932] neugestaltet.
203 entdeckt von C. Reinhardt (siehe sein [1885], S. 114)
204 Daß Einseitigkeit oder Zweiseitigkeit von der Dimensionszahl des Raumes abhängt, wurde erstmals von W. Dyck entdeckt, Siehe sein [1888], S. 474.

KAPPA: Und dann mußt Du Dein Veto gegen weiterführende Untersuchungen einlegen, um ein weiteres Zerbrechen zu vermeiden!

LEHRER: Hör nicht auf Kappa, Epsilon. Widerlegungen, Ungereimtheiten und allgemeine Kritik sind ungemein wichtig, aber nur dann, wenn sie zu Verbesserungen führen. *Eine bloße Widerlegung ist kein Sieg.* Wenn bloßer Kritik, auch wenn sie berechtigt ist, Gewicht zukäme, dann hätte Berkeley die weitere Entwicklung der Mathematik verhindert, und Dirac hätte keinen Herausgeber für seine Arbeiten gefunden.

EPSILON: Keine Sorge, ich habe Kappas grundloses Herumnörgeln gleich überhört. Ich werde jetzt fortfahren, meine Ausdrücke zu definieren und alles in meine wenigen besonders einfachen Ausdrücke – Polytope und Inzidenz-Matrizen – zu übersetzen. Ich werde mit der Definition von ‚Rand' beginnen. Der Rand eines k-Polytopes ist die Summe aller (k-1)-Polytope, die laut den Inzidenz-Matrizen zu ihm gehören. Eine Summe von k-Polytopen werde ich eine k-Kette nennen. So ist beispielsweise die ‚Oberfläche' eines Polyeders (oder irgendeines Teiles davon) wesentlich eine 2-Kette. Ich definiere den Rand einer k-Kette als die Summe der (k-1)-Polytope, die zu der k-Kette gehören, aber anstatt der gewöhnlichen Summe nehme ich die Summe *modulo 2*. Das bedeutet, daß folgendes gilt:

$$0 + 0 = 0, 1 + 0 = 1, 0 + 1 = 1, 1 + 1 = 0.$$

Ihr müßt einsehen, daß dies die *richtige Definition* des Randes einer k-Kette ist.

BETA: Halte einen Moment ein. Ich vermag Deinen k-dimensionalen Definitionen nicht so leicht zu folgen. Laß mich laut über ein Beispiel nachdenken.*27 Zum Beispiel ist der Rand einer *Fläche* nach Deiner Definition die Menge der Kanten, die zu ihr gehören. Wenn ich jetzt zwei Flächen miteinander verbinde, dann wird der gemeinsame Rand jene Kanten nicht enthalten, die ihnen beiden gemeinsam sind. Wenn ich also die Kanten addiere, dann werde ich jene fortlassen, die paarweise auftreten. Zum Beispiel nehme ich zwei Dreiecke (Abb. 28). Der Rand des ersten ist $c + d + e$, der Rand des zweiten $a + b + e$, und der Rand ihrer Vereinigung ist $a + b + e + c + d + e = a + b + c + d$. Jetzt begreife ich, warum Du die Summe *modulo 2* in Deine Definition einführst. Mach bitte weiter.

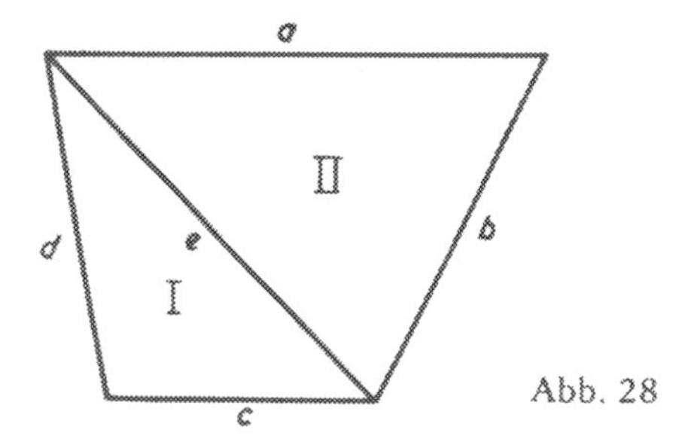

Abb. 28

*27 *A.d.H.u.d.Ü.*: Die im Original verwendete Formulierung *‚thinking loudly'* ist eine Sprachschöpfung von Lakatos, die er als Fachausdruck benutzt.

EPSILON: Nachdem ich nun ‚Rand‘ in wohlbekannten besonderen Ausdrücken definiert habe, werde ich jetzt ‚geschlossen‘ definieren. Bislang konntet Ihr Euch entweder nur auf eine ungefähre Einsicht berufen, oder Ihr mußtet geschlossen in jedem Falle einzeln definieren: zuerst die Geschlossenheit eines Kantensystems, dann die Geschlossenheit eines Flächensystems. Jetzt werde ich Euch zeigen, daß es einen allgemeinen Begriff der Geschlossenheit gibt, der auf jede k-Kette anwendbar ist, unabhängig von k. Ich werde eine k-Kette genau dann eine geschlossene k-Kette oder kurz einen k-Zykel nennen, wenn ihr Rand Null ist.

BETA: Halte einen Moment ein. Laß mich überlegen: ein gewöhnliches Polygon ist intuitiv geschlossen, und aufgrund Deiner Definition ist es tatsächlich geschlossen, weil sein Rand Null ist, da jede Ecke zweimal in dem Rand auftaucht, was in Deiner *modulo 2*-Algebra Null ergibt. Ein gewöhnliches einfaches Polyeder ist geschlossen, weil in seinem Rand jede Kante zweimal auftaucht.

KAPPA [*beiseite*]: Beta muß sich ganz schön anstrengen, um Epsilons ‚offenkundige und unmittelbare Einsichten‘ zu bestätigen!

EPSILON: Der nächste zu erläuternde Ausdruck ist ‚beranden‘. Ich werde sagen, daß ein k-Zykel berandet, wenn er der Rand einer $(k + 1)$-Kette ist. Beispielsweise berandet der ‚Äquator‘ eines kugelförmigen Polyeders, während der ‚Äquator‘ eines ringförmigen Polyeders nicht berandet. In diesem letzten Fall wird die alternative Idee, nämlich daß er das Polyeder ‚als Ganzes‘ berandet, verworfen, weil der Rand des ganzen Polyeders Null ist. Nun ist es vollkommen klar, daß beispielsweise das Heptaeder berandet.

BETA: Du bist ein bißchen schnell, aber Du scheinst recht zu haben.

GAMMA: Kannst Du beweisen, daß jede berandende k-Kette ein Zykel ist? Du hast ‚beranden‘ nur für Zykel definiert – und Du hättest es allgemein für Ketten tun können. Ich nehme an, daß der Grund für Deine eingeschränkte Definition dieser verborgene Satz ist.

EPSILON: Das stimmt, ich kann das beweisen.

GAMMA: Eine andere Frage. Manche Ketten sind Zykel, manche Zykel beranden. Das scheint mir in Ordnung zu sein. Aber ich meine, daß der Rand einer anständigen k-Kette geschlossen sein sollte. Beispielsweise könnte ich einen Würfel mit fehlender Deckfläche unmöglich als Polyeder anerkennen, ebenso wie ich ein Quadrat mit fehlender Kante unmöglich als Polygon anerkennen kann. Kannst Du beweisen, daß der Rand jeder k-Kette geschlossen ist?

EPSILON: Kann ich beweisen, daß der Rand des Randes einer beliebigen k-Kette Null ist?

GAMMA: Da haben wir's.

EPSILON: Nein, das geht nicht! Das ist unbezweifelbar richtig. Es ist ein Axiom. Da gibt es keine Notwendigkeit, dies zu beweisen.

LEHRER: Weiter, weiter! Ich nehme an, daß Du jetzt Deinen Satz in Deine wohlbekanten Ausdrücke übersetzen kannst.

EPSILON: Stimmt. In Kurzfassung lautet der übersetzte Satz: *‚Alle Polyeder, bei denen sämtliche Zykel beranden, sind Eulersch‘*. Der besondere Ausdruck ‚Polyeder‘ ist undefiniert; ‚Zykel‘ und ‚beranden‘ habe ich bereits in wohlbekannten Ausdrücken definiert.

GAMMA: Du hast vergessen, daß die Flächen einfach-zusammenhängend sind. Du hast einfach-zusammenhängend nur für das Polyeder definiert.

EPSILON: Du irrst Dich. Ich verlange, daß *alle* Zykel beranden: auch die 0-Zykel. Ich habe ‚ein Polyeder ist einfach-zusammenhängend' übersetzt in ‚alle 1-Zykel und 2-Zykel beranden'; und ‚eine Fläche ist einfach-zusammenhängend' in ‚alle 0-Zykel beranden'.

GAMMA: Ich vermag Dir nicht zu folgen. Was ist ein 0-Zykel?

EPSILON: Eine 0-Kette ist irgendeine Summe von Ecken, ein 0-Zykel irgendeine Summe von Ecken, deren Rand Null ist.

GAMMA: Aber was ist der Rand einer Ecke? Es gibt doch keine *minus 1*-dimensionalen Polytope!

EPSILON: Selbstverständlich gibt es die. Oder es gibt zumindest eines: die leere Menge.

GAMMA: Du bist ja verrückt!

ALPHA: Er braucht nicht verrückt zu sein. Er führt eine Konvention ein. Mir ist es gleichgültig, welche begrifflichen Werkzeuge er verwendet. Sehen wir uns seine Ergebnisse an.

EPSILON: Ich verwende keine Konventionen, und meine Begriffe sind keine ‚Werkzeuge'. Die leere Menge *ist* das *minus1*-dimensionale Polytop. Seine Existenz ist für mich sicherlich offenkundiger als die Existenz von, sagen wir, Deinem Hund.

LEHRER: Keine Platonische Propaganda! Zeig uns, wie Deine ‚berandenden 0-Zykel' die ‚einfach-zusammenhängenden Flächen' übersetzen.

EPSILON: Wenn Ihr einmal bemerkt habt, daß der Rand jeder Ecke die leere Menge ist, dann ist der Rest geschenkt. Nach meiner früheren Definition ist der Rand einer einzigen Ecke die leere Menge, aber der Rand von zwei Ecken ist Null wegen der *modulo 2*-Algebra. Der Rand von drei Ecken ist wieder die leere Menge und so weiter. Also sind gerade Anzahlen von Ecken Kreise, ungerade Anzahlen von Ecken jedoch nicht.

GAMMA: Damit läuft also Deine Forderung, daß 0-Zykel beranden sollen, auf die Forderung hinaus, daß je zwei Ecken eine 1-Kette beranden, oder in gewöhnlicher Sprache auf die Forderung, daß je zwei Ecken durch ein Kantensystem verbunden sind. Damit werden natürlich ringförmige Flächen hinausgeworfen. Dies ist in der Tat die Forderung, die wir üblicherweise formulierten als ‚einfach-zusammenhängende Flächen werden für sich genommen'.

EPSILON: Du kannst kaum bestreiten, daß meine Sprache, welche die *natürliche* Sprache ist, die das *Wesen* der Polyeder widerspiegelt – daß meine Sprache zum erstenmal die tief verwurzelte Wesenseinheit von früher unzusammenhängenden, vereinzelten *Ad-hoc*-Kriterien aufzeigt!

GAMMA [*beiseite*]: Was ich kaum bestreiten kann, ist meine Verwirrung! Daß der Weg zu dieser ‚natürlichen Einfachheit' mit solchen Verwicklungen gepflastert sein soll, ist äußerst seltsam.

ALPHA: Laß mich prüfen, ob ichs verstanden habe. Du sagst doch, daß alle Ecken denselben Rand haben: die leere Menge?

EPSILON: Das ist richtig.

ALPHA: Und für Dich ist ‚alle Ecken haben die leere Menge' ein Axiom, wie ich annehme – gerade so wie ‚alle Flächen haben Kanten' oder ‚alle Kanten haben Ecken'.

EPSILON: Das ist richtig.

ALPHA: Aber diese Axiome können unmöglich im gleichen Rang stehen! Das erste ist eine Konvention, die letzten beiden sind notwendig richtig!

LEHRER: Der Satz ist jetzt übersetzt, ich möchte den Beweis sehen.

EPSILON: Sofort. Doch erlaube mir zuvor eine leichte Neuformulierung des Satzes in ‚*Alle Polyeder, bei denen Kreise und berandende Kreise zusammenfallen, sind Eulersch*'.

LEHRER: Beweise ihn.

EPSILON: Sofort. Ich drücke ihn anders aus.[205]

BETA: Aber warum denn? Du hast doch bereits alle Deine Ausdrücke, die auch nur ein bißchen unklar waren, in wohlbekannte Ausdrücke übersetzt!

EPSILON: Das stimmt. Aber die Übersetzung, die ich jetzt machen will, ist eine ganz andere. Ich werden die Menge meiner einfachen Ausdrücke in eine andere Menge einfacher Ausdrücke übersetzen, die noch grundlegender sind.

BETA: Demnach sind manche Deiner wohlbekannten Ausdrücke besser bekannt als andere!

LEHRER: Beta, nörgele nicht dauernd an Epsilon herum! Richte Deine Aufmerksamkeit auf das, was er tut, und nicht darauf, wie er seine Tätigkeit deutet. Mach weiter, Epsilon.

EPSILON: Wenn wir uns meine letzte Fassung des Satzes genauer ansehen, dann werden wir erkennen, daß es ein Satz über die Zahl der Dimensionen gewisser Vektorräume ist, die von den Inzidenz-Matrizen bestimmt sind.

BETA: Wie bitte?

EPSILON: Seht Euch unseren Begriff einer Kette an, sagen wir einer 1-Kette. Es ist dieser:

$$x_1\theta_1 + x_2\theta_2 + \ldots + x_K\theta_K,$$

wobei $\theta_1, \ldots, \theta_K$ die K Kanten und $x_1, x_2, \ldots, x_K$ entweder 0 oder 1 sind.

Es ist leicht zu sehen, daß die 1-Ketten einen K-dimensionalen Vektorraum über dem Restklassenkörper *modulo 2* bilden. Allgemein bilden die k-Ketten einen N_k-dimensionalen Vektorraum über dem Restklassenkörper *modulo 2* (wobei N_k für die Zahl der k-Polytope steht). Die Zykel bilden Unterräume der Kettenräume und die berandenden Zykel wiederum Unterräume der Zykelräume.

Somit lautet mein Satz tatsächlich ‚*Wenn die Zykelräume und die Räume der berandenden Zykel zusammenfallen, dann ist die Dimensionszahl des 0-Ketten-Raumes* minus *der Dimensionszahl des 1-Ketten-Raumes* plus *der Dimensionszahl des 2-Ketten-Raumes* gleich *2*'. Dies ist das Wesen des Eulerschen Satzes.

LEHRER: Mir gefällt diese Neuformulierung, die tatsächlich die Natur Deiner einfachen Werkzeuge aufzeigt – wie Du es versprochen hast. Zweifellos wirst Du jetzt den Eulerschen Satz mit Hilfe der einfachen Methoden der Linearen Algebra beweisen. Schieß los.

205 ‚Kannst Du die Aufgabe anders ausdrücken? Kannst Du sie auf noch verschiedene Weise ausdrücken?' (Pólya [1945/1949], innere Umschlagseite).

2 Ein anderer Beweis der Vermutung

EPSILON: Ich zerlege meinen Satz in zwei Teile. Der erste behauptet, daß die Zykelräume und die Räume der berandenden Zykel genau dann zusammenfallen, wenn sie die gleiche Dimensionszahl haben. Der zweite behauptet, daß wenn die Zykelräume und die Räume der berandenden Zykel von gleicher Dimension sind, daß dann die Dimensionszahl der 1-Ketten *plus* der Dimensionszahl der 2-Ketten gleich 2 ist.

LEHRER: Der erste Teil ist ein trivial richtiger Satz der Linearen Algebra. Beweise den zweiten Teil.

EPSILON: Nichts leichter als das. Ich brauche nur auf die Definitionen der angesprochenen Begriffe zurückzugreifen.[206] Laßt uns zunächst unsere Inzidenz-Matrizen ausschreiben. Nehmen wir beispielsweise die Inzidenz-Matrizen eines Tetraeders *ABCD* mit Kanten *AD, BD, CD, BC, AC, AB*, und Flächen *BCD, ACD, ABD, ABC*. Die Matrizen sind $\overset{k}{\eta}_{ij} = 1$ oder 0 je nachdem, ob $\overset{i}{p}_{k-1}$ zu $\overset{i}{p}_{k}$ gehört oder nicht. Unsere Matrizen sind also:

η^0	A	B	C	D
die leere Menge	1	1	1	1

η^1	AD	BD	CD	BC	AC	AB
A	1	0	0	0	1	1
B	0	1	0	1	0	1
C	0	0	1	1	1	0
D	1	1	1	0	0	0

η^2	BCD	ACD	ABD	ABC
AD	0	1	1	0
BD	1	0	1	0
CD	1	1	0	0
BC	1	0	0	1
AC	0	1	0	1
AB	0	0	1	1

η^3	ABCD
BCD	1
ACD	1
ABD	1
ABC	1

206 ‚Im Geist die Definitionen an die Stelle der Definierten setzen' (Pascal [1655/1974], S. 90) ‚Gehe auf die Definitionen zurück!' (Pólya [1945/1949], innere Umschlagseite, S. 87)

Mit Hilfe dieser Matrizen können nun die Zykelräume und die Räume der berandenden Zykel einfach gekennzeichnet werden. Wir haben bereits gesehen, daß die k-Ketten in Wirklichkeit die Vektoren

$$\sum_{i=1}^{N_k} x_i P_i^k$$

sind. Nun haben wir den Rand eines p_j^k-Polytopes definiert als

$$\sum_{i=1}^{N_{k-1}} \eta_{ij}^k P_i^{k-1}.$$

(Dies ist – wie alle Formeln, die noch folgen – nur eine Neufassung unserer alten Definition in symbolischer Bezeichnung.)

Der Rand einer k-Kette $\Sigma x_j P_i^k$ ist

$$\sum_i \sum_j x_j \eta_{ij}^k P_i^{k-1}.$$

Nun ist eine k-Kette $\sum_j x_j P_j^k$ genau dann ein k-Zykel, wenn

$$(1) \sum_j \eta_{ij}^k x_j = 0 \text{ gilt für jedes } i.$$

Eine k-Kette $\sum_j x_j P_j^k$ ist genau dann ein berandender k-Zykel, wenn sie der Rand einer $(k + 1)$-Kette $\sum_m y_m P_m^{k+1}$ ist, d.h. genau dann, wenn es Koeffizienten y_m $(m = 1, \ldots, N_{k+1})$ gibt, so daß gilt

$$(2)\ x_j = \sum_m y_m \eta_{jm}^{k+1}.$$

Nun ist es offenkundig, daß die Zykelräume mit den Räumen der berandenden Zykel genau dann übereinstimmen, wenn ihre Dimensionszahlen übereinstimmen, d.h. genau dann, wenn die Zahl der unabhängigen Lösungen des Gleichungssystems (1) aus den N_{k-1} homogenen linearen Gleichungen gleich ist der Zahl der unabhängigen Lösungen des Gleichungssystems (2) aus inhomogenen linearen Gleichungen. Die erste Zahl aber ist nach einem wohlbekannten Satz der Linearen Algebra $N_k - \rho_k$, wobei ρ_k der Rang der Matrix $\|\eta_{ij}^k\|$ ist. Die zweite Zahl ist ρ_{k+1}.

Somit brauche ich nur zu beweisen, daß aus $N_k - \rho_k = \rho_{k+1}$ folgt: $E - K + F = 2$.

LAMBDA: Oder: ‚Wenn $N_k = \rho_k + \rho_{k+1}$ gilt, dann gilt auch $N_0 - N_1 + N_2 = 2$‘. Dabei sind N_k die Dimensionen gewisser Vektorräume, ρ_k die Ränge gewisser Matrizen. Dies ist kein Satz über Polyeder mehr, sondern einer über eine gewisse Menge mehrdimensionaler Vektorräume.

EPSILON: Wie ich sehe, bist Du gerade aufgewacht. Während Du geschlafen hast, habe ich unsere Begriffe aus der Polyedertheorie analysiert und gezeigt, daß sie *in Wirklichkeit* Begriffe aus der Linearen Algebra sind. Ich haben den Ideenkreis des Euler-Phänomens in die Lineare Algebra übersetzt und dabei ihr Wesen klargelegt. Und jetzt bin ich zweifellos dabei, einen Satz aus der Linearen Algebra zu beweisen, also einer klaren und bestimmten Theorie mit wohlbekannten Ausdrücken, sauberen und unbezweifelbaren Axiomen und mit sauberen und unbezweifelbaren Beweisen. Seht Euch beispielsweise diesen neuen trivialen Beweis unseres alten vieldiskutierten Satzes an: Wenn $N_k = \rho_k + \rho_{k+1}$ gilt, dann gilt auch $N_0 - N_1 + N_2 = \rho_0 + \rho_1 - \rho_1 - \rho_2 + \rho_2 + \rho_3 = \rho_0 + \rho_3 = 1 + 1 = 2$. Wer würde es jetzt wagen, die Gewißheit dieses Satzes noch zu bezweifeln? Folglich habe ich Eulers strittigen Satz mit unbezweifelbarer Gewißheit bewiesen.[207]

ALPHA: Aber schau her, Epsilon: Wenn wir eine konkurrierende Konvention angenommen hätten, daß nämlich die Ecken keinen Rand haben, dann wäre die Matrix etwa des Tetraeders von der Gestalt

η^0	A	B	C	D
	0	0	0	0

gewesen, der Rang ρ_0 wäre dann 0 gewesen, und folglich hätte sich ergeben $E - K + F = \rho_0 + \rho_3 = 1$. Findest Du nicht, daß Dein ‚Beweis' zu sehr an einer Konvention hängt? Hast Du nicht vielleicht gar Deine Konvention nur gewählt, um den Satz zu retten?

EPSILON: Mein Axiom bezüglich ρ_0 war keine ‚Konvention'. $\rho_0 = 1$ hat in meiner Sprache die ganz handfeste Bedeutung, daß jedes Paar von Ecken berandet, daß also das Netzwerk der Kanten zusammenhängend ist (ringförmige Flächen werden damit ausgeschlossen). Der Name ‚Konvention' ist ausgesprochen irreführend. Für Polyeder mit einfach-zusammenhängenden Flächen ist $\rho_0 = 1$ *richtig*, $\rho_0 = 0$ jedoch falsch.

ALPHA: Hmm. Du sagst wohl, daß sowohl $\rho_0 = 1$ als auch $\rho_0 = 0$ bestimmte Strukturen in Vektorräumen kennzeichnen. Der Unterschied ist, daß $\rho_0 = 1$ ein wirkliches Modell in Polyedern mit einfach-zusammenhängenden Flächen hat, im Gegensatz zu der anderen Gleichung.

3 Einige Zweifel an der Endgültigkeit des Beweises. Das Übersetzungsverfahren und essentialistischer gegen nominalistischer Zugang zu Definitionen

LEHRER: Wie dem auch sei, jedenfalls haben wir jetzt den neuen Beweis. Ist er freilich endgültig?

ALPHA: Das ist er nicht. Nimm dieses Polyeder (Abb. 29). Es hat zwei ringförmige Flächen, eine vorne, eine hinten, und es kann zu einem Reifen aufgeblasen werden. Es hat 16 Ecken, 24 Kanten und 10 Flächen; also gilt $E - K + F = 16 - 24 + 10 = 2$. Es ist Eulersch, jedoch alles andere als einfach-zusammenhängend.

207 Dieser Beweis stammt von Poincaré (siehe sein [1899]).

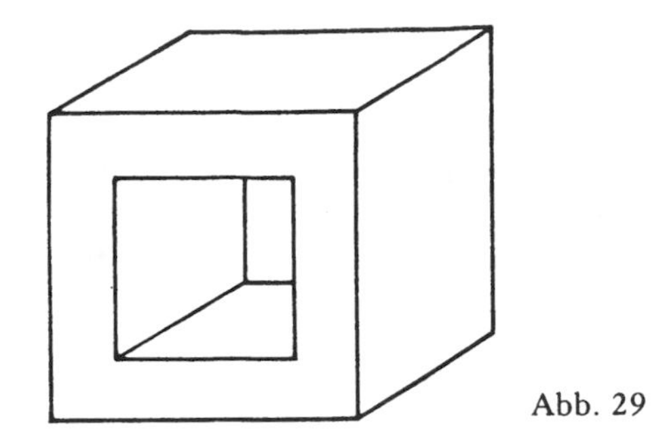

Abb. 29

BETA: Ich halte dies nicht für einen Fall des Descartes-Euler-Phänomens. Dies ist vielmehr ein Fall des Lhuilier-Phänomens, das da lautet: *für ein Polyeder mit k Tunneln und m ringförmigen Flächen gilt* $E - K + F = 2 - 2k + m$.[208] Für jedes Polyeder wie dieses hier mit doppelt so vielen ringförmigen Flächen wie Tunneln gilt $E - K + F = 2$, aber das bedeutet nicht, daß es Eulersch ist. Und dieses Lhuilier-Phänomen erklärt unmittelbar, warum es uns schwer fällt, eine notwendige und hinreichende Bedingung*[28] — oder einen Meister-Satz — für die Descartes-Euler-Vermutung zu finden: weil sich diese Lhuilier-Fälle zwischen die Eulerschen drängeln.[209]

LEHRER: Aber Epsilon hat niemals Endgültigkeit versprochen, sondern nur größere Tiefe, als wir sie zuvor erreicht hatten. Er hat sein Versprechen jetzt erfüllt und einen Beweis geliefert, der sowohl den Euler-Charakter der gewöhnlichen Polyeder als auch den Euler-Charakter der Sternpolyeder mit einem Schlag erklärt.

LAMBDA: Das ist richtig. Er hat die Forderung, daß die Flächen einfach-zusammenhängend sein sollen — also daß bei der Zerlegung in Dreiecke jede neue Diagonale eine neue Fläche erzeugt — in einer Weise übersetzt, daß die Idee der Zerlegung in Dreiecke vollständig verschwunden ist. In dieser neuen Übersetzung ist eine Fläche einfach-zusammenhängend, wenn alle Ecken-Zykel in ihr beranden — und *diese* Forderung ist bei Eulerschen Sternpolyeder erfüllt! Und während wir Schwierigkeiten haben, Jordans intuitiven (d.h. nicht-*Stern*-intuitiven) Begriff von einfach-zusammenhängend vom Polyeder auf Sternpolyeder zu übertragen, verschwinden diese Schwierigkeiten in Poincarés Übersetzung. Sternpolyeder sind genau wie gewöhnliche Polyeder Mengen von Ecken, Kanten und Flächen plus Inzidenz-Matrizen; wir befassen uns nicht mit dem Problem der Verwirklichung eines Polyeders im Raum, der zufällig unser stofflicher dreidimensionaler in etwa Euklidischer Raum ist. Das kleine Sterndodekaeder beispielsweise ist nicht Eulersch: und es ist nicht allzu schwer, 1-Kreise aufzuspüren, die nicht beranden.

208 siehe Lhuilier [1812–13*a*]. Die Beziehung wurde zwischen 1812 und 1890 vielleicht ein dutzendmal wiederentdeckt.

*28 *A.d.Ü.*: vgl. in Kapitel 1 die Erörterungen zu *Gewißheit* und *Endgültigkeit* des Euler-Satzes, S. 57f.

209 siehe oben S. 13f und S. 28.

BETA: Ich finde dies auch aus einem anderen Gesichtspunkt interessant. Epsilons Beweis ist zugleich strenger und umfassender. Gibt es da einen notwendigen Zusammenhang zwischen diesen beiden Eigenschaften?

EPSILON: Das weiß ich nicht. Aber während unser Lehrer meinem Beweis nur *größere Tiefe* zubilligt, behaupte ich, daß er *vollkommen gewiß* ist.

KAPPA: Dein Satz ist genauso der Gefahr einer schöpferischen Begriffsdehnung ausgesetzt wie jede unserer früheren Vermutungen.

EPSILON: Du irrst Dich, Kappa, wie ich erläutern werde.[210]

ALPHA: Zuvor aber laß mich noch eine zweite Frage zu Deinem Beweis stellen oder besser zu der Endgültigkeit und Gewißheit, die Du für ihn in Anspruch nimmst. Ist das Polyeder tatsächlich ein Modell Deiner vektoriellen Struktur? Bist Du Dir sicher, daß Deine Übersetzung von ‚Polyeder' in die Linearen Algebra eine *richtige* Übersetzung war?

EPSILON: Ich habe bereits gesagt, daß sie richtig ist. Wenn Dich etwas überrascht, dann ist dies noch lange kein Grund, es zu bezweifeln. ‚Ich folge jener berühmten Mathematikerschule, die mit Hilfe einer Reihe verblüffender Definitionen die Mathematik vor den Skeptikern errettet und ihre Aussagen mit strengen Beweisen abgesichert hat.[211]

LEHRER: In der Tat halte ich diese Übersetzungsmethode für das Herzstück der Gewißheit und Endgültigkeit von Epsilons Beweis. Ich meine, wir sollten sie *Übersetzungsverfahren* nennen. Doch schauen wir, ob es noch irgendwelche Zweifel gibt.

GAMMA: Es gibt noch einen. Angenommen, ich gestehe zu, daß Deine Ableitung unfehlbar ist. Aber bist Du sicher, daß Du nicht aus Deinen Voraussetzungen mit derselben Unfehlbarkeit auch die Verneinung Deines Satzes ableiten kannst?

EPSILON: Alle meine Voraussetzungen sind wahr. Wie können sie also widerspruchsvoll sein?

LEHRER: Ich schätze Deine Zweifel. Aber ich ziehe stets *ein* Gegenbeispiel einer beliebigen Zahl von Zweifeln vor.

GAMMA: Ich möchte gerne wissen, ob nicht mein Zylinder diesen neuen Satz widerlegt?

EPSILON: Selbstverständlich tut er das nicht. Beim Zylinder schließt die leere Menge nicht, und folglich gilt $\rho_0 \neq 1$.

GAMMA: Stimmt. Du hast recht. Dieses Argument, formuliert in Deinen vollkommen vertrauten, klaren und bestimmten Ausdrücken, hat mich sofort überzeugt.

EPSILON: Ich verstehe Deinen Sarkasmus! Vorhin hast Du meine Definition infrage gestellt. Ich habe Dir darauf geantwortet, daß sie tatsächlich unbezweifelbar richtige Axiome sind, die das Wesen der in Rede stehenden Begriffe mit Hilfe der un-

210 siehe unten S. 115–8.

211 Dies ist zitiert nach Ramsey [1931], S. 56. Lediglich ein Wort wurde geändert, er sagt ‚mathematische Logiker' anstatt ‚Mathematiker', aber nur, weil er nicht verstand, daß das von ihm beschriebene Verfahren kein neues Kennzeichen der mathematischen Logik war, sondern ein kennzeichnendes Merkmal der ‚strengen' Mathematik seit Cauchy, und daß die gefeierten Definitionen des Grenzwertes, der Stetigkeit und so weiter, die von Cauchy vorgeschlagen und von Weierstraß verbessert wurden, alle in diese Reihe gehören. Ich bemerke, daß auch Russell diesen Satz von Ramsey zitiert (Russell [1959/1973], S. 127).

fehlbar klaren und bestimmten Intuition feststellen. Seitdem habe ich darüber nachgedacht, und ich glaube, ich muß meine Aristotelische Sichtweise der Definition aufgeben. Wenn ich einen unbestimmten Ausdruck definiere, dann ersetze ich ihn tatsächlich durch einen neuen Ausdruck, und der alte dient nur als *Abkürzung* für meinen neuen.

ALPHA: Laß mich dies klarstellen. Was meinst Du mit ‚Definition': eine Ersetzung – das ist eine Operation von links nach rechts – oder eine Abkürzung – das ist eine Operation von rechts nach links?

EPSILON: Ich meine die Abkürzung. Ich vergesse die alte Bedeutung. Ich erschaffe die Bedeutung meiner Ausdrücke in völliger Freiheit, während ich die alten unbestimmten Ausdrücke über Bord werfe.

ALPHA: Du bist allemal ein Extremist. Aber mach weiter.

EPSILON: Mit dieser Veränderung in meinem Programm habe ich gewiß eines gewonnen: einer Deiner Zweifel ist hiermit beseitigt. Wenn nämlich Definitionen Abkürzungen sind, dann können sie nicht falsch sein.

ALPHA: Aber Du verlierst etwas viel Wichtigeres. Du mußt Dein Euklidisches Programm auf Theorien mit wohlbekannten Begriffen beschränken, und sobald Du Theorien mit unbestimmten Begriffen in den Bereich dieses Programms einbeziehen willst, hilft Dir Deine Übersetzungstechnik nichts dabei: Wie Du eben gesagt hast, Du übersetzt nicht, sondern Du erschaffst stattdessen neue Bedeutung. Aber selbst wenn Du versuchen würdest, die alte Bedeutung zu *übersetzen*, könnten einige wesentliche Gesichtspunkte des ursprünglich unbestimmten Begriffs dabei verloren gehen. Der neue klare Begriff könnte für die Lösung jenes Problems unbrauchbar sein, für das der alte Begriff geplant war.[212] Wenn Du Deine Übersetzung als unfehlbar betrachtest, oder wenn Du mit voller Absicht die alte Bedeutung über Bord wirfst, dann werden diese beiden Extreme zum selben Ergebnis führen: Du könntest das ursprüngliche Problem in die Vorhölle der Geistesgeschichte verbannen – was tatsächlich nicht Deine Absicht war.[213] Sobald Du Dich also wieder abgeregt hast, mußt Du zugeben, daß eine Definition einen abgewandelten essentialistischen Anstrich benötigt: sie muß einige wichtige Gesichts-

212 Ein klassisches Beispiel für eine Übersetzung, die nicht dem (gewöhnlich implizit angenommenen) Kriterium der Angemessenheit genügte, war die Definition des Flächeninhalts einer Oberfläche aus dem neunzehnten Jahrhundert, die von Schwartz' ‚Gegenbeispiel' erschlagen wurde.

Das Beschwerliche ist, daß die Kriterien der Angemessenheit sich bei dem Auftauchen neuer Probleme, die eine Veränderung im begrifflichen Werkzeugschrank veranlassen können, verändern können. Ein Paradebeispiel für solch eine Veränderung ist die Geschichte des Integralbegriffs. Es ist eine Schande für die heutige mathematische Erziehung, daß die Studenten genau die verschiedenen Definitionen des Cauchy-, Riemann-, Lebesgues- usw. -Integrals zitieren können, ohne jedoch zu wissen, zur Lösung welcher Probleme sie erfunden wurden oder im Verlauf der Lösung welches Problems sie entdeckt wurden. Da sich die Kriterien der Angemessenheit verändern, entwickeln sich die Definitionen gewöhnlich in solcher Weise, daß diejenige Definition, die mit sämtlichen Kriterien vereinbar ist, sich durchsetzt. Dies konnte bei der Integraldefinition jedoch nicht geschehen, weil die verschiedenen Kriterien nicht miteinander verträglich sind – deswegen mußte der Begriff aufgespalten werden. Beweiserzeugte Definitionen spielen sogar beim Aufbau von Übersetzungsdefinitionen im Euklidischen Programm eine entscheidende Rolle.

213 Dieser Vorgang ist ausgesprochen kennzeichnend für den Formalismus des zwanzigsten Jahrhunderts.

punkte der alten Bedeutung erhalten, sie muß wichtige Bedeutungselemente von links nach rechts übertragen.[214]

BETA: Aber selbst wenn Epsilon diesen abgewandelten Essentialismus für Definitionen übernimmt, wird das Aufgeben des essentialistischen Zugangs noch immer ein entscheidender Rückzug aus seinem ursprünglichen Euklidischen Programm sein. Epsilon sagt jetzt, daß es Euklidische Theorien mit wohlbekannten Ausdrücken und unfehlbaren Schlußweisen gibt – wie Atrithmetik, Geometrie, Logik, Mengentheorie, nehme ich an, und nach ihm besteht das Euklidische Programm jetzt darin, nicht-Euklidische Theorien mit unbestimmten, unklaren Ausdrücken und ungewissen Schlußweisen – wie Analysis und Wahrscheinlichkeitstheorie – in diese bereits Euklidischen Theorien zu übersetzen, wodurch neue großartige Entwicklungsmöglichkeiten sowohl für die zugrundeliegenden Theorien als auch für die ursprünglich nicht-Euklidischen Theorien eröffnet werden.

EPSILON: Ich werde eine solche ‚bereits Euklidische' oder anerkannte Theorie eine *herrschende Theorie* nennen.

GAMMA: Ich möchte gerne wissen, worin der Anwendungsbereich dieses Schrumpfprogramms besteht! Es wird sicherlich nicht die Physik abdecken. Man wird niemals die Wellenmechanik in die Geometrie übersetzen können. Epsilon wollte ‚mit Hilfe einer Reihe verblüffender Defintionen die Mathematik vor den Skeptikern erretten'[215], aber er hat bestenfalls ein paar Brocken gerettet.

BETA: Ich habe da ein Problem mit diesen Übersetzungsdefinitionen. Sie scheinen bloße Abkürzungen in der herrschenden Theorie zu sein – und damit richtig ‚nach Definition'. Aber sie scheinen als falsch nachgewiesen werden zu können, wenn wir sie als Angehörige des nicht-Euklidischen Reiches betrachten.[216]

214 Dieser triviale Punkt wird seltsamerweise von Nominalisten wie Pascal und Popper übersehen. Pascal schreibt ([1655/1974], S. 44): ‚... die Geometer und alle die, welche methodisch vorgehen, legen den Dingen Namen nur bei, um die Rede abzukürzen'. Und Popper schreibt ([1945/1957–8], Bd. 2, S. 21): ‚In der modernen Wissenschaft kommen nur nomialistische Definitionen vor, das heißt abkürzende Symbole oder Etiketten, die zur abkürzenden Darstellung einer langen Formel eingeführt wurden', Es ist fesselnd zu sehen, wie Nominalisten und Essentialisten wechselseitig blind gegenüber dem vernünftigen Kernpunkt des gegnerischen Argumentes sind.

215 siehe oben S. 112.

216 Die methodologische Wichtigkeit dieses Unterschiedes ist bisher noch nicht gründlich herausgearbeitet worden. Pascal, der hervorragende Anwalt der Abkürzungsdefinitionen und der große Gegenspieler der Aristotelischen essentialistischen Theorie der Definition bemerkte nicht, daß die Preisgabe des Essentialismus in der Tat die Preisgabe des großangelegten Euklidischen Programms ist. Nach dem Euklidischen Programm muß man sämtliche Ausdrücke definieren, die auch nur ‚etwas dunkel' sind. Wenn dies lediglich in der Ersetzung eines unbestimmten Ausdruckes durch einen willkürlich gewählten bestimmten Ausdruck besteht, dann gibt man in der Tat das ursprüngliche Untersuchungsgebiet auf und wendet sich einem anderen zu. Doch Pascal hat dies gewiß nicht beabsichtigt. Cauchy und Weierstraß waren Essentialisten, als sie die Arithmetisierung der Mathematik betrieben; Russell war ein Essentialist, als er die Logisierung der Mathematik betrieb. All diese Leute verstanden ihre Defintionen der Stetigkeit, der reellen Zahlen, der ganzen Zahlen und so weiter als Wesenserfassung des jeweiligen Begriffs. Als er die logische Form von Aussagen aus der gewöhnlichen Sprache darlegte, d.h. die gewöhnliche Sprache in eine künstliche Sprache übersetzte, dachte Russell – mindestens in der

EPSILON: Das ist richtig.

BETA: Es wäre interessant zu sehen, wie man solche Definitionen als falsch nachweist.

THETA: Ich möchte jetzt ganz gerne unsere Erörterung zurücklenken zu der Frage der Unfehlbarkeit von Epsilons Ableitung. Epsilon, hälst Du Deinen Satz nach wie vor für gewiß?

EPSILON: Gewiß.

THETA: Du kannst Dir also kein Gegenbeispiel dazu vorstellen?

EPSILON: Wie ich Kappa auseinandergesetzt habe, ist mein Beweis unfehlbar. Es gibt keine Gegenbeispiele dazu.

THETA: Meinst Du damit, daß Du Gegenbeispiele als Monster hinauswerfen würdest?

EPSILON: Nicht einmal ein Monster kann ihn widerlegen.

THETA: Du behauptest also, daß Dein Satz richtig bleibt, was auch immer ich anstelle Deiner wohlbekannten Ausdrücke einsetze?

EPSILON: Für die wohlbekannten Ausdrücke, die der Linearen Algebra *eigentümlich* sind, kannst Du alles einsetzen.

THETA: Ich darf Deine nicht-eigentümlichen einfachen Ausdrücke wie ‚alle', ‚und', ‚2' und so weiter nicht ersetzen?

EPSILON: Nein. Aber Du kannst alles anstelle meiner *eigentümlichen* wohlbekannten Ausdrücke wie ‚Ecke', ‚Kante', ‚Fläche' und so weiter einsetzen. Damit habe ich ja wohl klargestellt, was ich unter Widerlegung verstehe.

THETA: Das hast Du. Aber dann kannst Du entweder widerlegt werden, oder Du hat tatsächlich nicht das getan, was Du tun wolltest.

EPSILON: Ich verstehe Deine dunkle Andeutung nicht.

THETA: Du kannst, wenn Du willst. Deine Bestimmung der Idee eines Gegenbeispiels scheint vernünftig zu sein. Aber wenn damit wirklich gesagt wird, was ein Gegenbeispiel ist, dann ist die Bedeutung Deiner ‚wohlbekannten Ausdrücke' unwesentlich. Und wenn Deine Behauptung stimmt, dann ist genau dies der Wert Deines Beweises. Ein Beweis, der nicht widerlegbar ist, beruht – eben gemäß dem Begriff des unwiderlegbaren Beweises – nicht auf der Bedeutung der eigentümlichen ‚wohlbekannten Ausdrücke'. Damit liegt die Last Deines Beweises – falls Du recht hast – vollständig auf der Bedeutung der nicht-spezifischen zugrundeliegenden Ausdrücke – in diesem Fall Arithmethik, Mengentheorie, Logik – und nicht im geringsten bei der Bedeutung Deiner eigentümlichen Ausdrücke.

Periode seines ‚intellektuellen Rausches' ([1959/1973], S. 74) –, daß er von einer unfehlbaren Intuition geleitet würde. Popper widmete bei seinem berechtigten Angriff auf die essentialistischen Definitionen dem wichtigen Problem der Übersetzungsdefinitionen nicht genügend Aufmerksamkeit, und ich vermute, daß dies der Grund ist für seine wie mir scheint unbefriedigende Behandlung der logischen Form in seinem [1947], S. 273. Nach ihm (und hierbei folgt er Tarski) hängt die Definition eines gültigen Schlusses *allein* an der Liste der formativen Zeichen. *Aber die Gültigkeit eines intuitiven Schlusses hängt auch an der Übersetzung des Schlusses aus der gewöhnlichen (oder der arithmetischen, der geometrischen usw.) Sprache in die logische Sprache: sie hängt von der Übersetzung ab, die wir wählen.*

Ich werde solche Beweise *formale Beweise* nennen, da sie überhaupt nicht von der Bedeutung der eigentümlichen Ausdrücke abhängen. Die wohlbekannte Rolle dieser Ausdrücke – ich werde sie formative Ausdrücke nennen – ist in der Tat äußerst wichtig. Indem wir ihre Bedeutung festlegen bestimmen wir, was als Gegenbeispiel anerkannt werden darf und was nicht. Auf diese Weise halten wir die Flut der Gegenbeispiele unter Kontrolle. Wenn es keine Gegenbeispiele zu dem Satz gibt, werden wir ihn eine *Tautologie* nennen: in unserem Fall eine arithmetisch-mengentheoretische Tautologie.

ALPHA: Wir scheinen da eine ganze Tonleiter von Tautologien zu haben, je nach unserer Wahl der quasilogischen Konstanten. Aber ich sehe hier eine Fülle von Problemen. Zunächst: Woher wissen wir von einer Tautologie, daß sie eine Tautologie ist?

KAPPA: *Du wirst niemals wissen*, denn es gibt immer eine Möglichkeit zu zweifeln. Aber wenn Du *gewichtige* Zweifel an einer herrschenden Theorie hast, dann wirf sie über Bord und ersetze sie durch eine andere herrschende Theorie.[217]

217 Solche Veränderungen in der herrschenden Theorie haben die Neuordnung unserer gesamten Erkenntnis zur Folge. In der Antike haben die Paradoxa und in der Tat auch die scheinbaren Unstimmigkeiten der Arithmetik die Griechen dazu veranlaßt, die Arithmetik als die herrschende Theorie preiszugeben und sie durch die Geometrie zu ersetzen[*29]. Ihre Theorie der Proportionen diente der Aufgabe, die Arithmetik in die Geometrie zu übersetzen[*30]. Sie waren davon überzeugt, daß die gesamte Astronomie und die gesamte Physik in Geometrie übersetzt werden kann.

Descartes großartige Neuerung war die Ersetzung der Geometrie durch die Algebra; vielleicht weil er dachte, daß in der herrschenden Theorie die Analyse selbst zur Wahrheit führt.

Die moderne mathematische ‚Revolution der Strenge' bestand in Wirklichkeit in der Wiedereinsetzung der Arithmetik als herrschende Theorie mit Hilfe eines umfassenden Programms der Arithmetisierung der Mathematik, die über Weierstraß bei Cauchy ihren Ausgang nahm. Die Theorie der reellen Zahlen – die einer beträchtlichen Zahl arbeitender Mathematiker als gekünstelt erschien – war der entscheidende Schritt; entsprechend der ähnlich ‚gekünstelten' Theorie der Proportionen bei den Griechen[*31].

Russell wiederum erhob die Logik zur herrschenden Theorie der gesamten Mathematik. Die Deutung der Geschichte der Metamathematik als eine Suche nach einer herrschenden Theorie könnte neues Licht auf die Geschichte dieses Themas werfen und könnte uns in die Lage versetzen zu zeigen, daß die Gödelsche ‚Entdeckung' – daß nämlich die natürliche herrschende Theorie der Metamathematik die Arithmetik ist – unmittelbar zu dem heutigen Stand der Untersuchungen führte und neue Ausblicke sowohl in der Arithmetik als auch in der Metamatematik eröffnete.

Ein anderes Beispiel einer bemerkenswerten Euklidischen Übersetzung war die moderne Einbettung der Wahrscheinlichkeitstheorie in die Maßtheorie.

Herrschende Theorien und der Wechsel der herrschenden Theorien bestimmen auch einen Großteil der allgemeinen Wissenschaftsentwicklung. Die sorgfältige Ausarbeitung und der spätere Zusammenbruch der rationalen Mechanik als herrschende Theorie der Physik spielte eine zentrale Rolle in der modernen Wissenschaftsgeschichte. Der Kampf der Biologie gegen ihre ‚Übersetzung' in die Chemie, der Kampf der Psychologie gegen ihre ‚Übersetzung' in Physiologie sind fesselnde Züge in der gegenwärtigen Wissenschaftsgeschichte. Die Übersetzungsverfahren sind gewaltige Sammelbecken für Probleme, geschichtliche Grundrichtungen, die umfassende Denkmuster darstellen, welche mindestens so wichtig sind wie die Hegelsche Triade. Solche Übersetzungen beschleunigen gewöhnlich die Entwicklung sowohl der herrschenden als auch der untergegangenen Theorie, doch später wird die Übersetzung ein Hindernis für die weitere Entwicklung werden, da die Schwachstellen der Übersetzung in den Vordergrund drängen.

A.d.H. An dieser Stelle endet dieser Abschnitt des Dialoges in Lakatos' Doktorarbeit. Wir hätten versucht, Lakatos zu überzeugen, daß er den Dialog in der folgenden Richtung weiterführt:

THETA: Aber aus dem, was gerade gesagt wurde, scheint zu folgen, daß wir dann, wenn wir unsere Beweise in solchen Systemen bilden, in denen die herrschende Theorie die Logik ist, – daß wir dann, solange wir keine gewichtigen Zweifel an unserer Logik haben, in der Lage sein werden, die Unfehlbarkeit unserer Ableitungen zu sichern und sämtliche Zweifel von dem gegenwärtigen Beweis auf die Hilfssätze, auf die Voraussetzungen des Satzes zu verlagern.

EPSILON: Wie schön, daß wenigsten Theta endlich angebissen hat. In der Tat kann mein Beweis in einem System gebildet werden, dessen herrschende Theorie die Logik ist. Die bedingten Aussagen, in denen sämtliche Hilfssätze als Voraussetzungen stecken, können in diesem System bewiesen werden, und wir wissen, daß es (in bezug auf den gegebenen Stamm der formativen ‚logischen' Ausdrücke) keine Gegenbeispiele zu irgend-

*29 *A.d.Ü.*: Möglicherweise ist Lakatos hier ein Opfer einer herrschenden Theorie geworden. Denn die bereits erwähnte (s.o. Fußnote 86 und Fußnote *7) Geschichte von den schrecklichen Folgen der Entdeckung der Irrationalität aus der Schatzkiste der antiken Wissenschaft hat eine Entsprechung in der Schatzkiste der antiken Wissenschaftsgeschichte: eben die Ansicht, daß diese gotteslästerliche Entdeckung zu einer Verdammung der für sie (angeblich!) verantwortlichen wissenschaftlichen Theorie (der Arithmetik) und zur Weihung der (nach dem damaligen Entwicklungsstand vielleicht einzig infragekommenden Alternative, der) Geometrie zu ihrem Nachfolger geführt hat. Wie (in Fußnote *7) erwähnt, zieht Szabó [1969] jene Geschichte von der Irrationalitätsentdeckung in Zweifel; folgerichtig bezweifelt er auch diese wissenschaftsgeschichtliche Ansicht – genauer: er erinnert, auf welch tönernen Füßen sie steht, nämlich auf Zeuthens Theorie über die ‚algebraischen Sätze im geometrischen Gewand bei Euklid'. Szabó fragt, ‚Ob in der Tat diese Sätze dieser „geometrischen Algebra" [bei Euklid] solche Programme behandeln, die ursprünglich *Probleme der Algebra* waren, oder ob dieselben Sätze nicht doch *rein geometrischen Ursprungs* sind?' (S. 35) Und er argumentiert – gegen Zeuthen –, daß die ‚Sätze der sog. „geometrischen Algebra der Pythagoreer" sich als rein geometrische Sätze erklären lassen' (S. 487) und exerziert dies auch an einem konkreten Beispiel aus Euklids ‚Elementen' durch (S. 455–486). Dennoch urteilt er vorsichtig und möchte beim derzeitigen Forschungsstand ‚die Ursprungsfrage der gesamten „geometrischen Algebra der Griechen" offen lassen' (S. 36).

*30 *A.d.Ü.*: War bei dieser Behauptung der Wunsch der Vater des Gedankens? Szabó meint: ja und erläutert: ‚selbst der Gedanke, daß die Proportionenlehre zunächst auf die Arithmetik und *erst später* auf die Geometrie angewendet wird, ist bloß eine Vermutung. Sie wird einzig und allein damit begründet, daß die Proportionenlehre der Zahlen *einfacher, naheliegender ist* als die Proportionenlehre der allgemeinen geometrischen Größen. Die „Periodisierung" [der griechischen Mathematikgeschichte durch O. Becker] besteht also in diesem Fall nur darin, daß man versucht, die bloß vermutliche Reihe jener aufeinanderfolgenden *Problemsituationen* zu rekonstruieren, die von „einfacheren" Erkenntnissen zu „komplizierteren" führten' (S. 33f).

*31 *A.d.Ü.*: Nach Szabós Forschungen stammt die griechische Proportionenlehre aus der damaligen Musiktheorie, wo auch (und zwar bei Konsonanzbetrachtungen) jene Gedankengänge ihren Anfang nahmen, die *parallel* durch die Arithmetik (Problem der mittleren Proportionale zwischen *a* und 2*a*) und die Geometrie (Problem der Quadratverdopplung; Problem der geometrischen Ähnlichkeit) führten und schließlich in der Entdeckung der linearen Inkommensurabilität gipfelten (Szabó [1969]).

einer Aussage, die auf diese Weise bewiesen werden kann, *gibt*. Gleichgültig, wie die beschreibenden Ausdrücke neu gedeutet werden – diese bedingte Aussage wird richtig bleiben.

LAMDA: Woher ,wissen wir'?

EPSILON: Wir wissen nicht mit *Gewißheit* – es handelt sich um einen inhaltlichen Satz über die Logik. Aber darüber hinaus wissen wir, daß wir bei jedem uns vorgelegten Beweis in einem solchen System vollständig mechanisch prüfen können, ob es sich tatsächlich um einen Beweis handelt oder nicht, und zwar mit Hilfe eines Verfahrens, das mit Sicherheit nach endlich vielen Schritten eine Antwort liefert. In solchen Systemen schrumpft also Eure ,Beweisanalyse' zu einer Trivialität zusammen.

ALPHA: Aber Du würdest zugestehen, Epsilon, daß die ,Beweisanalyse' für die inhaltliche Mathematik ihre Wichtigkeit behält; daß formale Beweise immer Übersetzungen inhaltlicher Beweise sind und daß die zu der Übersetzung aufgeworfenen Probleme echte Probleme sind.

LAMBDA: Aber dennoch, Epsilon: woher wissen wir, daß die Beweisüberprüfung stets genau ist?

EPSILON: Wirklich, Lambda, Dein unstillbarer Durst nach Gewißheit wird allmählich ermüdend! Wie oft soll ich Dir noch sagen, daß wir nichts mit Gewißheit wissen? Doch Dein Verlangen nach Gewißheit führt Dich dazu, äußerst langweilige Probleme aufzuwerfen – und es macht Dich blind für die interessanten Probleme.*[32]

*32 *A. d. Ü.*: Ob Epsilon auch bei Lakatos das letzte Wort gehabt hätte?

Anhang 1

Eine weitere Fallstudie zu der Methode „Beweise und Widerlegungen"

1 Cauchys Verteidigung des ‚Kontinuitätsprinzips'

Die Methode „Beweise und Widerlegungen" ist ein sehr allgemeines heuristisches Muster der mathematischen Entdeckung. Dennoch scheint es erst in den Jahren um 1840 entdeckt worden zu sein, und sogar heute noch erscheint es vielen Leuten paradox; gewiß aber ist es nirgends richtig anerkannt. In diesem Anhang 1 werde ich versuchen, die Geschichte der Beweisanalyse in der Analysis zu skizzieren und die Spuren des Widerstandes gegen das Verständnis und die Anerkennung dieser Vorgehensweise zu verfolgen. Zunächst wiederhole ich die Grundzüge der Methode „Beweise und Widerlegungen", einer Methode, die ich bereits durch meine Fallstudie zum Cauchy-Beweis der Descartes-Euler-Vermutung veranschaulicht habe.

Es gibt ein einfaches Muster der mathematischen Entdeckung – oder des Fortschrittes der Theorien der inhaltlichen Mathematik. Es besteht aus den folgenden Stufen:[218]

(1) Ursprüngliche Vermutung

(2) Beweis (ein grobes Gedankenexperiment oder Argument, das die ursprüngliche Vermutung in Untervermutungen oder Hilfssätze zerlegt)

(3) ‚Globale' Gegenbeispiele (Gegenbeispiele zur ursprünglichen Vermutung) tauchen auf

(4) Neuuntersuchung des Beweises: der ‚schuldige Hilfssatz', zu dem das globale Gegenbeispiel ein ‚lokales' Gegenbeispiel ist, wird ausfindig gemacht. Dieser schuldige Hilfssatz kann vorher ‚versteckt' geblieben oder falsch eingeordnet worden sein. Jetzt wird er deutlich bestimmt und als Bedingung in die ursprüngliche Vermutung eingebaut. Der Satz – die verbesserte Vermutung – verdrängt die ursprüngliche Vermutung mit dem neuen beweiserzeugten Begriff als entscheidendem neuem Merkmal.[*33]

218 Wie ich bereits betont habe, kann das wirkliche geschichtliche Muster leicht von diesem heuristischen Muster abweichen. Ebenso kann die vierte Stufe manchmal der dritten vorausgehen (auch in der heuristischen Rangfolge) – eine geniale Beweisanalyse kann das Gegenbeispiel nahelegen.

*33 *A. d. H.*: In anderen Worten besteht diese Methode (zum Teil) in der Erzeugung einer Reihe von Aussagen $p_1, \ldots, p_n$, so daß $p_1 \,\&\ldots\&\, p_n$ in einem gewissen Bereich interessierender Gegenstände für wahr gehalten wird und daraus die ursprüngliche Vermutung V ableitbar zu sein scheint. Dies könnte sich als falsch herausstellen – in anderen Worten, wir finden Fälle, in denen V falsch ist (‚globale Gegenbeispiele'), die p_1 bis p_n aber gelten. Dies führt zur Aufstellung

Diese vier Stufen bilden den wesentlichen Kern der Beweisanlyse. Doch es gibt einige weiter Normalstufen, die häufig auftreten:

(5) Beweise anderer Sätze werden untersucht, um zu sehen, ob der neugefundene Hilfssatz oder der neue beweiserzeugte Begriff in ihnen auftraucht: man könnte vielleicht herausfinden, daß dieser Begriff an einem Schnittpunkt verschiedener Beweise liegt und sich somit von grundlegender Wichtigkeit erweist.

(6) Die bislang anerkannten Folgerungen aus der ursprünglichen und jetzt widerlegten Vermutung werden überprüft.

(7) Gegenbeispiele werden in neue Beispiele gewendet – neue Untersuchungsgebiete eröffnen sich.

Ich möchte nun eine weiter Fallstudie betrachten. Hier lautet die *ursprüngliche Vermutung*, daß der Grenzwert jeder konvergenten Reihe stetiger Funktionen selbst stetig ist. Es war Cauchy, der den ersten Beweis für diese Vermutung gab, deren Wahrheit als gesichert angenommen worden war und die deswegen durch das gesamte achtzehnte Jahrhundert hindurch keines Beweises für notwendig gehalten wurde. Sie wurde als Sonderfall jenes ‚Axioms' angesehen, nach dem ‚das, was bis zum Grenzwert gilt, auch für den Grenzwert selbst gilt'.[219] Wir finden die Vermutung und ihren Beweis in Cauchys gefeiertem Werk [1821] (S. 131).

Davon ausgehend, daß diese ‚Vermutung' bislang als trivial richtig betrachtet worden war: woher kam Cauchys Gefühl, daß ein Beweis notwendig ist? Hatte jemand diese Vermutung kritisiert?

Wie wir sehen werden, war die Lage nicht ganz so einfach. Von einem fortgeschritteneren Standpunkt aus zurückblickend gewahren wir, daß Fouriers Werk Gegenbeispiele zur Cauchy-Vermutung bereitgestellt hatte. Fouriers Arbeit *Mémoire sur la Propagation de la Chaleur*[220] enthält wirklich ein Beispiel für etwas, das nach heutiger Be-

(Fortsetzung von *33)

eines neuen Hilfssatzes $p_n + 1$, der durch das Gegenbeispiel (‚lokales Gegenbeispiel') widerlegt wird. Der ursprüngliche Beweis wird also durch einen neuen ersetzt, den man durch die bedingte Aussage

$$p_1 \,\&\, \ldots \,\&\, p_n \,\&\, p_{n+1} \rightarrow V$$

zusammenfassen kann. Die (logische) Wahrheit dieser bedingten Aussage wird von dem Gegenbeispiel nicht mehr bestritten (da in diesem Fall die Voraussetzung falsch und also die bedingte Aussage wahr ist).

219 Whewell [1858], I, S. 152. Im Jahre 1858 ist Whewell mindestens zehn Jahre hinter der Entwicklung zurück. Das Prinzip stammt von Leibnitz' Kontinuitätsprinzip ([1687], S. 744.) Boyer zitiert in seinem [1939], S. 256 eine kennzeichnende Neufassung des Prinzips bei Lhuilier [1786], S. 167.

220 Diesem *Mémoire* wurde auf Empfehlung von Laplace, Legendre und Lagranger der *grand prix de mathématiques* zuerkannt. Er wurde erst nach Fouriers klassischer *Théorie de la Chaleur* veröffentlicht, die im Jahre 1822 erschien, ein Jahr nach Cauchys Lehrbuch, doch der Inhalt des *Mémoire* war damals bereits wohlbekannt.

zeichnungsweise eine konvergente Reihe stetiger Funktionen ist, die gegen eine Cauchy-unstetige Funktion strebt, nämlich

$$\cos x - \frac{1}{3} \cos 3x + \frac{1}{5} \cos 5x - + \ldots \qquad (1)$$

Fouriers eigene Haltung zu dieser Reihe ist jedoch vollkommen klar (und unterscheidet sich eindeutig von der modernen Haltung):

(*a*) Er stellt fest, daß sie überall konvergiert.

(*b*) Er stellt fest, daß ihre Grenzfunktion aus getrennten Strecken zusammengesetzt ist, die alle parallel zur x-Achse sind und die Länge des Kreisumfangs [beim Kreisdurchmesser 1]*[34] haben. Diese Parallelen liegen [im gleichen Abstand]*[35] abwechselnd oberhalb und unterhalb der Achse in einem gegenseitigen Abstand von $\pi/4$, und sie werden durch Senkrechten verbunden, die selbst Teile der Linie sind.[221]

Fouriers Worte über die Senkrechten in dem Bild sind eindrucksvoll. Er betrachtete diese Grenzfunktion (in gewissem Sinne) als stetig. In der Tat hielt Fourier gewiß alles für eine stetige Funktion, dessen Bild mit einem Beilstift gezeichnet werden konnte, ohne ihn vom Papier abzuheben. Fourier selbst wäre also nicht der Ansicht gewesen, daß er ein Gegenbeispiel zu Cauchys Kontinuitätsaxiom erdacht hätte.[222] Erst im Licht von Cauchys späterer Kennzeichnung der Stetigkeit wurden die Grenzfunktionen einiger Fourierreihen als unstetig angesehen, und somit konnten diese Reihen selbst als Gegenbeispiele zu Cauchys Vermutung betrachtet werden. Ausgehend von dieser neuen und gegenintuitiven Definition der Stetigkeit schienen aus Fouriers harmlosen Bildern bösartige Gegenbeispiele zu dem alten, lange durchgesetzten Kontinuitätsprinzip zu werden.

*34 *A. d. Ü.*: meine Ergänzung.

*35 *A. d. Ü.*: meine Ergänzung.

221 Fourier, *op. cit.* Abschnitte 177 und 178.

222 Nachdem ich dies geschrieben hatte, entdeckte ich, daß der Ausdruck ‚unstetig' in etwa im Cauchyschen Sinn in einigen bislang unveröffentlichten Manuskripten von Poinsot (1807) und Fourier (1809) auftaucht, die von Dr. J. Ravetz untersucht wurden, der mir freundlicherweise einen Blick in seine Fotokopien gestattete. Dies gestaltet meine Lage gewiß verwickelter, wenngleich es mich nicht widerlegt. Fourier hatte offensichtlich zu verschiedenen Zeiten zwei verschiedene Fassungen von Stetigkeit vor Augen, und in der Tat ergeben sich diese zwei verschiedenen Fassungen auf natürliche Weise aus zwei verschiedenen Gebieten. Wenn wir eine Funktion wie

$$\sin x - \frac{1}{2} \sin 2x + \frac{1}{3} \sin 3x - + \ldots$$

als Ausgangslage einer Saite deuten, werden wir sie gewiß als stetig ansehen, und das Herausschneiden der senkrechten Geraden – wie es Cauchys Definition verlangt – wird uns unnatürlich erscheinen. Aber wenn wir diese Funktion als, sagen wir, Darstellung des Temperaturverlaufs entlang eines Drahtes deuten, wird sie offensichtlich als unstetig erscheinen. Diese Betrachtungen legen zwei Vermutungen nahe. Erstens könnte Cauchys gefeierte Definition der Stetigkeit durch Fouriers Untersuchung der Wärmeerscheinungen angeregt worden sein. Zweitens könnte Fouriers Beharren auf den Senkrechten in den Bildern dieser (nach der ‚Wärme-Deutung') unstetigen Funktionen in der Anstrengung begründet sein, einen Konflikt mit dem Leibniz-Prinzip zu vermeiden*[36].

*36 *A. d. H.*: Für weitere Informationen über Fouriers Mathematik siehe I. Grattan-Guiness (in Zusammenarbeit mit J. R. Ravetz), *Joseph Fourier, 1786–1830* (M. I. T. Press, 1972).

Cauchys Definition übersetzte gewiß den vertrauten Begriff der Stetigkeit auf eine solche Weise in die Sprache der Arithmetik, daß der ‚gewöhnliche gesunde Menschenverstand' mit Sicherheit erschüttert wurde.[223] Was ist das denn für eine Art von Stetigkeit, aus der sich ergibt, daß wir durch geringfügiges Drehen des Bildes einer stetigen Funktion eine unstetige Funktion erhalten?[*37]

Wenn wir also den intuitiven Stetigkeitsbegriff durch den Cauchy-Begriff ersetzen (und nur dann!), scheinen Fouriers Ergebnisse dem Kontinuitätsaxiom zu widersprechen. Dies sieht wie ein strenges, vielleicht gar entscheidendes Argument gegen Cauchys neue Definitionen (nicht nur der Stetigkeit, sondern auch anderer Begriffe wie dem des Grenzwertes) aus. Es ist also kein Wunder, daß Cauchy zu zeigen versuchte, daß er tatsächlich das Kontinuitätsaxiom in seiner neuen Deutung beweisen konnte, womit er zugleich den Augenschein erweckte, daß seine Definition dieser strengsten Angemessenheitsforderung genügt. Es gelang ihm, den Beweis aufzustellen – und damit glaubte er, Fourier, diesem begabten aber vernebelnden und unstrengen Halbwissenden, der unabsichtlich seine Definition herausgefordert hatte, das Lebenslicht ausgeblasen zu haben.

Selbstverständlich, wäre Cauchys Beweis richtig gewesen, dann hätten Fouriers Beispiele entgegen dem Anschein keine wirklichen *Gegen*beispiele sein können. Eine Möglichkeit zu zeigen, daß sie keine wirklichen Gegenbeispiele sind, wäre es zu zeigen, daß Reihen, die anscheinend gegen Funktionen konvergieren, die in Cauchys Sinn unstetig sind, überhaupt nicht konvergieren!

Und dies war eine einleuchtende Mutmaßung. Fourier selbst zweifelte an der Konvergenz seiner Reihen in diesen entscheidenden Fällen. Er bemerkte, daß die Konvergenz langsam war: ‚Die Konvergenz der Reihe ist freilich eine sehr schwache, das macht sie zur numerischen Verifizierung unserer Behauptungen unbequem, aber von dem *Grade* der Konvergenz hängt die Richtigkeit der Relation auch nicht ab.'[224]

Rückblickend sehen wir, daß Cauchys Hoffnung, daß in diesen entscheidenden Fällen Fouriers Reihen nicht konvergieren (und also die Funktion nicht darstellen), in gewissem Sinn auch durch die folgende Tatsache gerechtfertigt ist. An den Stellen, an denen die Grenzfunktion unstetig ist, strebt die Reihe gegen $\frac{1}{2}[f(x+0)+f(x-0)]$ und nicht einfach gegen $f(x)$. Sie strebt nur dann gegen $f(x)$,

223 Das heißt der gesunde Menschenverstand, der an die Saite oder an das Bild denkt.

*37 *A.d.H.*: Was hier zerschlagen wird, ist vielleicht nicht unsere intuitive Vorstellung der Stetigkeit, sondern eher noch unser Glaube, daß jedes Bild einer Funktion auch nach einer leichten Drehung noch eine Funktion darstellt. Fouriers Kurve ist vom intuitiven Gesichtspunkt aus stetig, und dieser Intuition kann man auch mit der ϵ-δ-Definition der Stetigkeit (die gewöhnlich [irrtümlich – d. Ü.] Cauchy zugeschrieben wird) Rechnung tragen; denn man kann Fouriers Kurve vollständig mit den Senkrechten mit Hilfe zweier stetiger Kurven parametrisch darstellen.

224 *Op. cit.* Abschnitt 177. Diese Bemerkung ist selbstverständlich nur eine schwache Ahnung jener Entdeckung, die erst nach 40jähriger Rechenerfahrung mit Fourierreihen gemacht wurde, daß nämlich die Konvergenz in diesen Fällen unendlich langsam ist. Und diese Entdeckung konnte wahrscheinlich nicht vor Dirichlets entscheidender Verbesserung der Fourier-Vermutung gemacht werden, die zeigte, daß nur solche Funktionen durch Fourierreihen dargestellt werden können, deren Wert an den Unstetigkeitsstellen $\frac{1}{2}[f(x+0)+f(x-0)]$ ist.

wenn gilt $f(x) = \frac{1}{2}[f(x+0) + f(x-0)]$. Doch dies war vor 1829 unbekannt, und tatsächlich war die allgemeine Ansicht zunächst auf seiten Fouriers, eher als auf seiten Cauchys. Fouriers Reihen schienen sich zu bewähren, und als Abel 1826, fünf Jahre nach der Veröffentlichung von Cauchys Beweis, in einer Fußnote seines [1826*b*][225] erwähnte, daß es ‚Ausnahmen' zu Cauchys Satz gibt, war dies ein ziemlich bedenklicher Doppelsieg: Fouriers Reihen wurden anerkannt, aber ebenso Cauchys überraschende Definition der Stetigkeit und auch der Satz, den er mit ihrer Hilfe bewiesen hatte.

Es lag genau auf der Linie dieses Doppelsieges, daß es nun schien, als müsse es *Ausnahmen* zu der besonderen Fassung des betrachteten Stetigkeitsprinzips geben, obwohl Cauchy es fehlerlos bewiesen hatte.

Cauchy muß zu demselben Schluß wie Abel gekommen sein, denn im selben Jahr lieferte er, selbstverständlich ohne seine Kennzeichnung der Stetigkeit aufzugeben, einen Beweis für die Konvergenz der Fourierreihen.[226] Dennoch muß er mit der Lage sehr unzufrieden gewesen sein. Der zweite Band seines *Cours d'Analyse* wurde niemals veröffentlicht. Und, was noch verdächtiger ist, er gab niemals eine weitere Ausgabe des ersten Bandes heraus, sondern gestattete seinem Schüler Moigno, dessen Notizen aus seiner Vorlesung zu veröffentlichen, als die Nachfrage nach einem Lehrbuch zu stark wurde.[227]

Geht man davon aus, daß Fouriers Beispiele jetzt als Gegenbeispiele gedeutet wurden, war die Verwirrung vollständig: wie konnte ein bewiesener Satz falsch sein oder ‚Ausnahmen erleiden'? Wir haben bereits besprochen, wie verwirrt die Leute zur selben Zeit durch die ‚Ausnahmen' zum Euler-Satz waren, da dieser Satz doch ebenfalls bewiesen worden war.

2 Seidels Beweis und der beweiserzeugte Begriff der gleichmäßigen Stetigkeit

Jedermann spürte, daß dieser Streit Cauchy–Fourier nicht nur eine harmlose Verlegenheit war, sondern ein verhängnisvoller Makel am Gesamtgebäude der neuen ‚strengen' Mathematik. In seinen gefeierten Arbeiten über Fourierreihen[228], in denen er sich ausschließlich damit beschäftigte, zu zeigen, *wie* konvergente Reihen stetiger Funktionen unstetige Funktionen darstellen, wobei er offenkundig sehr deutlich um die Cauchy-Fassung des Kontinuitätsprinzips wußte, erwähnte Dirichlet diesen offenkundigen Widerspruch mit keinem Wort.

Seidel schließlich war es überlassen, das Rästel zu lösen, indem er den schuldigen versteckten Hilfssatz in Cauchys Beweis ausfindig machte.[229] Doch dies geschah erst 1847. Warum erst so spät? Um diese Frage zu beantworten, werden wir uns Seidels berühmte Entdeckung ein wenig näher anschauen.

225 Abel [1826*b*], S. 316.

226 Cauchy [1826]. Der Beweis beruht auf einer unrettbar falschen Annahme (siehe z.B. Riemann [1868]).

227 Moigno [1840–1]. 228 Dirichlet [1829]. 229 Seidel [1847].

Sei $\Sigma f_n(x)$ eine konvergente Reihe stetiger Funktionen, und für jedes n definiert $s_n(x) = \sum_{m=0}^{n} f_m(x)$ und $r_n(x) = \sum_{m=n+1}^{\infty} f_m(x)$. Nun ist der Kern von Cauchys Beweis*[38] die Schlußfolgerung aus den Voraussetzungen:

Gegeben irgendein $\epsilon > 0$:

(1) es gibt ein δ, so daß für jedes b gilt: falls $|b| < \delta$ gilt, dann gilt auch $|s_n(x+b) - s_n(x)| < \epsilon$ (es gibt ein solches δ wegen der Stetigkeit der $s_n(x)$);

(2) es gibt ein N, so daß für alle $n \geqslant N$ gilt: $|r_n(x)| < \epsilon$ (es gibt ein solches N wegen der Konvergenz von $\Sigma f_n(x)$);

(3) es gibt ein N', so daß für alle $n \geqslant N'$ gilt: $|r_n(x+b)| < \epsilon$ (es gibt ein solches N' wegen der Konvergenz von $\Sigma f_n(x+b)$);

auf das Ergebnis, daß gilt:

$$\begin{aligned} |f(x+b) - f(x)| &= |s_n(x+b) + r_n(x+b) - s_n(x) - r_n(x)| \\ &\leqslant |s_n(x+b) - s_n(x)| + |r_n(x)| + |r_n(x+b)| \\ &< 3\epsilon \text{ für alle } b < \delta. \end{aligned}$$

Nun zeigen die globalen Gegenbeispiele jener Reihe aus stetigen Funktionen, die gegen Cauchy-unstetige Funktionen konvergieren, daß irgendetwas an dieser (hier nur grob dargestellten) Beweisführung falsch ist. Doch wo steckt der schuldige Hilfssatz?

Eine um ein weniges sorgfältigere Beweisanalyse (unter Verwendung der gleichen Symbole wie zuvor, jedoch mit deutlicher Herausstellung der funktionalen Abhängigkeiten einiger der verwendeten Größen) ergibt den folgenden Schluß:

(1') $|s_n(x+b) - s_n(x)| < \epsilon$, falls $b < \delta(\epsilon, x, n)$

(2') $|r_n(x)| < \epsilon$, falls $n > N(\epsilon, x)$

(3') $|r_n(x+b)| < \epsilon$, falls $n > N(\epsilon, x+b)$

folglich

$|s_n(x+b) + r_n(x+b) - s_n(x) - r_n(x)| = |f(x+b) - f(x)| < 3\epsilon$, falls $n > \max_z N(\epsilon, z)$ und $b < \delta(\epsilon, x, n)$.

*38 *A. d. Ü.*: Diese Rekonstruktion von Cauchys Beweis stammt aus einer ziemlich frühen Phase von Lakatos' Forschung und ist noch ganz im Gebiete der herrschenden (‚Standard'-)Theorie der Analysis verfaßt. Im Verlauf seiner weiteren Studien gelangte Lakatos jedoch zu der Erkenntnis, daß diese Lehre Cauchys Gedanken nicht angemessen zu rekonstruieren vermag – siehe Lakatos' Arbeit ‚Cauchy and the continuum: the significance of non-standard analysis for the history and philosophy of mathematics' (Lakatos [1978*b*], S. 43–60). Diese ontogenetische Entwicklung der Mathematikgeschichte im Geiste Lakatos' scheint mir eine *inverse* phylogenetische Entwicklung des tatsächlichen Verlaufs der Mathematikgeschichte zu sein, in dem die einst vorherrschende Leibniz-Cauchy-Theorie von der mit ihr inkommensurablen (um einen von Kuhn und Feyerabend geprägten nützlichen Begriff zu verwenden) Gegentheorie aus dem Feld geschlagen wurde. Bei der Abfassung dieses Kapitels hatte Lakatos die Inkommensurabilität dieser beiden Theorien noch nicht erkannt – daraus erklärt sich wohl seine hier gegebene, etwas ungefüge Rekonstruktion von Cauchys Beweis. – Diese Bemerkung mindert natürlich in keiner Weise die Bedeutung der hier gegebenen Rekonstruktionen: Auch der Beweis einer falschen Vermutung ergibt ja einen Ansatzpunkt für die Methode „Beweise und Widerlegungen" (vgl. S. 69).

Der versteckte Hilfssatz ist, daß dieses Maximum, $\max_z N(\epsilon, z)$, für jedes feste ϵ existiert. Diese Forderung erhielt später den Namen *gleichmäßige Konvergenz*.

Es gab wahrscheinlich drei Haupthindernisse auf dem Weg zu dieser Entdeckung. Das *erste* war Cauchys nachlässiger Gebrauch der ‚unendlich kleinen' Größen.[230] Das *zweite* besteht darin, daß selbst dann, wenn einige Mathematiker diese Annahme der Existenz eines Maximums einer unendlichen Menge der N in diesem Beweis bemerken, sie doch sehr wohl diese Annahme ohne jeden weiteren Gedanken für gerechtfertigt hielten. Existenzbeweise bei Maximumproblemen erscheinen erstmals in der Weierstraßschen Schule. Aber das *dritte* und größte Hindernis war die Vorherrschaft der Euklidischen Methodologie – dieses guten und schlechten Geistes der Mathematik des frühen neunzehnten Jahrhunderts.

Aber bevor wir dies allgemein erörtern, wollen wir sehen, wie Abel das durch die Fourierschen Gegenbeispiele für den Cauchy-Satz aufgeworfene Problem löst. Ich werde zeigen, daß er es mit Hilfe der einfachen Methode der ‚Ausnahmensperre' löst (oder vielmehr ‚löst').[231]

3 Abels Methode der Ausnahmensperre

Abel formuliert das Problem, von dem ich behaupte, daß es das entscheidende Hintergrundproblem seiner gefeierten Arbeit über die Binominalreihe[232] ist, lediglich in einer Fußnote. Er schreibt: ‚Es scheint mir ..., daß Cauchys Satz Ausnahmen leidet', und er gibt sofort das Beispiel der Reihe

$$\sin \Phi - \frac{1}{2} \sin 2\Phi + \frac{1}{3} \sin 3\Phi - + \ldots$$ [233]

Abel fügt hinzu: ‚Bekanntlich gibt es eine Menge von Reihen mit ähnlichen Eigenschaften.' Seine Antwort auf diese Gegenbeispiele besteht darin, zu fragen: Welches ist der sichere Bereich von Cauchys Satz?

Seine Antwort auf diese Frage lautet: Der Gültigkeitsbereich der Sätze der Analysis im allgemeinen und der Gültigkeitsbereich des Satzes über die Stetigkeit der Grenzfunktion im besonderen beschränkt sich auf die Potenzreihen. Alle bekannten Ausnahmen zu diesem grundlegenden Kontinuitätsprinzip waren trigonometrische Reihen, und deswegen schlug er vor, die Analysis in die sicheren Grenzen der Potenzreihen zurückzuziehen, womit Fouriers wohlgehegte trigonometrische Reihen als undurchdringlicher Dschungel, in dem die Ausnahmen der Regelfall und Erfolge ein Wunder sind, ausgeschlossen wurden.

230 Dies hinderte Cauchy daran, eine klare kritische Einschätzung seines alten Beweises zu geben, und sogar daran, in seinem [1853] (S. 454–9) seinen Satz klar zu formulieren.

231 siehe oben S. 18–24.

232 Abel [1826*b*], S. 316.

233 Abel versäumte es zu erwähnen, daß genau dieses Beispiel in diesem Zusammenhang bereits bei Fourier erwähnt worden war.

In einem Brief an Hansteen vom 29. März 1826 kennzeichnete Abel die ,erbärmliche Eulersche Induktion' als eine Methode, die zu falschen und unbegründeten Verallgemeinerungen führt, und er fragt nach dem Grund dafür, daß solche Verfahren tatsächlich nur so *wenig* Schaden angerichtet haben. Seine Antwort lautet:

> Für mich besteht der Grund darin, daß man sich in der Analysis hauptsächlich mit Funktionen befaßt, die durch Potenzreihen dargestellt werden können. Sobald andere Funktionen auftauchen – und dies geschieht allerdings selten –, dann klappt die Induktion nicht mehr, und eine unendliche Zahl unrichtiger Sätze ergibt sich aus diesen falschen Schlußfolgerungen dadurch, daß einer zum anderen führt. Ich habe mehrere von ihnen untersucht, und es gelang mir, das Problem zu lösen ...[234]

In Abels Arbeit [1826*b*] finden wir seinen berühmten Satz – von dem ich behaupte, daß er aus seiner eingehenden Beschäftigung mit dem klassischen metaphysischen Prinzip von Leibniz entstanden ist – in der folgenden eingeschränkten Fassung:

> Wenn die Reihe
>
> $$f(\alpha) = v_0 + v_1\alpha + v_2\alpha^2 + \ldots + v_m\alpha^m + \ldots$$
>
> für einen gewissen Werth δ von α convergirt, so wird sie auch für jeden *kleineren* Werth von α convergiren, und von der Art seyn, daß $f(\alpha - \beta)$, für stets abnehmende Werthe von β, sich der Grenze $f(\alpha)$ nähert, vorausgesetzt, daß α gleich oder kleiner ist als δ.[235]

Moderne rationalistische Mathematikhistoriker, welche die Geschichte der Mathematik als gleichmäßigen Fortschritt der Erkenntnis auf der Grundlage einer unveränderlichen Methodenlehre betrachten, nehmen an, daß jeder, der ein globales Gegenbeispiel entdeckt und eine neue Vermutung vorschlägt, die von dem infrage stehenden Gegenbeispiel nicht widerlegt wird, automatisch den entsprechenden versteckten Hilfssatz und den beweiserzeugten Begriff entdeckt hat. So schreiben diese Geschichtsforscher die Entdeckung der gleichmäßigen Konvergenz Abel zu. Pringsheim etwa sagt in der maß-

234 Brief an Hansteen ([1826*a*]). Der Rest des Briefes ist ebenfalls interessant und spiegelt Abels Methode der Ausnahmensperre wider: ,Wenn man nach einer allgemeinen Methode voranschreitet, ist es nicht allzu schwer; aber ich mußte sehr umsichtig sein, da Aussagen, die man ohne strengen Beweis (d.h. ohne irgendeinen Beweis) anerkennt, so tief in mir verwurzelt sind, daß ich jeden Augenblick riskiere, sie ohne weitere Überlegung zu benutzen.' Folglich überprüfte Abel diese allgemeinen Vermutungen eine nach der anderen und versuchte, ihren Gültigkeitsbereich zu erraten.

Diese Cartesische selbstauferlegte Beschränkung auf die vollkommen klaren Potenzreihen erklärt Abels besondere Sorgfalt bei der strengen Behandlung der Taylor-Erweiterungen: ,Taylors Satz, die Grundlage der gesamten Infinitesimalrechnung, ist nicht besser begründet. Ich habe nur einen einzigen strengen Beweis gefunden, uns zwar bei M. Cauchy in seinem *Résumé des leçons sur le calcul infinitensimal*, wo er zeigt, daß

$$\Phi(x + a) = \Phi(x) + a\Phi'(x) + a^2\Phi''(x) + \ldots$$

gilt, solange die Reihe konvergiert; aber man wendet ihn ohne Sorgfalt in allen Fällen an.' (Brief an Holmboë [1825].)

235 Abel [1826*b*], S. 314 ([Der Herausgeber] Crelle übersetzte den ursprünglich französischen Text ins Deutsche.)

gebenden *Encyclopädie der Mathematischen Wissenschaften*, daß Abel ‚direkt die Existenz derjenigen Eigenschaften nachwies, welche jetzt als gleichmäßige Konvergenz bezeichnet wird'[236]. Hardy teilt Pringsheims Sichtweise. In seiner Arbeit [1918] sagt er, daß ‚die Idee der gleichmäßigen Konvergenz implizit in Abels Beweis seines gefeierten Satzes enthalten ist'[237]. Bourbaki irrt sich sogar noch deutlicher, wenn er schreibt:

> Cauchy erkannte nicht von Anfang an den Unterschied zwischen einfacher und gleichmäßiger Konvergenz und glaubte beweisen zu können, daß jede konvergente Reihe stetiger Funktionen als Summe eine stetige Funktion hat. Der Irrtum wurde jedoch beinahe sofort von Abel aufgedeckt, der zur selben Zeit bewies, daß jede Potenzreihe im Innern ihres Konvergenzintervalles stetig ist. Er benutzt dabei die klassisch gewordene Überlegung, die in diesem Spezialfall wesentlich die Idee der gleichmäßigen Konvergenz verwertete. Es war ihm nicht mehr gegeben, diesen Begriff allgemein herauszuarbeiten; das geschah dann unabhängig voneinander durch Stokes und Seidel in den Jahren 1847–8 und durch Cauchy selbst im Jahre 1853.[238]

In jedem Satz ein Fehler. Abel offenbarte Cauchys Fehler nicht, indem er die zwei Arten von Konvergenz bestimmte. Sein Beweis benutzt den Begriff der gleichmäßigen Konvergenz ebensowenig wie Cauchys Beweis. Abels und Seidels Ergebnisse stehen nicht in dem Verhältnis ‚besonders' und ‚allgemein' zueinander, sondern sie liegen auf ganz verschiedenen Ebenen. Abel bemerkte nicht einmal, daß nicht der Bereich der zulässigen Funktionen eingeschränkt werden muß, sondern vielmehr ihre Konvergenzweise! *In Wirklichkeit gibt es für Abel nur eine einzige Art der Konvergenz, nämlich die einfache*; und das Geheimnis der Scheingewißheit seines Beweises liegt in seinen vorsichtigen (und glücklich gewählten) *Nulldefinitionen*[239]: wie wir heute wissen, fällt bei den Potenzreihen die einfache Konvergenz mit der gleichmäßigen Konvergenz zusammen![240]

236 Pringsheim [1916], S. 35.

237 Hardy [1918], S. 148.

238 Bourbaki [1949], S. 65 und [1969/1971], S. 239.

239 vgl. oben S. 18–24.

240 Es gab zwei Mathematiker, die bemerkten, daß Abels Beweis nicht ganz fehlerfrei war. Der eine war Abel selbst, der sich – ohne Erfolg – in seiner nach seinem Tod veröffentlichten Arbeit ‚Sur les Séries' ([1881], S. 202) nochmals mit dem Problem auseinandersetzte. Der andere war Sylow, der Mitherausgeber der zweiten Ausgabe von Abels Gesammelten Werken. Er fügte dem Satz eine kritische Fußnote an, in der er herausstellte, daß wir im Beweis die gleichmäßige Konvergenz benötigen und nicht, wie Abel, mit der einfachen Konvergenz auskommen. Doch er gebrauchte nicht den Ausdruck ‚gleichmäßige Konvergenz', der ihm anscheinend unbekannt war (die zweite Ausgabe von Jordans *Cours d'Analyse* war noch nicht erschienen), und er bezog sich stattdessen auf eine spätere Verallgemeinerung von du Bois-Reymond, der lediglich zeigt, daß auch er die Natur des Fehlers nicht klar gesehen hat. Reiff wies in seinem [1889] Sylows Kritik mit dem einfältigen Argument zurück, daß Abels Satz gültig ist. Reiff meint, während Cauchy der Begründer der Theorie der Konvergenz gewesen sei, sei Abel der Begründer der Theorie der stetigen Reihen gewesen:

> Fassen wir die Leistungen Cauchys in der *Analyse algébrique* und die von Abel kurz zusammen, so können wir sagen: Cauchy hat in seiner Analyse algébrique die Theorie der Konvergenz und Divergenz der unendlichen Reihen, Abel in seiner Abhandlung über die binomische Reihe die Lehre von der Stetigkeit der Reihen begründet. ([1889], S. 178f).

Dies im Jahre 1889 zu behaupten, war gewiß ein Zeichen großartiger Unkenntnis.

Selbstverständlich beruht die Gültigkeit von Abels Satz auf seinen sehr enggefaßten Null-Definitionen und nicht auf seinem Beweis. Abels Arbeit wurde später in *Ostwald's* Klassiker (Nr. 71), Leipzig, 1895 veröffentlicht; in den Anmerkungen wurden Sylows Bemerkungen ohne jeden Kommentar wiedergegeben.

Wenn ich schon dabei bin, die Historiker zu kritisieren, dann sollte ich auch noch erwähnen, daß das erste Gegenbeispiel zu Cauchys Satz im allgemeinen Abel zugeschrieben wird. Daß es bereits bei Fourier erscheint, wurde nur von Jourdain bemerkt. Der aber schließt in seinem ungeschichtlichen Sinn aus dieser Tatsache, daß Fourier – den Jourdain sehr bewundert – der Entdeckung des Begriffs der gleichmäßigen Konvergenz sehr nahe gekommen ist.[241] Der Punkt, daß ein Gegenbeispiel möglicherweise um seine Anerkennung kämpfen muß und daß es auch nach seiner Anerkennung noch immer nicht automatisch zu dem versteckten Hilfssatz führen muß und damit zu dem betreffenden beweiserzeugten Begriff, wurde bisher von sämtlichen Historikern übersehen.

4 Hindernisse auf dem Weg zu der Entdeckung der Methode der Beweisanalyse

Doch kehren wir zum Hauptproblem zurück. Warum gelang es den führenden Mathematikern zwischen 1821 und 1847 nicht, den einfachen Fehler in Cauchys Beweis zu finden und sowohl die Beweisanalyse als auch den Satz zu verbessern?

Die erste Antwort lautet, daß sie die Methode „Beweise und Widerlegungen" nicht kannten. Sie wußten nicht, daß sie nach der Entdeckung eines Gegenbeispieles ihren Beweis sorgfältig analysieren mußten, um den schuldigen Hilfssatz zu finden. Sie behandelten die globalen Gegenbeispiele mit Hilfe der heuristisch unfruchtbaren Methode der Ausnahmensperre.

Tatsächlich entdeckte Seidel den beweiserzeugten Begriff der gleichmäßigen Konvergenz und die Methode „Beweise und Widerlegungen" auf einen Schlag. Dieser Entdeckung in der Methodenlehre[242] war er sich voll bewußt und beschrieb sie in seiner Arbeit in großer Klarheit:

> Wenn man, ausgehend von der so erlangten Gewißheit, daß der Satz nicht allgemein gelten kann, also seinem Beweis noch irgend eine versteckte Voraussetzung zu Grunde liegen muß, denselben einer genauern Analyse unterwirft, so ist es auch nicht schwer, die verborgne Hypothese zu entdecken; man kann dann rückwärts schließen, daß diese bei Reihen, welche dicontinuirliche Functionen darstellen, nicht erfüllt sein darf, indem nur so die Übereinstimmung der *übrigens* richtigen Schlußfolge mit dem, was andrerseits bewiesen ist, gerettet werden kann.[243]

Was hinderte die Generation vor Seidel daran, dies zu entdecken? Der Hauptgrund war (wie bereits erwähnt) die Vorherrschaft der Euklidischen Methodenlehre.

241 Jourdain [1912], 2, S. 527

242 Rationalisten bezweifeln, daß es überhaupt Entdeckungen in der Methodenlehre gibt. Sie glauben, daß die Methode unveränderlich, ewig ist. In der Tat werden Entdecker im Bereich der Methodenlehre sehr schlecht behandelt. Bevor ihre Methode anerkannt wird, wird sie wie eine verrückte Theorie behandelt, danach wie ein trivialer Allgemeinplatz.

243 Seidel [1847], S. 383

Cauchys Revolution der Strenge gründete auf dem bewußten Versuch, die Euklidische Methodenlehre auf die Analysis anzuwenden.[244] Er und seine Nachfolger dachten, auf diesem Wege Licht in das ‚schreckliche Dunkel der Analysis'[245] zu bringen. Cauchy ging im Geist von Pascals Regeln vor: zunächst begann er damit, die unklaren Ausdrücke der Analysis – wie Grenzwert, Konvergenz, Stetigkeit, usw. – in den wohlbekannten Ausdrücken der Arithmetik zu definieren, und dann bewies er alles, was zuvor noch nicht bewiesen worden war oder was nicht vollkommen offensichtlich war. Nun gibt es aber im Euklidischen System keine Stufe, auf der man etwas Falsches zu beweisen sucht, so daß Cauchy zunächst den noch vorhandenen Teil der mathematischen Vermutungen verbessern mußte, indem er den falschen Plunder über Bord warf. Um die Vermutungen zu verbessern, bediente er sich der Methode, nach Ausnahmen Ausschau zu halten und dann den Gültigkeitsbereich der ursprünglichen, nur grob aufgestellten Vermutungen auf ein sicheres Gebiet zu beschränken, d.h. er bediente sich der Methode der Ausnahmensperre.[246]

In der 1865er Ausgabe von *Larousse* kennzeichnete jemand (wahrscheinlich Catalan) ziemlich höhnisch Cauchys Jagd auf Gegenbeispiele. Er schrieb:

> Er hat nur negative Lehren in die Wissenschaft eingeführt ... tatsächlich ist es fast ausschließlich der negative Gesichtspunkt der Wahrheit, dessen Entdeckung ihm gelang, den er sich bemühte, deutlich herauszustellen: Wenn er einmal ein Körnchen Gold in der Schlemmkreide gefunden hätte, dann hätte er aller Welt kundgetan, daß Kreide nicht *ausschließlich* aus Calciumkarbonat besteht.

Ein Teil eines Briefes von Abel an Holmboë ist ein weiteres Zeugnis für dieses neue Wünschelruten-Verhalten der Cauchy-Schule:

> Ich habe damit begonnen, die wichtigsten Regeln, die wir (gegenwärtig) in dieser Beziehung gutheißen, zu untersuchen und zu zeigen, in welchen Fällen sie ungeeignet sind. Dies geht sehr gut und interessiert mich unendlich.[247]

Was von den Rigoristen als hoffnungsloser Plunder betrachtet wurde, wie etwa Vermutungen über Summen aus divergenten Reihen, wurde in gebührender Weise dem Feuer übergeben.[248] ‚Divergente Reihen sind', schrieb Abel, ‚das Werk des Teufels'. Sie verursachen lediglich ‚Unglück und Paradoxien'[249].

Doch während sie sich beständig bemühten, ihre Vermutungen durch Ausnahmensperren zu verbessern, kamen sie niemals auf die Idee, sie durch *beweisen* zu verbessern.

244 ‚Was die Methoden anbetrifft, so mußte ich ihnen die ganze Strenge beilegen, die man in der Geometrie verlangt, und konnte niemals meine Zuflucht zu Gründen nehmen, die sich aus der Allgemeinheit der Algebra ergeben.' (Cauchy [1821], Einleitung, S. ij).

245 Abel [1826*a*], S. 263

246 ‚Zu umfassende Behauptungen nützlichen Beschränkungen unterwerfen' (Cauchy [1821]).

247 Abel [1825], S. 258

248 Zeitgenossen betrachteten diese Läuterungen gewiß als ‚ein wenig hart' (Cauchy [1821], Einleitung, S. iv).

249 Abel [1825], S. 257

Die beiden Tätigkeiten des Mutmaßens und des Beweisens sind in der Euklidischen Tradition streng voneinander getrennt. Die Idee eines Beweises, der seinen Namen verdient und der dennoch nicht schlüssig ist, war den Rigoristen fremd. Gegenbeispiele wurden als schwere und unheilvolle Makel betrachtet: sie zeigten, daß eine Vermutung falsch war und daß man mit dem Beweisen wieder von vorn beginnen mußte.

Dies war angesichts der Tatsache verstehbar, daß im achtzehnten Jahrhundert Abfolgen von armseligen induktiven Urteilen Beweise genannt wurden.[250] Und es gab keine Möglichkeit, *diese* ‚Beweise' zu verbessern. Sie wurden zu recht als ‚unstrenge Beweise – das bedeutet: überhaupt keine Beweise'[251] über Bord geworfen. *Induktive Beweisführung war fehlbar – deshalb wurde sie dem Feuer übergeben. Deduktive Beweisführung nahm ihren Platz ein – weil sie für unfehlbar gehalten wurde*. ‚Ich bringe sämtliche Ungewißheit zum Verschwinden', verkündete Cauchy.[252] Vor diesem Hintergrund muß die Widerlegung von Cauchys ‚streng' bewiesenem Satz eingeschätzt werden. Und diese Widerlegung war kein Einzelfall. Auf Cauchys ‚strengen' Beweis der Euler-Formel folgten, wie wir gesehen haben, gleichfalls Arbeiten, in denen die wohlbekannten ‚Ausnahmen' festgehalten wurden.

Es gab da nur zwei Auswege: Entweder mußte man die gesamte Unfehlbarkeitsphilosophie der Mathematik, die der Euklidischen Methode zugrunde liegt, überprüfen, oder aber man mußte das Problem irgendwie vertuschen. Zunächst wollen wir uns überlegen, welche Folgen eine Überprüfung des Unfehlbarkeitsanspruches gehabt hätte. Gewiß hätte man sich von der Vorstellung trennen müssen, daß die gesamte Mathematik auf unbezweifelbar richtige Trivialitäten zurückgeführt werden kann, daß es Aussagen gibt, in deren Richtigkeit sich unsere Intuition nicht irren kann. Man hätte die Vorstellung aufgeben müssen, daß unsere deduktive, schlußfolgernde Intuition unfehlbar ist. Nur diese beiden Zugeständnisse konnten die Bahn freimachen für die Entwicklung der Methode „Beweise und Widerlegungen" und deren Anwendung auf die kritische Einschätzung einer deduktiven Beweisführung und auf das Problem der Behandlung von Gegenbeispielen*[39].

250 Der ‚Formalismus' des achtzehnten Jahrhunderts war reiner Induktivismus. Vgl. S. 125; Cauchy weist im Vorwort seines [1821] Induktionen zurück, weil sie nur ‚manchmal zur Darstellung der Wahrheit geeignet' sind (S. iij).

251 Abel [1826*a*], S. 263. Für Cauchy und Abel bedeutet ‚streng' soviel wie deduktiv, im Gegensatz zu induktiv.

252 Cauchy [1821], Einleitung, S. iij

*39 *A.d.H.*: Diese Stelle scheint uns falsch zu sein, und wir sind uns sicher, daß Lakatos, der der formalen deduktiven Logik die größte Aufmerksamkeit schenkte, hier selbst eine Änderung vorgenommen hätte. Die Logik erster Stufe hat eine solche Kennzeichnung der Gültigkeit eines Schlusses geschaffen, die (in Abhängigkeit einer Kennzeichnung der ‚logischen' Ausdrücke der Sprache) gültige Schlüsse wesentlich unfehlbar macht. Man braucht also nur das erste der beiden von Lakatos erwähnten Zugeständnisse zu machen. Bei einer hinreichend guten ‚Beweisanalyse' können sämtliche Zweifel auf die *Axiome* (oder Voraussetzungen des Satzes) abgelenkt werden, so daß kein einziger den *Beweis* selbst trifft. Die Methode „Beweise und Widerlegungen" wird keineswegs durch die Zurückweisung des zweiten dieser beiden Zugeständnisse geschwächt (wie es im Text anklingt): tatsächlich können gerade mit dieser Methode die Beweise so verbessert werden, daß sämtliche Voraussetzungen, die getroffen werden müssen, damit der Beweis gültig ist, deutlich bestimmt werden.

Solange ein Gegenbeispiel eine Schande nicht nur für einen Satz, sondern auch für den Mathematiker war, der ihn verteidigte, solange es nur Beweise und Nicht-Beweise geben konnte, jedoch keine zuverlässigen Beweise mit schwachen Stellen, solange war mathematische Kritik mit einem Bann belegt. Es war der unfehlbare philosophische Hintergrund der Euklidischen Methode, der die autoritären traditionellen Muster in der Mathematik heranzog, der die Veröffentlichung und Erörterung von Vermutungen verhinderte, der eine Herausbildung von mathematischer Kritik unmöglich machte. Es gibt literarische Kritik, weil wir ein Gedicht würdigen können, ohne es für vollkommen zu halten; mathematische oder naturwissenschaftliche Kritik kann es nicht geben, weil wir ein mathematisches oder naturwissenschaftliches Ergebnis nur würdigen, wenn es vollkommen richtig ist. Ein Beweis ist nur dann ein Beweis, wenn er beweist; und entweder beweist er, oder er beweist nicht. Die Vorstellung – so klar von Seidel ausgesprochen –, daß ein Beweis auch dann Anerkennung verdienen kann, wenn er nicht fehlerlos ist, war im Jahre 1847 revolutionär, und unglücklicherweise klingt sie noch heute revolutionär.

Es ist kein Zufall, daß die Entdeckung der Methode „Beweise und Widerlegungen" in den 1840er Jahren geschah, zu der Zeit also, als der Zusammenbruch der Newtonschen Optik (durch die Arbeiten von Fresnel in den Jahren zwischen 1810 und 1830) und die Entdeckung von nicht-Euklidischen Geometrien (durch Lobatschewsky 1829 und Bolyai 1932) den Dünkel der Unfehlbarkeitsphilosophie hinwegfegte.[253]

253 Im selben Jahrzehnt verkündet Hegels Philosophie sowohl einen radikalen Bruch mit seinen unfehlbaren Vorgängern und einen machtvollen Beginn für einen gänzlich neuen Erkenntnisansatz. (Hegel und Popper verkörpern die einzigen Traditionen fehlbarer Philosophie in der Moderne, aber auch sie begingen beide den Fehler, der Mathematik einen bevorrechtigten Rang der Unfehlbarkeit einzuräumen.) Eine Stelle bei de Morgan zeigt den neuen Geist der Fehlbarkeit der vierziger Jahre:

‚Manche scheinen dazu zu neigen, alles das zurückzuweisen, was irgendwelche Schwierigkeiten bereitet oder dessen Schlußfolgerungen nicht allesamt ohne Schwierigkeiten einer Überprüfung scheinbarer Widersprüche standhalten. Wenn man damit meint, daß nichts dauernd benutzt und auf nichts implizit vertraut werden darf, was nicht im vollen Umfang der aufgestellten Behauptung wahr ist, so hätte ich von mir aus nichts gegen solch ein rationales Verfahren einzuwenden. Aber wenn man daraus ableiten würde, daß man dem Studenten mit oder ohne Warnung nichts vorführen darf, was nicht in seiner vollen Allgemeinheit verstanden werden kann, so würde ich in aller Ehrerbietung Einspruch gegen eine solche Beschränkung einlegen, die in meinen Augen nicht nur eine falsche Sicht des wirklich bekannten bewirkt, sondern darüberhinaus den Fortschritt der Entdeckung aufhält. Es stimmt nicht, daß außerhalb der Geometrie die mathematischen Wissenschaften *in allen ihren Teilen* diese Modelle vollendeter Genauigkeit sind, wie viele annehmen. Die äußersten Grenzen der Analysis sind stets unvollkommen verstanden worden, da die Gegend jenseits der Grenzen völlig unbekannt war. Aber der Weg, das besiedelte Land zu vergrößern, bestand nicht darin, in ihm zu verweilen [diese Bemerkung richtet sich gegen die Methode der Ausnahmensperre], sondern darin, Entdeckungsreisen zu machen, und ich bin fest davon überzeugt, daß der *Student* in dieser Weise unterrichtet werden sollte; das heißt, ihm sollte sowohl gelehrt werden, wie er die Grenze untersuchen kann, als auch wie er das Innere pflegen kann. Deswegen habe ich niemals Bedenken getragen, im späteren Teil des Werkes Methoden zu verwenden, die ich nicht zweifelhaft nennen werde, weil ich sie als unvollendet darstellte und weil der Zweifel der eines erwartungsvollen Schülers ist und nicht der eines unzufriedenen Kritikers. Die Erfahrung hat oft gezeigt, daß eine fehlerhafte Schluß-

Vor der Entdeckung der Methode „Beweise und Widerlegungen" konnte das durch die Aufeinanderfolge von Gegenbeispielen zu einem ‚streng bewiesenen' Satz aufgeworfene Problem nur mit Hilfe der Methode der Ausnahmensperre ‚gelöst' werden. *Der Beweis beweist den Satz, aber er läßt die Frage offen, welches der Gültigkeitsbereich des Satzes ist. Wir können diesen Bereich durch Darstellen und sorgfältiges Ausschließen der ‚Ausnahmen' (dieses beschönigende Wort kennzeichnet diesen Zeitabschnitt) bestimmen. Diese Ausnahmen werden dann in die Formulierung des Satzes aufgenommen.*

Die Herrschaft der Methode der Ausnahmensperre zeigt, wie die Euklidische Methode in gewissen entscheidenden Problemlagen schädliche Auswirkungen auf die Entwicklung der Mathematik haben kann. Diese Problemlagen erscheinen meistens bei neu entstehenden Theorien, in denen neu entstehende Begriffe die Träger des Fortschritts sind, in denen die aufregendsten Entwicklungen ihren Ursprung in der Erforschung der Grenzgebiete der Begriffe haben, in der Dehnung dieser Begriffe und in der Unterscheidung zuvor ununterschiedener Begriffe. In diesen neu entstehenden Theorien ist die Intuition unerfahren, sie stolpert und geht in die Irre. Es gibt keine Theorie, die nicht eine solche Entstehungszeit durchgemacht hat; überdies ist dieser Zeitabschnitt vom geschichtlichen Gesichtpunkt aus der aufregendste, und vom Gesichtspunkt des Lehrenden aus sollte er der wichtigste sein. Diese Zeitabschnitte können ohne das Verständnis der Methode „Beweise und Widerlegungen", ohne Übernahme der Fehlbarkeitsphilosophie nicht angemessen verstanden werden.

Dies ist der Grund, weswegen Euklid der böse Geist besonders für die Geschichte der Mathematik und für die Lehre der Mathematik gewesen ist, sowohl auf der einführenden als auch auf der schöpferischen Ebene.[254]

folgerung verständlich und streng unter Beibehaltung des Grundgedankens wiedergegeben werden kann, aber wer kann eine Schlußfolgerung verbessern, die man ihm vorenthält? Ausschließliche Aufmerksamkeit für jene Teile der Mathematik, die keinerlei Spielraum für die Erörterung zweifelhafter Punkte läßt, bewirkt eine Abneigung gegen solche Vorgehensweisen, die unabdingbar für die Weiterentwicklung der Analysis sind. Wenn die Pflege der höheren Mathematik solchen Personen vorbehalten bleibt, die für diese Aufgabe besonders ausgebildet wurden, dann könnte es einen Anschein von Vernunft haben, wenn man den gewöhnlichen Studenten nicht nur die ungelösten, sondern auch die rein spekulativen Teile der abstrakten Wissenschaften vorenthält; womit man diese Bereiche solchen Personen überlassen würde, deren Beruf es wäre, das erstere klar und das letztere anwendbar zu gestalten. Jedoch: die wenigen in unserem Land, die ihre Aufmerksamkeit einem Problem der Mathematik um seiner selbst willen widmen, werden durch Verwirrungen ihrer Neigung oder äußerer Umstände in ihrem Bestreben ermuntert; und die Zahl solcher Verwirrungen sollte dadurch gesteigert werden, daß man sämtlichen Studenten, deren Fähigkeit es ihnen erlaubt, sich mit höheren Teilen der angewandten Mathematik zu beschäftigen, die Möglichkeit eröffnent, sich zur Pflege jener Teile der Analysis anleiten zu lassen, von denen eher der zukünftige Fortschritt der Analysis als ihre gegenwärtige Anwendung in der stofflichen Wissenschaft abhängig ist.' (de Morgan [1842], S. vii).

254 R.B. Braithwaite meint: ‚Der gute Geist der Mathematik und der nicht-selbstbewußten Wissenschaft, Euklid, war der böse Geist der Philosophie der Wissenschaft – und in der Tat der Metaphysik'. (Braithwaite [1953], S. 353). Diese Aussage jedoch entspricht einem ruhenden logischen Begriff von der Mathematik.

Anmerkung: In diesem Anhang sind die ergänzenden Stufen 5, 6 und 7 (vgl. S. 120) der Methode „Beweise und Widerlegungen" nicht erörter worden. Am Rande möchte ich jedoch noch erwähnen, daß ein methodischer Hinweis auf die gleichmäßige Konvergenz in anderen Beweisen (Stufe 5) sehr schnell zur Widerlegung und Verbesserung eines anderen von Cauchy bewiesenen Satzes geführt hätte, nämlich des Satzes, daß das Integral des Grenzwertes jeder konvergenten Reihe stetiger Funktionen der Grenzwert der Folge aus den Integralen der Einzelausdrücke ist oder kurz, daß bei Reihen stetiger Funktionen Grenzwert- und Integralbildung vertauschbar sind. Dies war während des gesamten achtzehnten Jahrhunderts unbestritten, und sogar Gauß verwendete diesen Satz, ohne einen weiteren Gedanken daran zu verschwenden. (Siehe Gauß [1813], Knopp [1928] und Bell [1945].)

Nun kam Seidel, der 1847 die gleichmäßige Konvergenz entdeckte, nicht auf die Idee, andere Beweise zu untersuchen, um zu sehen, ob sie auch dort implizit angenommen worden war. Stokes, der die gleichmäßige Konvergenz im gleichen Jahr entdeckte – wenn auch nicht mit Hilfe der Methode „Beweise und Widerlegungen" – verwendete in eben dieser Arbeit den falschen Satz über die Reihenintegration, wobei er sich auf Moigno beruft (Stokes [1848]). (Stokes beging noch einen weiteren Fehler: er glaubte bewiesen zu haben, daß gleichmäßige Konvergenz nicht nur eine hinreichende, sondern auch eine notwendige Bedingung für die Stetigkeit der Grenzfunktion ist.)

Diese Verzögerung der Entdeckung, daß der Beweis der Reihenintegration ebenfalls auf der Voraussetzung der gleichmäßigen Konvergenz beruht, könnte im wesentlichen darauf beruhen, daß diese ursprüngliche Vermutung erst 1875 durch ein konkretes Gegenbeispiel widerlegt wurde (Darboux [1875]), zu einem Zeitpunkt also, zu dem die Beweisanalyse die gleichmäßige Konvergenz bereits ohne die Mithilfe eines Gegenbeispiels aufgespürt hatte. Die Jagd auf die gleichmäßige Konvergenz, mit Weierstraß an der Spitze, entdeckte einmal in Gang gekommen sehr rasch den Begriff in den Beweisen über gliedweises Differenzieren, Vertauschen von Grenzübergängen usw.

Die *sechste Stufe* besteht darin, die bislang anerkannten Folgerungen aus der widerlegten ursprünglichen Vermutung zu überprüfen. Können wir diese Folgerungen retten, oder führt die Widerlegung des Hilfssatzes zu einem schrecklichen Brandopfer? Gliedweises Integrieren beispielsweise war ein Grundstein in Dirichlets Beweis der Fourier-Vermutung. Du Bois-Reymond beschreibt die Lage in dramatischen Worten: die Theorie der trigonometrischen Reihen ist ‚ins Herz getroffen', ihren beiden Schlüsselsätzen ‚war nun plötzlich der Boden entzogen', und die Theorie war ‚mit einem Schlag ... nicht allein hinter Dirichlet, sondern geradezu auf den Standpunkt vor Fourier zurückversetzt' (du Bois-Reymond [1875], S. 121). Es ist eine fesselnde Untersuchung, herauszufinden, wie dieser ‚verlorene Boden' zurückgewonnen wurde.

Im Verlauf dieses Prozesses wurde eine Fülle von Gegenbeispielen erschlossen. Aber deren Untersuchung – die *siebte Stufe* der Methode – begann erst in den letzten Jahren des Jahrhunderts. (Z.B. Youngs Arbeiten über die Klassifizierung und die Verteilung von Punkten nicht-gleichmäßiger Konvergenz; Young [1903–4].)

Anhang 2

Deduktivistischer oder heuristischer Zugang?

1 Der deduktivistische Zugang

Die Euklidische Methodenlehre hat einen gewissen verbindlichen Darstellungsstil entwickelt. Ich werde ihn den ,deduktivistischen Stil' nennen. Dieser Stil beginnt mit einer sorgfältig zusammengestellten Liste von *Axiomen, Hilfssätzen* und/oder *Definitionen*. Die Axiome und Definitionen erscheinen häufig gekünstelt und geheimnisvoll verwickelt. Niemals wird mitgeteilt, wie diese Verwicklungen zustandekamen. Der Liste der Axiome und Definitionen folgen in sorgfältiger Wortwahl die *Sätze*. Diese sind beladen mit umständlichen Bedingungen; es erscheint unmöglich, daß irgendjemand sie jemals erraten hat. Dem Satz folgt der *Beweis*.

Der Mathematikstudent ist nach dem Euklidischen Ritual dazu verpflichtet, dieser Darbietung eines Zauberkunststückes beizuwohnen, ohne eine Frage zu stellen, sei es zum Hintergrund, sei es zur Durchführung einer kleinen Nebenüberlegung. Falls der Student zufällig entdeckt, daß einige dieser ungefügen Definitionen beweiserzeugt sind, falls er sich einfach wundert, wie diese Definitionen, Hilfssätze und der Satz eigentlich dem Beweis vorangehen können, dann wird ihn der Zauberer wegen dieser Zur-Schau-Stellung seiner mathematischen Unreife ächten[255].

Beim deduktivistischen Stil sind alle Aussagen wahr und sämtliche Schlüsse gültig. Die Mathematik wird als dauernd wachsende Menge ewiger, unveränderlicher Wahrheiten dargestellt. Gegenbeispiele, Widerlegungen oder Kritik können da unmöglich hereinbrechen. Ein autoritärer Anstrich wird dem Untersuchungsgegenstand dadurch gesichert, daß man mit getarnten monstersperrenden und beweiserzeugten Definitionen und mit dem voll entfalteten Satz beginnt und die ursprüngliche Vermutung, die Widerlegungen und die Kritik des Beweises unterdrückt. Der deduktivistische Stil verbirgt den Kampf, verbirgt das Abenteuer. Die gesamte Handlung verschwindet, die aufeinanderfolgenden tastenden Formulierungen des Satzes im Verlauf des Beweisverfahrens sind der Ver-

255 Einige Lehrbücher behaupten, daß sie beim Leser keinerlei Vorkenntnisse voraussetzen, sondern lediglich eine gewisse mathematische Reife. Das bedeutet häufig, daß sie vom Leser erwarten, daß ihn die Natur mit der ,Fähigkeit' ausgestattet hat, einen Euklidischen Beweisgang ohne ein unnatürliches Interesse am Problemzusammenhang, an der Heuristik des Beweisganges hinzunehmen.

gessenheit anheim gegeben, während dem Endergebnis die hohen Weihen der Unfehlbarkeit verliehen werden[256].

Einige Verteidiger des deduktivistischen Stiles behaupten, daß Deduktion *das* heuristische Muster in der Mathematik ist, daß die Logik der Forschung die Deduktion ist[257]. Andere bemerken, daß das falsch ist, aber ziehen daraus den Schluß, daß mathematische Entdeckung eine vollständig nicht-rationale Angelegenheit ist. Sie werden also behaupten, daß zwar mathematische Entdeckung nicht deduktiv abläuft, daß wir aber im deduktivistischen Stil vorgehen müssen, wenn wir unsere Darstellung mathematischer Entdeckungen rational entfalten wollen[258].

256 Es ist bis jetzt noch nicht ausreichend erkannt worden, daß die gegenwärtige mathematische und naturwissenschaftliche Ausbildung eine Brutstätte des Autoritätsdenkens und der ärgste Feind des unabhängigen und kritischen Denkens ist. Während in der Mathematik dieses Autoritätsdenken dem gerade beschriebenen *deduktivistischen* Muster folgt, wirkt es in der Naturwissenschaften durch das *induktivistische* Muster.

In den Naturwissenschaften hat der induktivistische Stil eine lange Tradition. Eine in diesem Stil geschriebene ideale Arbeit beginnt mit der sorgfältigen Beschreibung der Anlage des Experimentes, ihr folgt die Beschreibung des Experimentes und sein Ergebnis. Eine ‚Verallgemeinerung' kann die Arbeit beschließen. Die Problemlage, die Vermutung, die das Experiment überprüfen sollte, wird verborgen. Der Verfasser rühmt sich eines unvoreingenommenen, jungfräulichen Geistes. Die Arbeit kann nur von den paar Lesern verstanden werden, die die Problemlage bereits kannten. – Der induktivistische Stil widerspiegelt die Täuschung, der Wissenschaftler beginne seine Untersuchung mit einem unvoreingenommenen Geist, während er tatsächlich mit einem Kopf voller Ideen beginnt. Dieses Spiel klappt nur – und nicht immer erfolgreich – durch und für eine auserwählte Expertengilde. Der induktivistische Stil, der wie sein deduktivistischer Zwilling (nicht Gegenspieler) behauptet, objektiv zu sein, begünstigt in Wahrheit eine vertrauliche Gildensprache, atomisiert die Sätze, erstickt die Kritik, macht die Wissenschaft autoritär. In einer solchen Darstellung können niemals Gegenbeispiele vorkommen: man beginnt mit Beobachtungen (nicht mit einer Theorie), und offenbar kann man keine Gegenbeispiele beobachten, solange man keine ältere Theorie hat.

257 Diese Leute behaupten, daß die Mathematiker mit einem unvoreingenommenen Geist beginnen, ihre Axiome und Definitionen nach ihrem Belieben im Verlauf einer spielerischen freien schöpferischen Tätigkeit aufstellen und daß sie erst auf einer späteren Stufe die Sätze aus diesen Axiomen und Definitionen ableiten. Wenn die Axiome in einer gewissen Deutung wahr sind, dann werden auch die Sätze allesamt wahr sein. Das mathematische Wahrheits-Förderband arbeitet fehlerlos. Nach unserer Fallstudie des Beweisverfahrens kann dieses Argument als Verteidigungsversuch des deduktivistischen Stiles im allgemeinen abgehakt werden – falls wir nicht die Beschränkung der Mathematik auf formale Systeme anerkennen. Während Popper gezeigt hat, daß sich diejenigen irren, die behaupten, die Induktion sei die Logik der naturwissenschaftlichen Forschung, sollen diese Aufsätze zeigen, daß sich diejenigen irren, die behaupten, die Deduktion sei die Logik der mathematischen Forschung. Während Popper den induktivistischen Stil kritisierte, versuchen diese Aufsätze eine Kritik am deduktivistischen Stil.

258 Diese Lehrmeinung ist ein wesentlicher Bestandteil der meisten Arten formalistischer Philosophie der Mathematik. Formalisten, die über die Forschung sprechen, unterscheiden zwischen dem *Entdeckungszusammenhang* und dem *Begründungszusammenhang*. ‚Der Entdeckungszusammenhang bleibt der psychologischen Analyse überlassen, während die Logik sich mit dem Begründungszusammenhang befaßt.' (Reichenbach [1947], S. 2) Eine ähnliche Ansicht findet sich bei Braithwaite in seinem [1953], S. 27 und sogar bei K.R. Popper in seinem [1934/1971], S. 6–7 und in seinem [1935]. Popper, der (tatsächlich im Jahre 1934) den Vorgang der Entdeckung in einer solchen Weise zwischen der Psychologie und der Logik aufteilte, daß für die Heuristik

Wir haben also heute zwei Argumente für den deduktivistischen Stil. Das eine beruht auf der Idee, daß Heuristik rational und deduktivistisch ist. Das zweite Argument beruht auf der Idee, daß Heuristik nicht deduktivistisch, aber auch nicht rational ist.

Es gibt da noch ein drittes Argument. Einige schöpferische Mathematiker, die sich nicht von Logikern, Philosophen oder anderen Spinnern ins Handwerk pfuschen lassen wollen, pflegen zu sagen, daß die Einführung eines heuristischen Stiles ein Neuschreiben der Lehrbücher erfordern würde, wodurch sie so umfangreich werden würden, daß kein Mensch sie jemals zuende lesen könnte. Auch Einzelarbeiten würden sehr viel länger[259]. Unsere Antwort auf dieses langweilige Argument ist: Versuchen wir's doch!

2 Der heuristische Zugang. Beweiserzeugte Begriffe

Dieser Abschnitt wird kurze heuristische Analysen einiger mathematisch wichtigen beweiserzeugten Begriffe enthalten. Ich hoffe, diese Analysen werden den Vorzug der Einführung heuristischer Bestandteile in den mathematischen Stil erweisen.

Wie bereits erwähnt reißt der deduktivistische Stil die beweiserzeugten Definitionen von ihren ‚Beweis-Vorfahren' fort und stellt sie aufs Geratewohl vor, in einer gekünstelten und autoritären Weise. Er verbirgt die globalen Gegenbeispiele, die zu ihrer Entdeckung führten. Im Gegensatz dazu leuchtet der heuristische Stil diese Umstände deutlich aus. Er betont die Problemlage mit Nachdruck: er betont mit Nachdruck die ‚Logik', die der Geburtshelfer des neuen Begriffes war.

Zunächst wollen wir sehen, wie man im heuristischen Stil den beweiserzeugten Begriff der gleichmäßigen Konvergenz einführen kann, den wir oben erörtert haben (Anhang 1). In diesem wie in den anderen Beispielen setzen wir gewiß Vertrautheit mit den Fachausdrücken der Methode der „Beweise und Widerlegungen" voraus; aber dies ist kein größerer Anspruch als die gewöhnliche Forderung nach Vertrautheit mit den Fachausdrücken des Euklidischen Programms wie Axiome, einfache Ausdrücke usw.

als ein unabhängiges Untersuchungsgebiet kein Platz mehr blieb, hatte damals offenbar nicht erkannt, daß seine ‚Erkenntnislogik' mehr als nur ein *rein logisches* Muster des naturwissenschaftlichen Fortschrittes war. Darin liegt auch der Ursprung des paradoxen Titels seines Buches, dessen Thesen zweischneidig zu sein scheinen, nämlich: (*a*) es gibt keine Logik der naturwissenschaftlichen Erkenntnis – Bacon und Descartes haben sich beide geirrt; (*b*) die Logik der naturwissenschaftlichen Erkenntnis ist die Logik der Vermutungen und Widerlegungen. Die Lösung dieses Paradoxons liegt auf der Hand: (*a*) es gibt keine *unfehlbare* Logik der naturwissenschaftlichen Erkenntnis, keine die unfehlbar zu Ergebnissen führt; (*b*) es gibt eine *fehlbare* Logik der Erkenntnis, nämlich die Logik des naturwissenschaftlichen Fortschritts. Doch Popper, der die Grundlage für *diese* Erkenntnislogik gelegt hat, interessierte sich nicht für die Metafrage, worin denn die Beschaffenheit seiner Untersuchung bestand, und er bemerkte nicht, daß dies weder Psychologie noch Logik ist, sondern ein unabhängiges Gebiet: die Erkenntnislogik, Heuristik.

259 Wenngleich man zugeben muß, daß es auch viel weniger würden, weil die Darstellung der Problemlage in zu offenkundiger Weise die Ziellosigkeit einer ganzen Reihe von ihnen aufdecken würde.

2.1 Gleichmäßige Konvergenz

These: Die besondere Fassung des Leibnizschen Kontinuitätsprinzips, die besagt, daß die Grenzfunktion jeder konvergenten Folge stetiger Funktionen stetig ist. *(Ursprüngliche Vermutung)*

Antithese: Cauchys Definitionen der Stetigkeit hebt die These auf eine höhere Ebene. Seine *definitorische Entscheidung* erklärt Fouriers Gegenbeispiele für rechtmäßig. Seine Definition schließt zugleich den möglichen Kompromiß aus, der die Stetigkeit durch senkrechte Linien wiederherstellen will, und ermöglicht auf diese Weise – gemeinsam mit einigen trigonometrischen Reihen – dem negativen Pol der Antithese den Aufstieg. Der ‚positive Pol' wird durch Cauchys Beweis gestärkt, welches der Beweis-Vorfahr der gleichmäßigen Konvergenz ist. Der ‚negative Pol' wird durch immer mehr *globale Gegenbeispiele* zu der ursprünglichen Vermutung gestärkt.

Synthese: Der *schuldige Hilfssatz*, zu dem die globalen Gegenbeispiele auch *lokale Gegenbeispiele* sind, wird genau erkannt, der Beweis verbessert, die Vermutung verbessert. Die kennzeichnenden Bestandteile der Synthese ergeben sich: der *Satz* und mit ihm der *beweiserzeugte Begriff* der gleichmäßigen Konvergenz[260].

260 Aus mancherlei Gründen wird die gleichmäßige Konvergenz in einigen Lehrbüchern für eine außergewöhnliche (quasi-heuristische) Behandlung ausgewählt. Beispielsweise führt W. Rudin in seinem [1953] zunächst einen Abschnitt ‚Erörterung des Hauptproblems' ein (S. 115), wohin er die ursprüngliche Vermutung und ihre Widerlegung verschlägt und erst danach die Definition der gleichmäßigen Konvergenz einführt. Diese Darstellung hat zwei Fehler: (*a*) Rudin stellt nicht nur die ursprüngliche Vermutung und ihre Widerlegung dar, sondern er fragt auch noch, ob die ursprüngliche Vermutung richtig oder falsch ist, und er zeigt mit wohlbekannten Beispielen, daß sie falsch ist. Damit aber geht er nicht über den Stil der Unfehlbarkeitsphilosophie hinaus; in seiner ‚Problemlage' gibt es keine Vermutung, sondern vielmehr eine scharfsinnige und ausgeklügelte Frage, der ein Beispiel (kein Gegenbeispiel) folgt, welches die unzweifelhafte Antwort liefert. (*b*) Rudin zeigt nicht, daß sich der Begriff der gleichmäßigen Konvergenz aus dem Beweis ergibt, sondern in seiner Darstellung geht die Definition dem Beweis voraus. Dies ist im deduktivistischen Stil nicht anders möglich, denn wenn er zuerst den ursprünglichen Beweis gegeben hätte und erst danach die Widerlegung und den verbesserten Beweis sowie die beweiserzeugte Definition, dann hätte er die Bewegung der ‚ewig unwandelbaren' Mathematik, die Fehlbarkeit der ‚unfehlbaren' Mathematik offengelegt, was ja mit der Euklidischen Tradition unvereinbar ist. (Vielleicht sollte ich ergänzen, daß ich Rudins Buch deswegen weiterhin zitiere, weil es eines der besten Lehrbücher innerhalb seiner Tradition ist.) Im Vorwort beispielsweise sagt Rudin: ‚Es scheint besonders für einen Anfänger wichtig zu sein, deutlich zu erkennen, daß die Voraussetzungen eines Satzes wirklich benötigt werden, um die Gültigkeit der Schlußfolgerungen zu sichern. Aus diesem Grunde wurde eine leidlich große Zahl von Gegenbeispielen in den Text aufgenommen'. Leider sind dies aber Scheingegenbeispiele, denn in Wirklichkeit sind es Beispiele, die zeigen, wie klug die Mathematiker sind, wenn sie alle diese Voraussetzungen in den Satz aufnehmen. Er verrät jedoch nicht, woher diese Voraussetzungen kommen, daß sie aus den Beweisideen stammen und daß der Satz nicht dem Kopf des Mathematikers entspringt, wie Pallas Athene dem Kopf des Zeus: in voller Rüstung. Seine Verwendung des Wortes ‚Gegenbeispiel' soll uns nicht irreführen und den Stil einer Fehlbarkeitsphilosophie erwarten lassen.[*40]

*40 *A.d.H.*: Alle Bemerkungen von Lakatos über Rudins Werk gründen sich auf die *erste Ausgabe* dieses Buches. Nicht alle von Lakatos zitierten Abschnitte finden sich in der zweiten Ausgabe, die 1964 erschien.

Die Hegelsche Sprache, die ich hier verwende, scheint mir im allgemeinen imstande zu sein, die verschiedenen Entwicklungen in der Mathematik zu beschreiben. (Sie birgt jedoch neben ihren Reizen auch Gefahren.) Hegels Vorstellung von der Heuristik, die dieser Sprache zugrunde liegt, ist in groben Zügen die folgende:

Mathematische Tätigkeit ist menschliche Tätigkeit. Gewisse Gesichtspunkte dieser Tätigkeit – wie aller menschlichen Tätigkeit – können mit Hilfe der Psychologie untersucht werden, andere mit Hilfe der Geschichtsforschung. Die Heuristik ist nicht in erster Linie an diesen Gesichtspunkten interessiert. Aber mathematische Tätigkeit bringt Mathematik hervor. Die Mathematik, dieses Produkt menschlicher Tätigkeit ‚entfremdet sich' jener menschlichen Tätigkeit, die sie hervorgebracht hat. Sie wird zu einem lebenden, wachsenden Ganzen, das *eine gewisse Selbständigkeit* von der Tätigkeit, die es hervorgebracht hat, *erwirbt*; sie entwickelt ihre eigenen unabhängigen Gesetze des Fortschritts, ihre eigene Dialektik. Der eigentlich schöpferische Mathematiker ist eben nur eine Verkörperung, eine Fleischwerdung dieser Gesetze, die sich nur in menschlicher Tätigkeit verwirklichen können. Ihre Fleischwerdung jedoch ist nur selten vollkommen. Die Tätigkeit menschlicher Mathematiker, wie sie in der Geschichte erscheint, ist lediglich eine tapsige Verwirklichung der wunderbaren Dialektik der mathematischen Ideen. Aber jeder Mathematiker mit entsprechender Anlage, Begeisterungsfähigkeit und Genie steht mit dieser Dialektik der Ideen in Verbindung, spürt ihren Hauch und leistet ihr Folge[261].

Nun befaßt sich die Heuristik mit der unabhängigen Dialektik der Mathematik und nicht mit ihrer Geschichte, und deswegen kann sie ihren Gegenstand nur untersuchen, indem sie die Geschichte untersucht und sie rational rekonstruiert.[*41]

261 Diese Hegelsche Idee der Selbständigkeit der entfremdeten menschlichen Tätigkeit könnte den Schlüssel zu einigen Problemen bergen, die den Rang und die Methodenlehre der Sozialwissenschaften betreffen, insbesondere die Volkswirtschaft. Mein Begriff des Mathematikers als unvollkommene Verkörperung der Mathematik ist eng an den Marxschen Begriff des Kapitalisten als Verkörperung des Kapitals angelehnt. Leider schränkte Marx seine Begriffsbildung nicht ein, indem er die Unvollkommenheit dieser Verkörperung herausstellte und daß die tatsächliche Entwicklung keineswegs unerbittlich abläuft. Ganz im Gegenteil kann menschliche Tätigkeit stets die Selbständigkeit der entfremdeten Entwicklungen beenden oder verzerren und neue entstehen lassen. Die Vernachlässigung dieser Wechselwirkung war eine entscheidende Schwäche der Marxschen Dialektik.

*41 *A.d.H.*: Wir sind uns sicher, daß Lakatos in mancher Hinsicht diesen Abschnitt abgeändert hätte, da der Hegelsche Einfluß auf ihn schwächer und schwächer wurde, je weiter sein eigenes Werk gedieh. Er behielt jedoch den Glauben bei, daß die Anerkennung der teilweisen Selbständigkeit der Erzeugnisse intellektuellen menschlichen Strebens von entscheidender Wichtigkeit ist. In dieser Welt des objektiven Gehalts von Aussagen (Popper nannte sie schließlich die ‚dritte Welt': siehe sein [1972/1973]) gibt es Probleme (beispielsweise durch logische Unvereinbarkeiten zwischen Aussagen verursacht) unabhängig davon, ob wir sie erkennen; deswegen können wir intellektuelle Probleme *entdecken* (anstatt sie zu *erfinden*). Doch Lakatos kam zu der Überzeugung, daß diese Probleme nicht nach einer Lösung ‚verlangen' oder ihre eigene Lösung vorschreiben; stattdessen ist menschlicher Scharfsinn (mag er zum Vorschein kommen oder nicht) zu ihrer Lösung erforderlich. Diese Sichtweise ist in der Marx-Kritik der obigen Fußnote vorgezeichnet.

2.2 Beschränkte Schwankung

Die Art und Weise, in der der Begriff der beschränkten Schwankung üblicherweise in den Lehrbüchern der Analysis eingeführt wird, ist ein wunderbares Beispiel des autoritären deduktivistischen Stiles. Nehmen wir das Buch von Rudin. Mitten in seinem Kapitel über das Riemann-Stieltjes-Integral führt er plötzlich die Definition der Funktionen von beschränkter Schwankung ein:

6.20. *Definition.* Sei f definiert auf $[a, b]$. Wir setzen

$$V(f) = \sup \sum_{i=1}^{n} |f(x_i) - f(x_{i-1})|,$$

wobei das Supremum über alle Zerlegungen von $[a, b]$ genommen wird. Wenn $V(f)$ endlich ist, dann sagen wir, daß f von beschränkter Schwankung auf $[a, b]$ ist, und wir nennen $V(f)$ die totale Schwankung von f auf $[a, b]$.[262]

Warum sollen wir uns ausgerechnet für diese Menge von Funktionen interessieren? Die Antwort des Deduktivisten lautet: ‚Warte ab und paß auf!' Warten wir also ab, folgen wir der Ausführung und versuchen wir aufzupassen. Der Definition folgen einige Beispiele, um dem Leser eine gewisse Vorstellung über den Bereich dieses Begriffs zu vermitteln (dieses und ähnliches machen Rudins Buch zu einem besonders guten innerhalb der deduktivistischen Tradition). Dann folgt eine Reihe von Sätzen (6.22, 6.24, 6.25); und dann kommt plötzlich die folgende Aussage:

Folgerung 2. Ist f von beschränkter Schwankung und g stetig auf $[a, b]$, dann gilt $f \in R^*(g)$.[263]

($R^*(g)$ ist die Klasse der in bezug auf g Riemann-Stieltjes-integrierbaren Funktionen.)

Wir könnten ein größeres Interesse an dieser Aussage haben, wenn wir wirklich verstanden hätten, warum gerade die Riemann-Stieltjes-integrierbaren Funktionen so wichtig sind. Rudin erwähnt nicht einmal den intuitiv offensichtlichsten Begriff der Integration, nämlich das Cauchy-Integral, dessen Kritik ja dann zum Riemann-Integral führte. So haben wir jetzt einen Satz erhalten, in dem zwei geheimnisvolle Begriffe auftauchen: beschränkte Schwankung und Riemann-Stieltjes-Integrierbarkeit. Aber zwei Geheimnisse erklären sich nicht gegenseitig. Oder tun sie das vielleicht für jene Leute, welche die ‚Fähigkeit und Neigung haben, einem abstrakten Gedankengang zu folgen'[264]?

Eine heuristische Darstellung würde diese beiden Begriffe – Riemann-Stieltjes-Integrierbarkeit und beschränkte Schwankung – als beweiserzeugte Begriffe einführen, die in ein und demselben Beweis entstehen: in Dirichlets Beweis der Fourier-Vermutung. Dieser Beweis liefert den Problemzusammenhang für beide Begriffe[265].

262 Rudin [1953], S. 99–100.

263 *Ibid.*, S. 106.

264 Rudin [1953], Vorwort.

265 Dieser Beweis und der Satz, der ihn zusammenfaßt, werden tatsächlich in Rudins Buch erwähnt, aber sie sind in Übung 17 von Kapitel 8 (S. 164) versteckt, vollkommen getrennt von den obigen beiden Begriffen, die in einer autoritären Weise eingeführt werden.

Fouriers ursprüngliche Vermutung[266] enthält natürlich keinen einzigen geheimnisvollen Ausdruck. Dieser ‚Vermutungs-Vorfahr' der beschränkten Schwankung besagt, daß jede beliebige Funktion Fourier-entwickelbar[267] ist – dies ist eine einfache und äußerst aufregende Vermutung. Sie wurde von Dirichlet bewiesen[268]. Dirichlet untersuchte seinen Beweis sorgfältig und verbesserte Fouriers Vermutung, indem er die Hilfssätze als Bedingungen in sie aufnahm. Diese Bedingungen sind die gefeierten Dirichlet-Bedingungen. Somit ergab sich der folgende Satz: Alle Funktionen sind Fourier-entwickelbar, bei denen (1) der Wert an einer Sprungstelle stets $\frac{1}{2}[f(x+0)+f(x-0)]$ ist, die (2) nur endlich viele Unstetigkeitsstellen besitzen und die (3) nur eine endliche Anzahl von Maxima und Minima haben[269].

Alle diese Bedingungen ergeben sich aus dem Beweis. Dirichlets Beweisanalyse war nur in bezug auf die dritte Bedingung fehlerhaft: tatsächlich hängt der Beweis lediglich an der beschränkten Schwankung der Funktion. C. Jordan kritisierte Dirichlets Beweisanalyse im Jahre 1881 und verbesserte den Fehler, und damit war er der Entdecker des Begriffs der beschränkten Schwankung. Aber er erfand den Begriff nicht, er ‚führte' ihn nicht ‚ein'[270] – vielmehr *entdeckte* er ihn in Dirichlets Beweis im Verlauf einer kritischen Nachprüfung[271].

Ein weiterer schwacher Punkt in Dirichlets Beweis war seine Vermutung von Cauchys Integraldefinition, die nur für stetige Funktionen ein geeignetes Werkzeug ist. Nach Cauchys Definition sind unstetige Funktionen gar nicht integrierbar, und *ipso facto* sind sie nicht Fourier-entwickelbar. Dirichlet vermied diese Schwierigkeit, indem

266 Fourier [1808], S. 112

267 ‚Fourier-entwickelbar' steht für ‚entwickelbar in eine trigonometrische Reihe mit den Fourier-Koeffizienten'.

268 Siehe sein [1829] und [1837]. Der Hintergrund dieses Beweises enthält zahlreiche interessante Gesichtspunkte, die wir leider nicht näher beleuchten können; etwa das Problem, welchen Wert Fouriers ursprünglicher ‚Beweis' hatte, den Vergleich der beiden nachfolgenden Beweise von Dirichlet sowie Dirichlets vernichtende Kritik des früheren Beweises von Cauchy ([1826]).

269 Es sollte erwähnt werden, daß kein Gegenbeispiel zu Fouriers ursprünglicher Vermutung Dirichlets Beweis voranging oder ihn anregte. Niemand kannte irgendein Gegenbeispiel; vielmehr ‚bewies' Cauchy die ursprüngliche Vermutung (siehe Fußnote 226; der Gültigkeitsbereich dieses Beweises war die leere Menge). Die ersten Gegenbeispiele wurden erst von der Hilfssätzen aus Dirichlets Beweis nahegelegt, insbesondere vom ersten Hilfssatz. Abgesehen davon wurde das erste Gegenbeispiel zu Fouriers Vermutung erst im Jahre 1876 von du Bois-Reymond vorgelegt, der eine stetige Funktion fand, die nicht Fourier-entwickelbar ist (du Bois-Reymond [1876]).

270 Einen Begriff aufs Geratewohl ‚einführen' ist ein geheimnisvoller Vorgang, zu dem eine im deduktiven Stil geschriebene Geschichte sehr oft ihre Zuflucht nimmt!

271 Siehe Jordan [1881] und Jordan [1893], S. 241. Jordan selbst betont, daß er nicht Dirichlets *Beweis* abändert, sondern nur seinen *Satz*. (‚... Dirichlets Darlegung ist also ohne Abänderung auf jede Funktion mit begrenzter Schwankung anwendbar ...'). Zygmund jedoch irrt sich, wenn er behauptet, daß Jordans Beweis ‚nur allgemeiner erscheint' als Dirichlets Beweis (Zygmund [1935], S. 25). Das stimmt für Jordans Beweis, nicht aber für seinen Satz. Aber gleichzeitig ist es irreführend zu sagen, daß Jordan Dirichlets Beweis auf den allgemeineren Bereich der Funktionen mit beschränkter Schwankung ‚erweitere'. (Z.B. Szökefalvi-Nagy [1954], S. 272). Auch Carslaw zeigt in seiner *Geschichtlichen Einleitung* seines [1930] einen ähnlichen Verständnismangel für die Beweisanalyse. Er bemerkt nicht, daß Dirichlets Beweis der Beweis-Vorfahr des beweiserzeugten Begriffes der beschränkten Schwankung ist.

er das Integral einer unstetigen Funktion als die Summe der Integrale über jene Intervalle betrachtete, auf denen die Funktion stetig war. Dies ist leicht möglich, solange die Zahl der Unstetigkeitsstellen endlich ist, doch es führt zu Schwierigkeiten, wenn sie unendlich ist. Aus diesem Grund kritisierte Riemann Cauchys Integralbegriff und erfand einen neuen.

Damit sind die beiden geheimnisvollen Definitionen der beschränkten Schwankung und des Riemann-Integrals *entzaubert*,[*42] ihrer autoritären Geheimnisumwobenheit beraubt; ihre Entstehung kann zurückverfolgt werden zu einer wohlbestimmten Problemlage und zu der Kritik eines früheren Lösungsversuchs dieser Probleme. Die erste Definition ist eine beweiserzeugte Definition, die von Dirichlet tastend formuliert und schließlich von C. Jordan, einem Kritiker von Dirichlets Beweisanalysen, entdeckt wurde. Die zweite Definition stammt aus der Kritik einer früheren Integraldefinition, die sich bei verwickelteren Problemen als unanwendbar entpuppte.

In diesem zweiten Beispiel einer heuristischen Darlegung folgten wir Poppers Muster der Logik von Vermutungen und Widerlegungen. Dieses Muster ist enger an die Geschichte angelehnt als das Hegelsche, das ‚Versuch und Irrtum' als tapsige Verwirklichung der notwendigen Entwicklung der objektiven Ideen durch den Menschen abtut. Aber auch bei einer rationalen Heuristik Marke Popper muß man unterscheiden zwischen den Problemen, die man zu lösen plant und jenen Problemen, die man tatsächlich löst; man muß unterscheiden zwischen ‚zufälligen' Irrtümern auf der einen Seite, die einfach verschwinden und deren Kritik für die weiter Entwicklung keine Rolle spielt, und zwischen den ‚wesentlichen' Irrtümern auf der anderen Seite, die in einem bestimmten Sinn auch nach ihrer Widerlegung erhalten bleiben und auf deren Kritik sich die weitere Entwicklung gründet. In der heuristischen Darstellung können die zufälligen Irrtümer ohne Schaden fortgelassen werden, ihre Behandlung ist lediglich eine Angelegenheit der Geschichtswissenschaft.

Wir haben nur die ersten vier Stufen des Beweisverfahrens umrissen, das zum Begriff der beschränkten Schwankung geführt hat. Den Rest dieser fesselnden Geschichte deuten wir hier nur noch an. Die fünfte Stufe[272], die Jagd auf den neu gefundenen beweiserzeugten Begriff in anderen Sätzen, führte unmittelbar zu der Entdeckung der beschränkten Schwankung in dem Beweis der ursprünglichen Vermutung, daß ‚alle Kurven rektifizierbar sind'[273]. Die siebte Stufe führt uns zum Lebesgue-Integral und zur modernen Maßtheorie.

Geschichtliche Anmerkung. Einige heuristisch interessante Einzelheiten seien der im Text erzählten Geschichte noch hinzufügt. Dirichlet war überzeugt, daß die lokalen Gegenbeispiele zu seinem zweiten und dritten Hilfssatz *nicht global* waren; er war überzeugt, daß z.B. alle stetigen Funktionen, unabhängig von der Zahl ihrer Maxima und Minima, Fourier-entwickelbar sind. Er hoffte auch, daß dieses allgemeinere Ergebnis

*42 *A. d. Ü.*: im Originaltext deutsch.

272 Die Liste mit den Standard-Stufen der Methode „Beweise und Widerlegungen" findet sich auf 119f.

273 Bei dieser Entdeckung war wiederum du Bois-Reymond ein Vorläufer ([1879], [1885]) und wiederum der bewundersnwerte scharfsinnige C. Jordan der tatsächliche Entdecker (Jordan [1887], S. 594–8 und [1893], S. 100–8).

durch einfache *lokale* Verbesserungen an seinem Beweis bewiesen werden könnte. Diese Vorstellung, daß (1) Dirichlets Beweis nur ein Teilbeweis ist und daß (2) der endgültige Beweis durch einige kleinere Verbesserungen erhalten werden kann, war von 1829 bis 1876 weithin anerkannt, bis schließlich du Bois-Reymond das *erste* eigentliche Gegenbeispiel zu Fouriers alter Vermutung lieferte und damit die Hoffnung auf eine solche Verbesserung zestörte. Jordans Entdeckung der beschränkten Schwankung scheint durch dieses Gegenbeispiel angeregt worden zu sein.

Interessanterweise hat auch Gauß Dirichlet ermutigt, seinen Beweis zu verbessern, so daß er für Funktionen mit einer beliebigen Zahl von Maxima und Minima gilt. Es ist fesselnd, daß Dirichlet, obwohl er dieses Problem weder 1829 noch 1837 zu lösen vermochte, noch 1853 die Auflösung für so augenfällig hielt, daß er sie in seinem Antwortbrief auf Gauß' Nachfrage aus dem Stegreif entwickelte (Dirichlet [1853]). Der Kern seiner Lösung ist folgender. Die Bedingung, daß die Menge der Maxima und Minima keinen Verdichtungspunkt in dem betrachteten Intervall hat, ist tatsächlich eine hinreichende Bedingung für seinen Beweis. Daß seine *zweite* Bedingung über die endliche Zahl der Unstetigkeitsstellen verbessert werden kann, stellte er bereits in seiner ersten Arbeit 1829 dar. Er behauptete dort, daß sein Beweis in der Tat auch dann gilt, wenn die Menge der Unstetigkeitsstellen nirgends dicht ist. Diese Verbesserungen zeigen, daß Dirichlet sich sehr mit dem Problem beschäftigte, seinen Beweis zu analysieren, und daß er überzeugt war, daß er für mehr Funktionen gilt als jene, die seinen vorsichtigen Bedingungen genügen, die später ‚Dirichlet-Bedingungen' genannt wurden. Es ist bezeichnend, daß er in seinem [1837] den Satz gar nicht formuliert. Er war stets davon überzeugt, daß sein Satz für sämtliche stetigen Funktionen gilt, wie sein Brief an Gauß zeigt und wie er persönlich dem wahrscheinlich sekeptischen Weierstraß auseinandersetzte. (Vgl. *Ostwald's Klassiker der Exakten Wissenschaften*, 186, 1913, S. 125.)

Der Satz, wie er ihn in seinem [1829] aufstellte, umfaßt nun in der Tat alle Typen von Funktionen, ‚die in der Natur vorkommen'. Ferner: Verfeinertere Analyse führte in das Reich der sehr ‚reinen' Analysis. Ich behaupte, daß die Analyse von Dirichtlets Beweis – zuallererst durch Riemann – der Ausgangspunkt der modernen abstrakten Analysis war, und mir scheint die heute weithin anerkannte Ansicht von P. Jourdain über Fouriers entscheidende Rolle übertrieben zu sein. Dirichlets Denken war in der Tat unbestimmt. Unklar spürte er, daß die Analyse seines Beweises einen neuen Begriffsrahmen erforderte. Der letzte Satz seiner Arbeit [1829] ist eine echte Prophezeiung:

> Aber das, was mit aller Klarheit, die man sich wünschen kann, getan werden muß, erfordert einige Details, die mit den Grundprinzipien der Infinitesimalrechnung verknüpft sind, und wird in einer späteren Arbeit dargelegt werden ...

Aber diese angekündigte Arbeit veröffentlichte er niemals. Es war Riemann, der durch seine Kritik des Cauchyschen Integralbegriffs diese ‚Details, die mit den Grundprinzipien der Infinitesimalrechnung verknüpft sind', klärte und der, indem er Dirichlets unklare Gefühle deutlich aussprach und indem er eine revolutionäre Technik einführte, die Analysis und in der Tat rationales Denken in den Bereich solcher Funktionen übertrug, die in der Natur nicht vorkommen und die bislang als Monster oder bestenfalls als uninteressante Ausnahmen oder ‚Singularitäten' angesehen worden waren. (Dies war Dirichlets Haltung, wie sie in seiner Arbeit [1829] und in seinem Brief an Gauß [1853] ausgedrückt ist.)

Einige Mathematikgeschichtler, die der Unfehlbarkeitsphilosophie anhängen, bedienen sich hier der ungeschichtlichen Technik, eine lange Entwicklung voller Kampf und Kritik zu einem einzigen Moment unfehlbarer Einsicht zu verdichten, und schreiben Dirichlet die Reife späterer Analytiker zu. Diese gegengeschichtlichen Geschichtswissenschaftler schreiben Dirichlet unseren modernen allgemein Begriff der reellen Funktion zu und nennen diesen Begriff entsprechend den Dirichletschen Funktionsbegriff. E.T. Bell behauptet in seinem [1945], S. 293, daß ‚P.G.L. Dirichlets Definition einer (numerischen) Funktion einer (reellwertigen) Variablen als Tabelle, Übereinstimmung oder Wechselbeziehung zwischen zwei Zahlenmengen ein Äquivalenztheorie der Punktmengen andeutet'. Als Quelle nennt Bell: ‚Dirichlet: *Werke*, I S. 135'. Aber dort findet sich nichts dergleichen. Bourbaki sagt: ‚Man weiß, daß Dirichlet bei dieser Gelegenheit, um die Ideen von Fourier zu präzisieren, den Funktionsbegriff so definierte, wie wir ihn heute verstehen' (Bourbaki [1960/1971], S. 257). ‚Man weiß', sagte Bourbaki, ohne jedoch eine Quelle zu nennen. Wir finden die Bemerkung, daß dieser Begriff der reellen Funktion ‚auf Dirichlet zurückgeht' in den meisten klassischen Lehrbüchern (z.B. Pierpont [1905], S. 120). Nun gibt es aber keine derartige Definition irgendwo in Dirichlets Werk. Stattdessen gibt es genügend Zeugnisse dafür, daß er keine Vorstellung von diesem Begriff hatte. In seiner Arbeit [1837] beispielsweise sagt er bei der Erörterung stückweise stetiger Funktionen, daß die Funktion an den Unstetigkeitsstellen *zwei Werte hat*:

> Die Curve deren Abscisse β und deren Ordinate $\varphi(\beta)$ ist, besteht alsdann aus mehreren Stücken, deren Zusammenhang über den Punkt der Abscissenaxe, die jenen besonderen Werthen von β entsprechen, unterbrochen ist, und für jede solche Abscisse finden eigentlich zwei Ordinaten Statt, wovon die eine dem dort endenden und die andere dem dort beginnenden Curvenstück angehört. Es wird im Folgenden nöthig seyn diese beiden Werthe von $\varphi(\beta)$ zu unterscheiden und wir werden sie durch $\varphi(\beta - 0)$ und $\varphi(\beta + 0)$ bezeichnen. (S. 170)

Dieses Zitat zeigt außer jeglichem vernünftigen Zweifel, wie weit Dirichlet von dem ‚Dirichletschen Funktionsbegriff' entfernt war.

Jene, die Dirichlet mit der ‚Dirichlet-Definition' in Verbindung bringen, denken gewöhnlich an die Dirichlet-Funktion, die auf der letzten Seite seiner Arbeit [1829] auftaucht: eine Funktion, die für rationale x gleich 0 und für irrationale x gleich 1 ist. Der Witz ist wiederum, daß Dirichlet noch immer daran festhält, daß alle eigentlichen Funktionen tatsächlich Fourier-entwickelbar sind – er erfand diese ‚Funktion' ausdrücklich als ein Monster. Dirichlet zufolge ist seine ‚Funktion' kein Beispiel für eine ‚gewöhliche' reelle Funktion, sondern für eine Funktion, die diesen Namen eigentlich gar nicht verdient.

Es ist fesselnd zu sehen, wie jene, welchen es gelingt, Dirichlets Funktionsdefinition trotz ihrem Nichtvorhandensein zu bemerken, die Überschriften seiner zwei Arbeiten nicht bemerken, die sich auf die Entwicklung ‚ganz willkürlicher' Funktionen in Fourierreihen beziehen. Und dies bedeutet ja nach Dirichlet, daß die Dirichlet-Funktion außerhalb dieser Familie von ‚ganz willkürlichen Funktionen' stand, daß er sie als ein Monster betrachtete, weil eine ‚gewöhnliche' Funktion ein Integral haben muß, diese aber offensichtlich keines hat. Riemann kritisierte in Wirklichkeit Dirichlets engen Funktionsbegriff, als er Cauchys Integralbegriff zusammen mit seinen *Ad hoc*-Verbesserungen durch Dirichlet kritisierte. Riemann zeigte, daß bei einer Erweiterung des Integralbegriffs ein Monster wie eine Funktion, die für jede rationale Zahl der Form $p/(2n)$ unstetig ist, (p eine ungerade Zahl und prim zu n) – daß ein solches Monster integrierbar ist, obwohl es auf einer überall dichten Menge unstetig ist. Folglich ist diese Funktion, wenngleich verwandt mit Dirichlets Monster, gewöhnlich. (Es gab da nichts ‚willkürliches' bei Riemanns Erweiterung des Integralbegriffs; sein revolutionärer Schritt war es zu fragen, welche Funktionenarten durch trigonometrische Reihen darstellbar sind, anstatt zu fragen, welche Funktionen Fourier-entwickelbar sind. Sein Ziel war eine solche Ausweitung des Integralbegriffes, daß alle Funktionen, die Summen von trigonometrsichen Reihen sind, integriert werden können und also Fourier-entwickelbar sind. Dies ist ein wunderschönes Beispiel für begrifflichen Instrumentalismus.)

Vielleicht sollte der Urheber jenes Märchens, Dirichlet habe die ‚Dirichlet-Definition der Funktion' aufgestellt, hier identifiziert werden. Es war H. Hankel, der in seiner Untersuchung der Entwicklung des Funktionsbegriffs ([1882] S. 63–112) erklärte, wie Fouriers Ergebnisse den alten Funktionsbegriff zerstörten; danach fuhr er fort:

> Es blieb nur übrig, ... auch die Forderung, eine Function solle analytisch darstellbar sein, als eine bedeutungslose fallen zu lassen; und indem man so den Knoten zerhieb, folgende Erklärung zu geben: Eine Funktion heißt y von x, wenn jedem Werthe der veränderlichen Größe x innerhalb eines gewissen Intervalles ein bestimmter Werth von y entspricht; gleichviel, ob y in dem ganzen Intervalle nach demselben Gesetze von x abhängt oder nicht; ob die Abhängigkeit durch mathematische Operationen ausgedrückt werden kann oder nicht. Diese reine Nominaldefinition, der ich im Folgenden den Namen *Dirichlet's* beilegen werde, weil sie seinen Arbeiten über die *Fourier*'schen Reihen, welche die Unhaltbarkeit jenes älteren Begriffes zweifellos dargethan haben, zu Grunde liegt, ...

2.3 Die Carathéodory-Definition einer meßbaren Menge

Der Wechsel vom deduktivistischen zum heuristischen Zugang wird gewiß schwierig sein, aber einige Lehrer der modernen Mathematik bemerken bereits das Bedürfnis danach. Sehen wir uns ein Beispiel an. In modernen Lehrbüchern über Maßtheorie oder Wahrscheinlichkeitstheorie stoßen wir häufig auf die Carathéodory-Definition einer meßbaren Menge:

Sei μ^* ein äußeres Maß auf einem erheblichen σ-Ring H. Eine Menge E in H ist *μ^*-meßbar*, wenn für jede Menge A in H gilt

$$\mu^*(A) = \mu^*(A \cap E) + \mu^*(A \cap E')$$ [274]

274 Halmos [1950], S. 44.

Die Definition in dieser Form ist dazu bestimmt, Verwirrung zu stiften. Selbstverständlich gibt es da immer einen einfachen Ausweg: die Mathematiker definieren ihre Begriffe, wie es ihnen gerade paßt. Aber ernsthafte Lehrer nehmen nicht diese billige Zuflucht. Ebensowenig können sie behaupten, dies sei die *richtige, wahre* Definition der Meßbarkeit, und reife mathematische Einsicht könne sie als solche erkennen. In Wirklichkeit geben sie gewöhnlich einen ziemlich unklaren Hinweis, daß wir auf die Schlußfolgerungen achten sollen, die nachher aus der Definition abgeleitet werden: ‚Definitionen sind Dogmen, nur die Deduktionen aus ihnen sind Erkenntnisse'[275]. Wir müssen also die Definitionen auf Treu und Glauben übernehmen und abwarten, was geschieht. Wenngleich dies einen autoritären Anstrich hat, so ist es doch zumindest ein Zeichen dafür, daß das Problem erkannt worden ist. Es ist eine Verteidigungsrede, wenn auch noch immer eine autoritäre. Zitieren wir Halmos' Verteitigungsrede zur Carathéodory-Definition: ‚Es ist ziemlich schwierig, ein intuitives Verständnis der Bedeutung der μ^*-Meßbarkeit zu gewinnen, außer durch Vertrautheit mit den sich aus ihr ergebenden Folgerungen, so wie wir sie unten entwickeln wollen.'[276] Und dann fährt er fort:

> Die folgende Erläuterung könnte jedoch hilfreich sein. Ein äußeres Maß ist nicht notwendig eine abzählbare oder gar endliche additive Mengenfunktion. In einem Versuch, die vernünftige Forderung der Additivität zu erfüllen, sondern wir jene Mengen aus, die jede andere Menge additiv zerlegen – die Definition der μ^*-Meßbarkeit ist die genaue Formulierung dieser ziemlich lockeren Beschreibung. Die beste Rechtfertigung für diesen scheinbar verwickelten Begriff ist jedoch sein wahrscheinlich überraschender aber totaler Erfolg als Werkzeug zum Beweis des wichtigen und nützlichen Fortsetzungssatzes von § 13.[277]

Nun ist der erste, ‚intuitive' Teil dieser Rechtfertigung ein wenig irreführend, weil – wie wir aus dem zweiten Teil lernen – dieser Begriff ein beweiserzeugter Begriff in Carathéodorys Satz über die Fortsetzung von Maßen ist (den Halmos erst im nächsten Kapitel einführt). Es ist also überhaupt nicht interessant, ob er intuitiv ist oder nicht: Seine logische Grundlage ist nicht seine Intuitivheit, sondern sein Beweis-Vorfahr. Man sollte niemals eine beweiserzeugte Definition von ihrem Beweis-Vorfahr fortreißen und sie einige Abschnitte oder gar Kapitel vor dem Beweis darstellen, dem sie heuristisch untergeordnet sind.

M. Loeve stellt in seinem [1955] die Defintion sehr passend in seinem Abschnitt über die Fortsetzung von Maßen als einen Begriff vor, der im Fortsetzungssatz benötigt wird: ‚Wir werden verschiedene Begriffe benötigen, die wir hier sammeln.'[278] Aber wie um alles in der Welt kann er im voraus wissen, welche dieser höchst spezialisierten Instrumente er nachher für die Operation benötigt? Gewiß wird er schon eine Vorstellung davon haben, was er finden wird und wie er vorgehen wird. Aber warum dann dieser geheimnisvolle Aufbau, der die Definition vor den Beweis setzt?

275 K. Menger [1928], S. 76, zustimmend zitiert von K.R. Popper in seinem [1934/1971], S. 27.
276 Halmos [1950], S. 44.
277 *Ibid.*
278 Loeve [1955], S. 87.

Man kann leicht weitere Beispiele geben, in denen das Aufstellen der ursprünglichen Vermutung, das Auseinandersetzen des Beweises, der Gegenbeispiele und die Beibehaltung der heuristischen Ordnung bis hin zum Satz und zur beweiserzeugten Definition die autoritäre Geheimnistuerei der abstrakten Mathematik vertreiben und als Bremsklotz gegen die Degeneration wirken würde. Eine Handvoll Fallstudien über solche Degeneration würde der Mathematik ausgesprochen gut tun. Unglücklicherweise schützen der deduktivistische Stil und die Atomisierung der mathematischen Erkenntnis ,degenerierte' Arbeiten in einem beträchtlichen Ausmaß.

Bibliographie

Zusammengestellt von Gregory Currie; ergänzt von Detlef D. Spalt

Abel, N.H. [1825] 'Letter to Holmboë', in S. Lie and L. Sylow (Hrsg.): *Oeuvres Complètes*, vol. 2. Christiana: Grøndahl, 1881, 257–258.

Abel, N.H. [1826*a*] 'Letter to Hansteen', in S. Lie and L. Sylow (Hrsg.): *Oeuvres Complètes*, vol. 2. Christiania: Grøndahl, 1881, 263–265.

Abel, N.H. [1826*b*] 'Untersuchungen über die Reihe

$$1 + \frac{m}{1}x + \frac{m\cdot(m-1)}{2}x^2 + \frac{m\cdot(m-1)\,(m-2)}{2\cdot 3}x^3 \ldots\text{'},$$

Journal für die Reine und Angewandte Mathematik, 1, 311–339.

Abel, N.H. [1881] 'Sur les Séries', in S. Lie and L. Sylow (Hrsg.): *Oeuvres Complètes*, vol. 2. Christiania: Grøndahl.

Aetius [*c.* 150] *Placita*, in H. Diels (Hrsg.): *Doxographi Graeci*. Berolini: Reimeri, 1879.

Alexandrov, A.D. [1956] 'A General View of Mathematics', in A.D. Alexandrov, A.N. Kolmogorov und M.A. Lavrent'ev (Hrsg.): *Mathematics: its Content, Methods and Meaning*. (Engl. Übers. von S.H. Gould, K.A. Hirsch und T. Bartha. Cambridge, Massachusetts: M.I.T. Press, 1963).

Ambrose, A. [1959] 'Proof and the Theorem Proved', *Mind*, 68, 435–445.

Appel, K., Haken, W. und Koch, J. [1977] 'Every planar map is four-colorable', *Illinois J. Math.*, 21, 429–567.

Arber, A. [1954] *The Mind and the Eye*. Cambridge: Cambridge University Press.

Arnauld, A. and Nicole, P. [1724] *La Logique, ou L'Art de Penser*. Lille: Publications de la Faculté des Lettres et Sciences Humaines de l'Université de Lille, 1964.

Bacon, F. [1620] *Novum Organum*. Engl. Übers. in R.L. Ellis und J. Spedding (Hrsg.): *The Philosophical Works of Francis Bacon*. London: Routledge, 1905.

Baltzer, R. [1862] *Die Elemente der Mathematik*, Bd. 2. Leipzig: Hirzel.

Bartley, W.W. [1962] *Retreat to Commitment*. New York: Alfred A. Knopf.

Becker, J.C. [1869*a*] 'Über Polyeder', *Zeitschrift für Mathematik und Physik*, 14, 65–76.

Becker, J.C. [1869*b*] 'Nachtrag zu dem Aufsatz über Polyeder', *Zeitschrift für Mathematik und Physik*, 14, 337–343.

Becker, J.C. [1874] 'Neuer Beweis und Erweiterung eines Fundamentalsatzes über Polyederflächen', *Zeitschrift für Mathematik und Physik*, 19, 459–460.

Bell, E.T. [1945] *The Development of Mathematics*. Second edition. New York: McGraw-Hill.

Bérard, J.B. [1818–19] 'Sur le Nombre des Racines Imaginaires des Équations; en Réponse aux Articles de MM. Tédenat et Servois', *Annales de Mathématiques, Pures et Appliquées*, 9, 345–372.

Bernays, P. [1947] Review of Pólya [1945], *Dialectica* 1, 178–188.

Bolzano, B. [1837] *Wissenschaftslehre*. Leipzig: Meiner, 1914–31.

Bourbaki, N. [1949] *Topologie Général*. Paris: Hermann.

Bourbaki, N. [1960/1971] *Éléments d'Histoire des Mathématiques*. Paris: Hermann. Dt. *Elemente der Mathematikgeschichte*, Göttingen: Vandenhoeck & Ruprecht, 1971.

Boyer, C. [1939] *The Concepts of the Calculus*. New York: Dover, 1949.

Braithwaite, R.B. [1953] *Scientific Explanation*. Cambridge: Cambridge University Press.

Brouwer, L.E.J. [1952] 'Historical background, Principles and Methods of Intuitionism', *South African Journal of Science*, 49, 139–146.

Carnap, R. [1937] *The Logical Syntax of Language*. New York and London: Kegan Paul. (Überarbeitete Übers. von *Logische Syntax der Sprache*, Wien: Springer, 1934.)

Carslaw, H.S. [1930] *Introduction to the Theory of Fourier's Series and Integrals*. 3. Aufl. New York: Dover, 1950.

Cauchy, A. L. [1813*a*] 'Recherches sur les Polyèdres', *Journal de l'École Polytechnique*, **9**, 68–86.
Cauchy, A. L. [1813*b*] 'Sur les Polygones et les Polyèdres', *Journal de l'École Polytechnique*, **9**, 87–98.
Cauchy, A. L. [1821] *Cours d'Analyse de l'École Royale Polytechnique*. Paris: de Bure.
Cauchy, A. L. [1826] 'Mémoire sur les Développements des Functions en Séries Périodiques', *Mémoires de l'Académie des Sciences* **6**, 603–612.
Cauchy, A. L. [1853] 'Note sur les Séries Convergentes dont les Divers Terms sont des Fonctions Continues d'une Variable Réelle ou Imaginaire entre des Limites Données', *Comptes Rendus Hebdomadaires des Séances de l'Académie des Sciences*, **37**, 454–459.
Cayley, A. [1859] 'On Poinsot's Four New Regular Solids', *The London, Edinburgh, and Dublin Philosophical Magazine and Journal of Science*, 4th Series, **17**, 123–128.
Cayley, A. [1861] 'On the Partitions of a Close', *The London, Edinburgh, and Dublin Philosophical Magazine and Journal of Science*, 4th Series, **21**, 424–428.
Church, A. [1956] *Introduction to Mathematical Logic*, vol. 1. Princeton: Princeton University Press.
Clairaut, A. C. [1741] *Eléments de Géométrie*. Paris: Gauthier-Villars.
Copi, I. M. [1949] 'Modern Logic and the Synthetic *A Priori*', *The Journal of Philosophy*, **46**, 243–245.
Copi, I. M. [1950] 'Gödel and the Synthetic *A Priori*: a Rejoinder', *The Journal of Philosophy*, **47**, 633–636.
Crelle, A. L. [1826–7] *Lehrbuch der Elemente der Geometrie*, Bd. 1 und 2, Berlin: Reimer.
Curry, H. B. [1951] *Outlines of a Formalist Philosophy of Mathematics*. Amsterdam: North Holland.
Darboux, G. [1874*a*] 'Lettre à Houel, 12 Janvier'. (Zitiert in F. Rostand: *Souci d'Exactitude et Scrupules des Mathématiciens*. Paris: Librairie Philosophique J. Vrin, 1960.
Darboux, G. [1874*b*] 'Lettre à Houel, 19 Février'. (Zitiert in F. Rostand: *Souci d'Exactitude et Scrupules des Mathématiciens*. Paris: Librairie Philosophique J. Vrin, 1960.
Darboux, G. [1875] 'Mémoire sur les Fonctions Discontinues', *Annales Scientifiques de l'École Normale Supérieure*, second series **4**, 57–112.
Darboux, G. [1883] 'Lettre à Houel, 2 Septembre'. (Zitiert in F. Rostand: *Souci d'Exactitude et Scrupules des Mathématiciens*. Paris: Librairie Philosophique J. Vrin, 1960.)
Denjoy, A. [1919] 'L'Orientation Actuelle des Mathématiques', *Revue du Mois*, **20**, 18–28.
Descartes, R. [1628] *Rules for the Direction of the Mind*. Engl. Übers. in E. S. Haldane und G. R. T. Ross (Hrsg.): *Descartes' Philosophical Works*, vol. 1, Cambridge: Cambridge University Press, 1911.
Descartes, R. [1639] *De Solidorum Elementis*. (Erstveröffentlichung in Foucher de Careil: *Oeuvres Inédites de Descartes*, vol. 2, Paris: August Durand, 1860, 214–234. Für einen wesentlich verbesserten Text siehe C. Adam and P. Tannery (Hrsg.): *Oeuvres de Descartes*, vol. 10, 257–278, Paris: Cerf, 1908.)
Dieudonné, J. [1939] 'Les Méthodes Axiomatiques Modernes et les Fondements des Mathématiques', *Revue Scientifique*, **77**, 224–232.
Diogenes Laertius [*c*. 200] *Vitae Philosophorus*. Mit engl. Übers. von R. D. Hicks. Bd. 2, London: Heinemann, 1925.
Dirichlet, P. L. [1829] 'Sur la Convergence des Séries Trigonométriques que servent à représenter une Fonction Arbitraire entre des Limites Données', *Journal für die Reine und Angewandte Mathematik*, **4**, 157–169.
Dirichlet, P. L. [1837] 'Über die Darstellung Ganz Willkürlicher Functionen durch Sinus- und Cosinusreihen', in H. W. Dove und L. Moser (Hrsg.): *Repertorium der Physik*, **1**, 152–174.
Dirichlet, P. L. [1853] 'Brief an Gauß, 20. Februar, 1853', in L. Kronecker (Hrsg.): *Werke*, Bd. 2, 385–387. Berlin: Reimer, 1897.

du Bois-Reymond, P. D. G. [1875] 'Beweis, dass die Coefficienten der Trigonometrischen Reihe

$$f(x) = \sum_{p=0}^{p=\infty} (a_p \cos px + b_p \sin px) \text{ die Werte}$$

$$a_0 = \frac{1}{2\pi} \int_{-\pi}^{+\pi} d\alpha f(\alpha), a_p = \frac{1}{\pi} \int_{-\pi}^{+\pi} d\alpha f(\alpha) \cos p\alpha,$$

$$b_p = \frac{1}{\pi} \int_{-\pi}^{+\pi} d\alpha f(\alpha) \sin p\alpha$$

haben, jedesmal wenn diese Integrale Endlich und Bestimmt sind', *Abhandlungen der Königlich-Bayerischen Akademie der Wissenschaften, Mathematisch-Physikalische Classe,* **12**, 1, 117–166.

du Bois-Reymond, P. D. G. [1876] 'Untersuchungen über die Convergenz und Divergenz der Fourier'-schen Darstellungsformeln', *Abhandlungen der Königlich-Bayerischen Akademie der Wissenschaften, Mathematisch-Physikalische Classe,* **12**, 2, i–xxiv und 1–102.

du Bois-Reymond, P. D. G. [1879] 'Erläuterungen zu den Anfangsgründen der Variationsrechnung', *Mathematische Annalen,* **15**, 282–315, 564–576.

du Bois-Reymond, P. D. G. [1885] Über den Begriff der Länge einer Curve', *Acta Mathematica,* **6**, 167–168.

Dyck, W. [1888] 'Beiträge zur Analysis Situs', *Mathematische Annalen,* **32**, 457–512.

Einstein, A. [1953] 'Letter to P. A. Schilpp', in P. A. Schilpp: 'The Abdication of Philosophy', *Kant Studien,* **51**, 490–491, 1959–1960.

Euler, L. [1756–7] 'Specimen de usu Observationum in Mathesi Pura', *Novi Comentarii Academiae Scientiarum Petropolitanae,* **6**, 185–230. Zusammenfassung des Herausgebers, 19–21.

Euler, L. [1758*a*] 'Elementa Doctrinae Solidorum', *Novi Commentarii Academiae Scientiarum Petropolitanae,* **4**, 109–140.

Euler, L. [1758*b*] 'Demonstratio Nonnullarum Insignium Proprietatus Quibus Solida Hedris Planis Inclusa sunt Praedita', *Novi Commentarii Academiae Scientiarum Petropolitanae,* **4**, 140–160.

Eves, H. and Newsom, C. V. [1958] *An Introduction to the Foundations and Fundamental Concepts of Mathematics.* New York: Rinehart.

Félix, L. [1957] *L'Aspect Moderne des Mathématiques.* (Engl. Übers. von J. H. Hlavaty und F. H. Hlavaty: *The Modern Aspect of Mathematics,* New York: Basic Books, 1960.)

Forder, H. G. [1927] *The Foundations of Euclidean Geometry.* New York: Dover, 1958.

Fourier, J. [1808] 'Mémoire sur la Propagation de la Chaleur dans les Corpe Solides (Extrait)', *Nouveau Bulletin des Sciences, par la Société Philomathique de Paris,* **1**, 112–116. Dt. *Analytische Theorie der Wärme,* übersetzt von B. Weinstein, Berlin: Springer, 1884.

Fréchet, M. [1928] *Les Éspaces Abstraits.* Paris: Gauthier-Villars.

Fréchet, M. [1938] 'L'Analyse Générale et la Question des Fondements', in F. Gonseth (Hrsg.): *Les Entretiens de Zürich, sur les Fondements et la Méthode des Sciences Mathématiques,* Zürich: Leemans Frères et Cie, 1941.

Frege, G. [1893] *Grundgesetze der Arithmetik,* Bd. 1, Hildesheim: George Olms, 1962.

Gamow, G. [1953/1958] *One, Two, Three ... Infinity.* New York: The Viking Press. Dt. *Eins, Zwei, Drei ... Unendlichkeit,* München: Goldmann, 1958.

Gauss, C. F. [1813] 'Disquisitiones Generales Circa Seriem Infinitam

$$1 + \frac{\alpha\beta}{1 \cdot \gamma} \cdot x + \frac{\alpha(\alpha+1)\beta(\beta+1)}{1 \cdot 2 \cdot \gamma(\gamma+1)} x \cdot x + \frac{\alpha(\alpha+1)(\alpha+2)\beta(\beta+1)(\beta+2)}{1 \cdot 2 \cdot 3 \cdot \gamma(\gamma+1)(\gamma+2)} \cdot x^3 + \text{etc.'},$$

in *Werke,* Bd. 3, 123–162. Leipzig: Teubner.

Gergonne, J. D. [1818] 'Essai sur la Théorie des Definitions', *Annales de Mathématiques, Pures et Appliquées*, **9**, 1–35.

Goldschmidt, R. [1933] 'Some Aspects of Evolution', *Science*, **78**, 539–547.

Grunert, J. A. [1827] 'Einfacher Beweis der von Cauchy und Euler Gefundenen Sätze von Figurennetzen und Polyedern', *Journal für die Reine und Angewandte Mathematik*, **2**, 367.

Halmos, P. [1950] *Measure Theory*. New York and London: Van Nostrand Reinhold.

Hankel, H. [1882] 'Untersuchungen über die Unendlich oft Oscillierenden und Unstetigen Functionen', *Mathematische Annalen*, **20**, 63–112.

Hardy, G. H. [1918] 'Sir George Stokes and the Concept of Uniform Convergence', *Proceedings of the Cambridge Philosophical Society*, **19**, 148–156.

Hardy, G. H. [1928] 'Mathematical Proof', *Mind*, **38**, 1–25.

Haußner, R. (Hrsg.) [1906] *Abhandlungen über die Regelmäßigen Sternkörper*. Ostwald's Klassiker der Exacten Wissenschaften, No. 151, Leipzig: Engelmann.

Heath, T. L. [1925] *The Thirteen Books of Euclid's Elements*. 2. Aufl. Cambridge: Cambridge University Press.

Hempel, C. G. [1945] 'Studies in the Logic of Confirmation, 1 and 2', *Mind*, **54**, 1–26 und 97–121.

Hermite, C. [1893] 'Lettre à Stieltjes, 20 Mai 1893', in B. Baillaud und H. Bourget (Hrsg.): *Correspondence d'Hermite et de Stieltjes*, **2**, 317–319. Paris: Gautheirs-Villars, 1905.

Hessel, J. F. [1832] 'Nachtrag zu dem Euler'schen Lehrsatze von Polyedern', *Journal für die Reine und Angewandte Mathematik*, **8**, 13–20.

Heyting, A. [1939] 'Les Fondements des Mathématiques du Point de Vue Intuitionniste', in F. Gonseth: *Philosophie Mathématique*, Paris: Hermann, 73–75.

Heyting, A. [1956] *Intuitionism: An Introduction*. Amsterdam: North Holland.

Hilbert, D. und Cohn-Vossen, S. [1932] *Anschauliche Geometrie*. Berlin: Springer.

Hobbes, T. [1651] *Leviathan*, in W. Molesworth (Hrsg.): *The English Works of Thomas Hobbes*, vol. 3. London: John Bohn, 1839.

Hobbes, T. [1656] *The Questions Concerning Liberty, Necessity and Chance*, in W. Molesworth (Hrsg.): *The English Works of Thomas Hobbes*, vol. 5. London: John Bohn, 1841.

Hölder, O. [1924] *Die Mathematische Methode*. Berlin: Springer.

Hoppe, R. [1879] 'Ergänzung des Eulerschen Satzes von den Polyedern', *Archiv der Mathematik und Physik*, **63**, 100–103.

Husserl, E. [1900] *Logische Untersuchungen*, Bd. 1. Tübingen: Niemeyer, 1968.

Jonquières, E. de [1890*a*] 'Note sur un Point Fondamental de la Théorie des Polyèdres', *Comptes Rendus des Séances de l'Académie des Sciences*, **110**, 110–115.

Jonquières, E. de [1890*b*] 'Note sur le Théorème d'Euler dans la Théorie des Polyèdres', *Comptes Rendus des Séances de l'Académie des Sciences*, **110**, 169–173.

Jordan, C. [1866*a*] 'Recherches sur les Polyèdres', *Journal für die Reine und Angewandte Mathematik*, **66**, 22–85.

Jordan, C. [1866*b*] 'Résumé de Recherches sur la Symétrie des Polyèdres non Eulériens', *Journal für die Reine und Angewandte Mathematik*, **66**, 86–91.

Jordan, C. [1881] 'Sur la Série de Fourier', *Comptes Rendus des Séances de l'Académie des Sciences*, **92**, 228–233.

Jordan, C. [1887] *Cours d'Analyse de l'École Polytechnique*, vol. 3, 1. Aufl. Paris: Gauthier-Villars.

Jordan, C. [1893] *Cours d'Analyse de l'École Polytechnique*, vol. 1, 2. Aufl. Paris: Gauthier-Villars.

Jourdain, P. E. B. [1912] 'Note on Fourier's Influence on the Conceptions of Mathematics', *Proceedings of the Fifth International Congress of Mathematics*, **2**, 526–527.

Kant, I. [1781] *Critik der Reinen Vernunft*. 1. Aufl.

Kepler, I. [1619] *Harmonice Mundi*, in M. Caspar und W. von Dyck (Hrsg.): *Gesammelte Werke*, Bd. 6. München: C. H. Beck, 1940.

Knopp, K. [1928] *Theory and Application of Infinite Series*. (Übers. von R. C. Young, London und Glasgow: Blackie, 1928.)

Lakatos, I. [1961] *Essays in the Logic of Mathematical Discovery*, unveröffentlichte Dissertation, Cambridge.

Lakatos, I. [1962] 'Infinite Regress and the Foundations of Mathematics', *Aristotelian Society Supplementary Volumes*, **36**, 155–184.
Lakatos, I. [1970/1974] 'Falsification and the Methodology of Scientific Research Programmes', in I. Lakatos und A. E. Musgrave (Hrsg.): *Criticism and the Growth of Knowledge*, Cambridge: Cambridge University Press. Dt. *Kritik und Erkenntnisfortschritt*, Braunschweig: Vieweg, 1974.
Lakatos, I. [1978*a*] *The Methodology of Scientific Research Programmes*, Cambridge: Cambridge University Press.
Lakatos, I. [1978*b*] *Mathematics, Science and Epistemology*, Cambridge: Cambridge University Press.
Landau, E. [1930] *Grundlagen der Analysis*. Leipzig: Akademische Verlagsgesellschaft.
Lebesgue, H. [1923] 'Notice sur la Vie et les Travaux de Camille Jordan', *Mémoires de l'Académie de l'Institute de France*, **58**, pp. 34–66. Nachdruck in H. Lebesgue, *Notices d'Histoire des Mathématiques*, Genève, 40–65.
Lebesgue, H. [1928] *Leçons sur l'Intégration et la Recherche des Fonctions Primitives*. Paris: Gauthier-Villars, 2., erweit. Ausg. der Originalfassung von 1905.
Legendre, A.-M. [1809] *Éléments de Géométrie*. 8. Aufl. Paris: Didot. Die 1. Aufl. erschien 1794.
Leibniz, G. W. F. [1687] 'Brief an Bayle', in C. I. Gerhardt (Hrsg.): *Philosophische Schriften*, Bd. 3. Hildesheim: George Olms (1965).
Lhuilier, S. A. J. [1786] *Exposition Élémentaire des Principes des Calculs Supérieurs*. Berlin: G. J. Decker.
Lhuilier, S. A. J. [1812–13*a*] 'Mémoire sur la Polyèdrométrie', *Annales de Mathématiques, Pures et Appliquées*, **3**, 168–191.
Lhuilier, S. A. J. [1812–13*b*] 'Mémoire sur les Solides Réguliers', *Annales de Mathématiques, Pures et Appliquées*, **3**, 233–237.
Listing, J. B. [1861] 'Der Census Räumlicher Complexe', *Abhandlungen der Königlichen Gesellschaft der Wissenschaften zu Göttingen*, **10**, 97–182.
Loeve, M. [1955] *Probability Theory*. New York: Van Nostrand.
Matthiessen, L. [1863] 'Über die Scheinbaren Einschränkungen des Euler'schen Satzes von den Polyedern', *Zeitschrift für Mathematik und Physik*, **8**, 449–450.
Meister. A. L. F. [1771] 'Generalia de Genesi Figurarum Planarum et inde Pendentibus Earum Affectionibus', *Novi Commentarii Societatis Regiae Scientiarum Gottingensis*, **1**, 144–180.
Menger, K. [1928] *Dimensionstheorie*. Berlin: Teubner.
Möbius, A. F. [1827] *Der Barycentrische Calcul*. Hildesheim: George Olms, 1968.
Möbius, A. F. [1865] 'Über die Bestimmung des Inhaltes eines Polyeders', *Berichte der Königlich-Sächsischen Gesellschaft der Wissenschaften, Mathematisch-Physikalische Classe*, **17**, 31–68.
Moigno, F. N. M. [1840–1] *Leçons de Calcul Differentiel et de Calcul Intégral*, 2 Bde. Paris: Bachelier.
Moore, E. H. [1902] 'On the Foundations of Mathematics', *Science*, **17**, 401–416.
Morgan, A. de [1842] *The Differential and Integral Calculus*. London: Baldwin and Gadock.
Munroe, M. E. [1953] *Introduction to Measure and Integration*. Cambridge, Massachusetts: Addison-Wesley.
Neumann, J. von [1947] 'The Mathematician', in Heywood, R. B. (Hrsg.): *The Works of the Mind*. Chicago: Chicago University Press.
Newton, I. [1717] *Opticks*. Second Edition. London: Dover, 1952.
Olivier, L. [1826] 'Bemerkungen über Figuren, die aus Beliebigen, von Geraden Linien Umschlossenen Figuren Zusammengesetzt sind', *Journal für die Reine und Angewandte Mathematik*, **1**, 227–231.
Pascal, B. [1655/1974] *De l'ésprit geométrique et de l'art de persuader*. Dt. von Schobinger, J.-P.: *Kommentar zu Pascals Reflexionen über die Geometrie im allgemeinen*, Stuttgart: Schwabe (1974).
Peano, G. [1894] *Notations de Logique Mathématique*. Turin: Guadagnini.
Pierpont, J. [1905] *The Theory of Functions of Real Variables*, vol. 1. New York: Dover, 1959.
Poincaré, H. [1893] 'Sur la Généralisation d'un Théorème d'Euler relatif aux Polyèdres', *Comptes Rendus de Séances de l'Académie des Sciences*, **117**, 144.
Poincaré, H. [1899] 'Complément à l'Analysis Situs', *Rendiconti del Circolo Matematico di Palermo*, **13**, 285–343.
Poincaré, H. [1902] *La Science et l'Hypothèse*. Paris: Flammarion.

Poincaré, H. [1905] *La Valeur de la Science*. Paris: Flammarion.

Poincaré, H. [1908/1973] *Science et méthode*, Paris: Flammarion. Dt. *Wissenschaft und Methode*, Darmstadt: Wissenschaftliche Buchgesellschaft (1973).

Poinsot, L. [1810] 'Mémoire sur les Polygones et les Polyédres', *Journal de l'École Polytéchnique*, 4, 16–48.

Poinsot, L. [1858] 'Note sur la Théorie des Polyèdres', *Comptes Rendus de l'Académie des Sciences*, 46, 65–79.

Pólya, G. [1945/1949] *How to Solve It*, Princeton: Princeton University Press. Dt. *Schule des Denkens*, Bern: Francke (1949).

Pólya, G. [1954/1969] *Mathematics and Plausible Reasoning*, 2 Bde., London: Oxford University Press. Dt. *Mathematik und plausibles Schließen*, 2 Bände, Stuttgart: Birkhäuser (1969).

Pólya, G. [1962*a*] *Mathematical Discovery*, 1. New York: Wiley.

Pólya, G. [1962*b*] 'The Teaching of Mathematics and the Biogenetic Law', in I. J. Good (Hrsg.): *The Scientist Speculates*. London: Heinemann, pp. 352–356.

Pólya, G. and Szegö, G. [1925] *Aufgaben und Lehrsätze aus der Analysis*, Bd. 1. Berlin: Springer.

Popper, K. R. [1934] *Logik der Forschung*. Wien: Springer. 4. Aufl. 1971 Tübingen: J. C. B. Mohr.

Popper, K. R. [1935] 'Letter to the Editor', *Erkenntnis*, 3, pp. 426–429. Neu veröffentlicht in Anhang *I der 4. Auflage von Popper [1934], 253–258.

Popper, K. R. [1945/1970] *The Open Society and its Enemies*, 2. Bde., London: Routledge and Kegan Paul. Dt. *Die offene Gesellschaft und ihre Feinde*, 2 Bände, Bern: Francke (1970).

Popper, K. R. [1947] 'Logic Without Assumptions', *Aristotelian Society Proceedings*, 47, pp. 251–292.

Popper, K. R. [1952] 'The Nature of Philosophical Problems and their Roots in Science', *The British Journal for the Philosophy of Science*, 3, pp. 124–156. Neuabdruck in Popper [1963*a*].

Popper, K. R. [1957/1965] *The Poverty of Historicism*, London: Routledge and Kegan Paul. Dt. *Das Elend des Historizismus*, Tübingen: J. C. B. Mohr (Paul Siebeck) (1965).

Popper, K. R. [1963*a*] *Conjectures and Refutations*. London: Routledge and Kegan Paul.

Popper, K. R. [1963*b*] 'Science: Problems, Aims, Responsibilities', *Federation of American Societies for Experimental Biology: Federation Proceedings*, 22, 961–972.

Popper, K. R. [1972/1973] *Objective Knowledge*, London: Oxford University Press. Dt. *Objektive Erkenntnis*, Hamburg: Hoffmann und Campe (1973).

Pringsheim, A. [1916] 'Grundlagen der Allgemeinen Functionenlehre', in M. Burckhardt, W. Wutinger und R. Fricke (Hrsg.): *Encyklopädie der Mathematischen Wissenschaften*, Bd. 2. Erster Teil. Leipzig: Teubner.

Quine, W. V. O. [1951] *Mathematical Logic*. Cambridge, Massachusetts: Harvard University Press.

Ramsey, F. P. [1931] *The Foundations of Mathematics and Other Essays*. Hrsg. von R. B. Braithwaite. London: Kegan Paul.

Raschig, L. [1891] 'Zum Eulerschen Theorem der Polyedrometrie', *Festschrift des Gymnasium Schneeberg*.

Reichardt, H. [1941] 'Lösung der Aufgabe 274', *Jahresberichte der Deutschen Mathematiker-Vereinigung*, 51.

Reichenbach, H. [1947] *Elements of Symbolic Logic*. New York: Macmillan.

Reiff, R. [1889] *Geschichte der Unendlichen Reihen*. Tübingen: H. Laupp.

Reinhardt, C. [1885] 'Zu Möbius Polyedertheorie. Vorgelegt von F. Klein', *Berichte über die Verhandlungen der Königlich-Sächsischen Gesellschaft der Wissenschaften zu Leipzig*, 37, 106–125.

Riemann, B. [1851] *Grundlagen der Allgemeinen Theorie der Functionen einer Veränderlichen Complexen Größe*. (Inauguraldissertation) In M. Weber and R. Dedekind (Hrsg.): *Gesammelte Mathematische Werke und Wissenschaftlicher Nachlaß*. 2. Aufl. Leipzig: Teubner, 1892.

Riemann, B. [1868] 'Über die Darstellbarkeit einer Function durch eine Trigonometrische Reihe', *Abhandlungen der Königlichen Gesellschaft der Wissenschaften zu Göttingen*, 13, 87–132.

Robinson, R. [1936] 'Analysis in Greek Geometry', *Mind*, 45, 464–473.

Robinson, R. [1953] *Plato's Earlier Dialectic*. Oxford: Oxford University Press.

Rudin, W. [1953] *Principles of Mathematical Analysis*. New York: McGraw-Hill.

Russell, B. [1901] 'Recent Work in the Philosophy of Mathematics', *The International Monthly*, 3. Nachdruck als 'Mathematics and the Metaphysicians', in seinem [1918].

Russell, B. [1903] *Principles of Mathematics.* London: Allen and Unwin.

Russell, B. [1918] *Mysticism and Logic.* London: Allen and Unwin.

Russel, B. [1959/1973] *My Philosophical Development,* London: Allen and Unwin. Dt. *Philosophie. Die Entwicklung meines Denkens,* München: Nymphenburger (1973).

Russel, B. and Whitehead, A. N. [1910–13] *Principia Mathematica.* Bd. 1, 1910; Bd. 2, 1912; Bd. 3, 1913. Cambridge University Press.

Saks, S. [1933] *Théorie de l'Intégrale.* English translation by L. C. Young: *Theory of the Integral.*

Schläfli, L. [1852] 'Theorie der Vielfachen Kontinuität'. Veröffentlicht in *Neue Denkschriften der Allgemeinen Schweizerischen Gesellschaft für die Gesamten Naturwissenschaften,* **38**, 1–237. Zürich, 1901.

Schröder, E. [1862] 'Über die Vielecke von Gebrochener Seitenzahl oder die Bedeutung der Stern-Polygone in der Geometrie', *Zeitschrift für Mathematik und Physik,* **7**, 55–64.

Seidel, P. L. [1847] 'Note über eine Eigenschaft der Reihen, welche Discontinuierliche Functionen Darstellen', *Abhandlungen der Mathematisch-Physikalischen Klasse der Königlich Bayerischen Akademie der Wissenschaften,* **5**, 381–393.

Sextus Empiricus [*c.* 190] *Against the Logicians.* Griech. Text mit engl. Übersetzung von R. G. Bury. London: Heinemann, 1933.

Sommerville, D. M. Y. [1929] *An Introduction to the Geometry of N Dimensions.* London: Dover, 1958.

Steiner, J. [1826] 'Leichter Beweis eines Stereometrischen Satzes von Euler', *Journal für die Reine und Angewandte Mathematik,* **1**, 364–367.

Steinhaus, H. [1960] *Mathematical Snapshots.* New York: Oxford University Press.

Steinitz, E. [1914–31] 'Polyeder und Raumeinteilungen', in W. F. Mayer und H. Mohrmann (Hrsg.): *Encyklopädie der Mathematischen Wissenschaften,* Bd. 3, AB. 12. Leipzig: Teubner.

Stokes, G. [1848] 'On the Critical Values of the Sums of Periodic Series', *Transactions of the Cambridge Philosophical Society,* **8**, 533–583.

Szabó, Á. [1958] ' "Deiknymi" als Mathematischer Terminus für "Beweisen" ', *Maia,* N.S. **10**, 1–26.

Szabó, Á. [1960] 'Anfänge des Euklidischen Axiomensystems', *Archive for the History of Exact Sciences,* **1**, pp. 37–106.

Szabó, Á. [1969] *Anfänge der griechischen Mathematik,* München: Oldenbourg.

Szökefalvi-Nagy, B. [1954] *Valós Függvények és Függvénysorok.* Budapest: Tankönyvkiadó.

Tarski, A. [1930*a*] 'Über einige Fundamentale Begriffe der Metamathematik', *Comptes Rendus des Séances de la Société des Sciences et des Lettres de Varsovie,* **23**, Cl. III. 22–29.

Tarski, A. [1930*b*] 'Fundamentale Begriffe der Methodologie der Deduktiven Wissenschaften 1', *Monatshefte für Mathematik und Physik,* **37**, 361–404.

Tarski, A. [1935] 'On the Concept of Logical Consequence'. Veröffentlicht in J. H. Woodger (Hrsg.) [1956].

Tarski, A. [1941] *Introduction to Logic and to the Methodology of Deductive Sciences.* 2. Aufl. New York: Oxford University Press, 1946.

Turquette, A. [1950] 'Gödel and the Synthetic A Priori', *The Journal of Philosophy,* **47**, 125–129.

Waerden, B. L. van der [1941] 'Topologie und Uniformisierung der Riemannschen Flächen', *Berichte über die Verhandlungen der Königlich-Sächsischen Gesellschaft der Wissenschaften zu Leipzig,* **93**, 147–160.

Whewell, W. [1858] *History of Scientific Ideas.* Vol. 1.

Wilder, R. L. [1944] 'The Nature of Mathematical Proof', *The American Mathematical Monthly,* **52**, 309–323.

Woodger, J. M. (Hrsg.) [1956] *Logic, Semantics, Metamathematics.* Oxford: Clarendon Press.

Young, W. H. [1903–4] 'On Non-Uniform Convergence and Term-by-Term Integration of Series', *Proceedings of the London Mathematical Society,* 1 (2), 89–102.

Zacharias, M. [1914–21] 'Elementargeometrie', in W. F. Meyer und H. Mohrmann (Hrsg.): *Encyklopädie der Mathematischen Wissenschaften,* **3**, Erster Teil, Zweiter Halbband. Leipzig: Teubner.

Zygmund, A. [1935] *Trigonometrical Series.* New York: Chelsea, 1952.

Verzeichnisse

Zusammengestellt von Gregory Currie; für die Übersetzung ergänzt von Detlef D. Spalt

F = Fußnote, E = erklärter Begriff, Z = Zitat. Wichtige Stellen sind *kursiv*.

Namensverzeichnis

Sachwortverzeichnis